普通高等教育"十三五"规划教材
应用型本科院校规划教材

概率论与数理统计

（含练习册）

主　编　于惠春　郭夕敬
副主编　黄　旭　肖亿军

科学出版社
北　京

内 容 简 介

本书是根据编者多年的教学实践经验,参照最新制定的"工科类、经济管理类本科数学基础课程教学基本要求",以及教育部最新颁布的"全国硕士研究生入学统一考试数学考试大纲"中有关概率论与数理统计部分的内容编写而成的.

本书主要内容包括随机事件与概率、随机变量及其分布、多维随机变量及其分布、随机变量的数字特征、大数定律和中心极限定理、数理统计的基本概念、参数估计、假设检验.

本书可作为普通高等学校非数学类专业本科学生的教材,也可作为学生考研辅导参考书使用.

图书在版编目(CIP)数据

概率论与数理统计:含练习册/于惠春,郭夕敬主编. —北京:科学出版社,2019.1

普通高等教育"十三五"规划教材·应用型本科院校规划教材
ISBN 978-7-03-060099-8

I. ①概… II. ①于… ②郭… III. ①概率论-高等学校-教材 ②数理统计-高等学校-教材 IV. ①O21

中国版本图书馆 CIP 数据核字(2018)第 292102 号

责任编辑:昌 盛 梁 清 孙翠勤 / 责任校对:杨聪敏
责任印制:徐晓晨 / 封面设计:迷底书装

科 学 出 版 社 出版
北京东黄城根北街 16 号
邮政编码:100717
http://www.sciencep.com

北京捷迅佳彩印刷有限公司 印刷
科学出版社发行 各地新华书店经销
*

2019 年 1 月第 一 版   开本:720×1000 1/16
2019 年 7 月第二次印刷   印张:24 1/2
字数:494 000

定价:59.00 元(含练习册)
(如有印装质量问题,我社负责调换)

前　　言

当你开始阅读这本书时, 你就成了这本书的创作者之一. 你将和我们一起来审视它的意义与价值, 而你的意见和体会显得尤为重要. 合作已经开始了, 这是我们早就期待的, 因为我们相信这将是一个愉快的历程, 你的热情参与会给我们留下美好的记忆.

随着综合国力的提高, 我国的教育布局也开始逐步地从"宝塔式"走向"大众化". 教育部发展规划司提出了将大部分包括独立学院在内的地方本科院校转型为应用型本科院校. 《国家中长期教育改革和发展规划纲要(2010—2020 年)》明确提出了需优化人才培养结构, 不断扩大应用型人才培养规模. 应用型本科院校的主要任务和目标是培养应用型人才, 而实践性教学是培养应用型人才的重要组成环节. 于是, 在本书中我们为多个章节编写了相应的数学模型与数学实验内容, 以期达到理论知识与实践应用相统一的目的. 信息时代的新方法在影响着教育的每一环节; 经典的与全新的教材、教学模式、教学方法等各种教学组件都在寻找自己合适的位置. 请相信, 这些新形势与新思维我们都给予了足够的关注. 本教材就是在这种寻觅和探索的思想指导下完成的.

取材时我们充分地考虑了你学习后续课程的需要, 本教材涵盖了概率论与数理统计的经典内容, 这也是教学大纲的要求. 内容是经典的, 但这绝不意味着处理方法也必须是经典的. 与传统教材相比, 无论是概念的引入, 还是定理的证明与应用, 我们都不惜花费相当的篇幅用于与你所习惯的思维方式的衔接. 始终在力争做到"浅入"而"深出".

学习过程中, 我们建议你对以下几点给予关注.

(1)在大学的学习过程中, 概念和计算同等重要. 只有反复、认真地阅读教材, 你才能真正掌握大学数学的基本概念. 每章节的习题中都安排了简单的计算题, 其目的是帮助你检查对基本算法的理解. 在做习题时, 你应先尝试独立完成习题, 尽量不看答案, 便于发现哪些知识还没有真正理解.

(2)本教材本着紧密联系实际, 服务专业课程的宗旨, 精选了一些概率论与数理统计中的经典数学实验, 将这些经典实验用数学软件进行模拟和求解. 这些有趣的经典数学实验将会为你理解概率论与数理统计的数学抽象概念提供认识基础, 也有助于加强与后续专业课程的联系.

(3)考虑到各专业对数学课程的内容、难度等方面的差异, 对本套教材使用两种字体排印, 其中宋体排印部分自成体系, 体现了数学课程的基本要求, 可供学时数较少的专业讲授; 楷体字部分的内容可供学时数较多或对大学数学要求较高的专业作为补充内容讲授. 另外课后所编习题分为 A、B 两个层次, A 组题的难度适中, 为教学的基本要求; B 组题的难度稍大, 为考研层次的较高要求.

　　高等数学之"高等", 绝不仅"高等"于内容上. 就其思想方法而言也与初等数学有着很大的区别. 顺利完成由初等数学到高等数学的过渡, 同时实现由"形象思维"到"抽象思维"的转变是我们对你的期盼, 这也是本教材的任务之一. 除了把知识介绍给你之外, 我们还希望在本书后续学习的能力与严谨思维方式的培养等方面对你有所帮助. 学完本教材之后, 即使你获得了很优异的成绩, 也不要认为已完成了学业. 掌握好基本理论与基本技能固然重要, 触摸到问题的本质与精髓却是更加艰深的任务. 我们会祝愿你的知识有一天能升华到那种理想的境界.

　　毋庸置疑, 考入大学意味着你已迈进了一条希望之路. 但应清醒地认识到这仅仅是一个新的开始, 理想的真正实现还需要你继续付出辛勤的劳动. 改革、竞争、快节奏犹如大浪淘沙, 谁笑到最后谁笑得最好. 望你轻拂高考的征尘, 依旧紧束戎装, 去笑迎新的挑战. 记住, 机遇总是偏袒勤奋的人.

　　愿本教材助你成功, 祝你成功, 这是我们共同的心愿.

编　者

2018 年 10 月 10 日

于珠海观音山下

目　　录

第1章 随机事件与概率

自然界和社会上发生的现象是多种多样的. 有一类现象, 在一定条件下必然发生, 例如, 向上抛一石子必然下落, 同性电荷必相互排斥等. 这类现象称为**确定性现象**. 而在自然界和社会上还存在着另一类现象, 在一定的条件下, 可能出现这样的结果, 也可能出现那样的结果, 而在试验或观察之前不能预知确切的结果. 但人们经过长期实践并深入研究之后, 发现这类现象在大量重复试验或观察下, 它的结果却呈现出某种规律性. 例如, 在相同条件下抛同一枚硬币, 其结果可能是正面朝上, 也可能是反面朝上, 并且在每次抛掷之前无法肯定抛掷的结果是什么, 但是, 多次重复抛一枚硬币得到正面朝上的次数约占一半. 这种在大量重复试验或观察中所呈现出的固有规律性, 称为**统计规律性**. 而这种在个别试验中其结果呈现出不确定性, 在大量重复试验中其结果又具有统计规律性的现象, 我们称之为**随机现象**. 概率论与数理统计是研究和揭示随机现象统计规律性的一门数学学科.

1.1 随 机 事 件

1.1.1 随机试验

为了研究随机现象, 常常需要做各种**试验**. 我们遇到过各种试验. 在这里, 我们把 "试验" 作为一个含义广泛的术语, 包括各种各样的科学试验, 甚至对某一事物的某一特征的观察也认为是一种试验. 下面举一些试验的例子:

例 1.1.1 (1) E_1:抛一枚硬币, 观察正面 H 、反面 T 出现的情况;

(2) E_2:将一枚硬币抛掷三次, 观察正面 H 、反面 T 出现的情况;

(3) E_3:将一枚硬币抛掷三次, 观察正面 H 出现的次数;

(4) E_4:掷一颗骰子, 观察出现的点数;

(5) E_5:记录某城市 120 急救电话台一昼夜接到的呼唤次数;

(6) E_6:在一批灯泡中任意抽取一只, 测试它的寿命;

(7) E_7:记录某大型超市一天内进入的顾客人数;

(8) E_8:记录某地一昼夜的最高温度和最低温度.

通过观察, 我们发现这些试验有着共同的特点:

(1) 每次试验的可能结果不止一个, 并且能事先明确试验的所有可能结果;

(2) 进行一次试验之前不能确定哪一个结果会出现;

(3) 可以在相同的条件下重复地进行.

在概率论中，我们将具有上述三个特点的试验称为**随机试验**，一般记作 E．简称为**试验** E．本书中以后提到的试验都是指随机试验．我们通过研究随机试验来研究随机现象．

1.1.2 样本空间

对于随机试验，虽然在每次试验之前不能预知试验的结果，但是，试验的所有可能结果是已知的．我们将随机试验 E 的所有可能结果组成的集合称为 E 的**样本空间**，记为 Ω．试验 E 中每一个可能出现的结果称为**样本点**，记为 ω．

例 1.1.1 中试验的样本空间分别为

(1) $E_1 : \Omega = \{H,T\}$；

(2) $E_2 : \Omega = \{HHH,HHT,HTH,THH,HTT,THT,TTH,TTT\}$；

(3) $E_3 : \Omega = \{0,1,2,3\}$；

(4) $E_4 : \Omega = \{1,2,3,4,5,6\}$；

(5) $E_5 : \Omega = \{0,1,2,3,\cdots\}$；

(6) $E_6 : \Omega = \{t \mid t \geqslant 0\}$；

(7) $E_7 : \Omega = \{0,1,2,3,\cdots\}$；

(8) $E_8 : \Omega = \{(x,y) \mid T_0 \leqslant x \leqslant y \leqslant T_1\}$，其中 x 表示最低气温($^{\circ}$C)，y 表示最高气温($^{\circ}$C)，并设该地区的温度不会小于 T_0，且不大于 T_1．

样本空间中的样本点由试验目的所决定，且每次试验有且仅有一种可能结果出现．

1.1.3 随机事件

在实际中，当进行随机试验时，人们不仅关心试验中可能出现的样本点，也常常关心满足某种条件的那些样本点组成的集合．例如，若规定某种灯泡的使用寿命(h)超过 500 为合格品，小于 500 为次品，那么，在 E_6 中我们只关心灯泡的寿命是否有 $t \geqslant 500$．满足这一条件的样本点组成的集合 $A = \{t \mid t \geqslant 500\}$ 是样本空间 $\Omega = \{t \mid t \geqslant 0\}$ 的一个子集．我们称 A 为试验 E_6 的一个随机事件．

一般地，称试验 E 的样本空间 Ω 的子集为 E 的**随机事件**，简称**事件**．记为 $A,B,C,\cdots$．

设 A 为事件，如果试验中出现的样本点 $\omega \in A$，则称**事件** A **发生**．否则，称**事件** A **不发生**．

下面介绍几种特殊事件．

(1)**基本事件** 由一个样本点组成的单点集 $\{\omega\}$，称为基本事件；

例如，E_1 中基本事件有 $\{H\}, \{T\}$．

(2)**必然事件** 由于样本空间 Ω 是自身的一个子集，因此，Ω 也是一个事件．

又由于 Ω 包括所有的样本点, 因此, 在每次试验中 Ω 必然发生, 称 Ω 为必然事件;

(3) **不可能事件**　空集 $\varnothing$ 也是样本空间 Ω 的一个子集, 因此, $\varnothing$ 也是一个事件. 又由于 $\varnothing$ 不包含任何样本点, 因此, 在每次试验中 $\varnothing$ 都不发生, 称 $\varnothing$ 为不可能事件.

不难看出, 必然事件和不可能事件已无随机性可言, 但为了讨论方便, 我们还是将 Ω 和 $\varnothing$ 视为两个特殊的事件.

例 1.1.2　对例 1.1.1 中的几个试验:

(1) E_2: $\Omega = \{HHH, HHT, HTH, THH, HTT, THT, TTH, TTT\}$, 设

$$A_1 = \{第一次出现的是正面\},$$

$$A_2 = \{三次出现同一面\},$$

则 A_1, A_2 均为试验 E_2 的事件, 且有

$$A_1 = \{HHH, HHT, HTH, HTT\},$$

$$A_2 = \{HHH, TTT\}.$$

(2) E_8: $\Omega = \{(x, y) \mid T_0 \leqslant x \leqslant y \leqslant T_1\}$, 设

$$A_3 = \{最高温度和最低温度相差 10℃\},$$

则 A_3 是试验 E_8 的事件, 且有

$$A_3 = \{(x, y) \mid y - x = 10, T_0 \leqslant x \leqslant y \leqslant T_1\}.$$

1.1.4　事件间的关系与运算

在一个样本空间中, 可以有许多随机事件, 我们希望通过对简单事件的了解而掌握较复杂的事件, 这会给我们的研究带来较多的方便, 为此需要研究事件间的关系与运算. 而事件是样本空间的一个子集, 因而事件间的关系与运算自然可以借助集合论中集合之间的关系和运算来处理. 下面给出这些关系和运算在概率论中的提法, 并根据"事件发生"的含义, 给出它们在概率论中的含义.

设试验 E 的样本空间为 Ω. $A, B, C, A_k (k = 1, 2, \cdots)$ 是 Ω 的子集. 为了更加直观地考察这些事件间的关系, 将事件间的关系用几何图形表示. 用平面上的矩形表示样本空间 Ω, 用圆形表示样本空间 Ω 的子集 A 或 B.

1. 事件的包含关系

若 $A \subset B$, 则称事件 B **包含**事件 A, 即在一次试验中, 若事件 A 发生, 则事件 B 必然发生 (图 1.1).

2. 事件的相等关系

若 $A \subset B$ 且 $B \subset A$，则称事件 A 与事件 B **相等**. 记作 $A = B$，表明 A 与 B 是同一事件.

3. 事件的并(或和事件)

称 $A \bigcup B = \{x \mid x \in A$ 或 $x \in B\}$ 为事件 A 与事件 B 的**并事件**(或**和事件**)，当且仅当事件 A 与事件 B 中至少有一个发生时，事件 $A \bigcup B$ 发生(图 1.2).

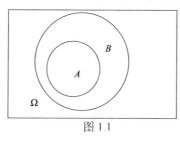

图 1.1

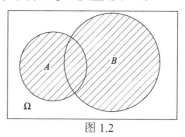

图 1.2

类似地，称 $\bigcup\limits_{k=1}^{n} A_k$ 为 n 个事件 $A_1, A_2, \cdots, A_n$ 的并事件；称 $\bigcup\limits_{k=1}^{\infty} A_k$ 为可列个事件 $A_1, A_2, \cdots$ 的并事件.

4. 事件的交(或积事件)

称 $A \bigcap B = \{x \mid x \in A$ 且 $x \in B\}$ 为事件 A 与事件 B 的**交事件**(或**积事件**)，也记作 AB，当且仅当事件 A 与事件 B 同时发生时，事件 $A \bigcap B$ 发生(图 1.3).

类似地，称 $\bigcap\limits_{k=1}^{n} A_k$ 为 n 个事件 $A_1, A_2, \cdots, A_n$ 的交事件，称 $\bigcap\limits_{k=1}^{\infty} A_k$ 为可列个事件 $A_1, A_2, \cdots$ 的交事件.

5. 事件的差

称 $A - B = \{x \mid x \in A$ 且 $x \notin B\}$ 为事件 A 与事件 B 的**差事件**，当且仅当事件 A 发生而事件 B 不发生时，事件 $A - B$ 发生(图 1.4).

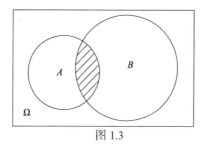

图 1.3

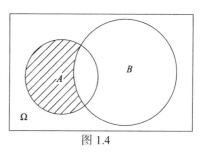

图 1.4

6. 互不相容事件(或互斥)事件

若 $A \cap B = \varnothing$，则称事件 A 与事件 B 是**互不相容**(或**互斥**)**事件**，即在一次试验中，事件 A 与事件 B 不能同时发生(图 1.5)．基本事件是两两互不相容的．

若 n 个事件 $A_1, A_2, \cdots, A_n$ 中，任意两个事件满足

$$A_i \cap A_j = \varnothing \quad (i \neq j, i, j = 1, 2, \cdots, n),$$

则称这 n 个事件 $A_1, A_2, \cdots, A_n$ 是**两两互不相容**(或**两两互斥**)的．

7. 对立事件(或逆事件)

若事件 A 与 B 满足 $A \cap B = \varnothing$，且 $A \cup B = \Omega$，则称事件 A 与事件 B 是互为**对立事件**(或**逆事件**)．即在每次试验中，事件 A 与事件 B 必有一个发生，且仅有一个发生(图 1.6)．记 $B = \bar{A}$．于是有

$$A \cap \bar{A} = \varnothing, \quad A \cup \bar{A} = \Omega, \quad \bar{\bar{A}} = A.$$

事件 A 与其逆事件 $\bar{A}$ 互为逆事件．

从对立事件的定义可知，对立事件是互不相容的，而互不相容事件不一定是对立事件．

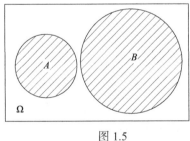
图 1.5

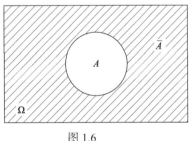
图 1.6

在进行事件运算时，经常要用到下述运算律：设 A, B, C 为事件，则

(1) **交换律**　$A \cup B = B \cup A, \quad A \cap B = B \cap A;$

(2) **结合律**　$(A \cup B) \cup C = A \cup (B \cup C), \quad (A \cap B) \cap C = A \cap (B \cap C);$

(3) **分配律**　$(A \cup B) \cap C = (A \cap C) \cup (B \cap C),$
$(A \cap B) \cup C = (A \cup C) \cap (B \cup C);$

(4) **对偶律**　$\overline{A \cup B} = \bar{A} \cap \bar{B}, \quad \overline{A \cap B} = \bar{A} \cup \bar{B}$，也称为德·摩根(De Morgan)律．

事件的对偶律可推广至有限多个事件的情形：

$$\overline{\bigcup_{i=1}^{n} A_i} = \bigcap_{i=1}^{n} \bar{A}_i, \quad \overline{\bigcap_{i=1}^{n} A_i} = \bigcup_{i=1}^{n} \bar{A}_i.$$

(5) **对差事件运算满足**　$A - B = A - AB = A\overline{B}$.

例1.1.3　在试验 E_2 : $\Omega = \{HHH, HHT, HTH, THH, HTT, THT, TTH, TTT\}$ 中, 设事件 A_1 : "第一次出现的是正面", 即 $A_1 = \{HHH, HHT, HTH, HTT\}$.

事件 A_2 : "三次出现同一面", 即 $A_2 = \{HHH, TTT\}$.

则　(1) $A_1 \bigcup A_2 = \{HHH, HHT, HTH, HTT, TTT\}$.

(2) $A_1 \bigcap A_2 = \{HHH\}$.

(3) $A_2 - A_1 = \{TTT\}$.

(4) $\overline{A_1 \bigcup A_2} = \{THT, TTH, THH\}$.

例 1.1.4　设从一批电脑中抽取了 3 台进行质量检测, 设事件 A_i 表示 "第 i 台电脑检测合格", $i = 1, 2, 3$, 试用 A_1, A_2, A_3 表示下列事件:

(1) 第 1 台电脑合格;

(2) 只有第 1 台电脑合格;

(3) 恰有 1 台电脑合格;

(4) 至少有 1 台电脑合格;

(5) 至多有 1 台电脑合格.

解　(1) A_1, 此时, 第 2 台、第 3 台电脑可能合格, 也可能不合格.

(2) "只有第 1 台电脑合格" 包含了 "第 2 台、第 3 台均不合格", 因此, 这个事件可表示成 $A_1 \overline{A_2} \overline{A_3}$.

(3) "恰有 1 台电脑合格" 并没有指明是哪一台电脑合格, 因此, 事件可表示为

$$A_1 \overline{A_2} \overline{A_3} \bigcup \overline{A_1} A_2 \overline{A_3} \bigcup \overline{A_1} \overline{A_2} A_3,$$

其中事件 $A_1 \overline{A_2} \overline{A_3}, \overline{A_1} A_2 \overline{A_3}, \overline{A_1} \overline{A_2} A_3$ 两两互不相容.

(4) "至少有 1 台电脑合格" 即为事件 A_1, A_2, A_3 中至少有 1 个发生, 因此, 所求事件可表示为 $A_1 \bigcup A_2 \bigcup A_3$. 或者考虑其逆事件 "3 台电脑均不合格": $\overline{A_1} \overline{A_2} \overline{A_3}$. 则事件 "至少有 1 台电脑合格" 也可表示为 $\overline{\overline{A_1} \overline{A_2} \overline{A_3}}$. 由对偶律可知

$$\overline{\overline{A_1} \overline{A_2} \overline{A_3}} = \overline{\overline{A_1}} \bigcup \overline{\overline{A_2}} \bigcup \overline{\overline{A_3}} = A_1 \bigcup A_2 \bigcup A_3.$$

由此可见, 事件的表达方式一般不唯一, 所求事件还可表示为

$$\bigcup_{i=1}^{3} \{恰有 i 台电脑合格\}$$

$$= A_1 \overline{A_2} \overline{A_3} \bigcup \overline{A_1} A_2 \overline{A_3} \bigcup \overline{A_1} \overline{A_2} A_3 \bigcup A_1 A_2 \overline{A_3} \bigcup A_1 \overline{A_2} A_3 \bigcup \overline{A_1} A_2 A_3 \bigcup A_1 A_2 A_3.$$

(5) "至多有 1 台电脑合格" 包括两个事件 "恰有 1 台电脑合格" 和 "3 台电脑均不合格", 因此, 所求事件可表示为

$$A_1 \overline{A_2} \overline{A_3} \bigcup \overline{A_1} A_2 \overline{A_3} \bigcup \overline{A_1} \overline{A_2} A_3 \bigcup \overline{A_1} \overline{A_2} \overline{A_3}.$$

例 1.1.5　设 A, B 是两个事件, 化简下列各式:

(1) $(A \cup B) - (A - B)$;

(2) $(A - \bar{B})(\overline{A \cup B})$.

解　(1) $(A \cup B) - (A - B) = (A \cup B) - (A\bar{B}) = (A \cup B)(\overline{A\bar{B}})$

$$= (A \cup B)(\bar{A} \cup B) = A\bar{A} \cup AB \cup B\bar{A} \cup BB$$

$$= \varnothing \cup AB \cup B\bar{A} \cup B = B.$$

(2) $(A - \bar{B})(\overline{A \cup B}) = (A\bar{\bar{B}})(\bar{A} \bigcap \bar{B}) = (AB)(\overline{AB}) = \varnothing.$

习题 1.1

习题 1.1 解答

(A)

1. 写出下列随机试验的样本空间:

(1)记录一个班某学期数学期末考试的平均分数(设班级人数为 n , 成绩以百分制记分).

(2)对某工厂出厂的产品进行检查, 合格的记上"正品", 不合格的记上"次品", 如连续查出了 2 件次品就停止检查, 或检查了 4 件产品就停止检查, 以"1"表示正品, 以"0"表示次品.

(3)生产某产品直到 5 件正品为止, 观察并记录生产该产品的总件数.

2. 用事件 A, B, C 的运算关系表示下列事件:

(1) A, B 都发生, 而 C 不发生;

(2)不多于两个事件发生;

(3)三个事件中至少有两个发生;

(4) A, B, C 都发生;

(5) A, B, C 都不发生.

3. 在区间 $[0, 2]$ 上任取一个数, 记 $A = \left\{ x \left| \dfrac{1}{2} < x \leqslant 1 \right. \right\}$, $B = \left\{ x \left| \dfrac{1}{4} \leqslant x \leqslant \dfrac{3}{2} \right. \right\}$. 求下列事件的表达式:

(1) $A \cup B$; (2) $\overline{AB}$; (3) $A\bar{B}$; (4) $A \cup \bar{B}$.

4. 一批产品中有合格品和废品, 从中有放回地抽取三个产品, 设 $A_i = \{$第 i 次抽到废品$\}$ $(i = 1, 2, 3)$, 试用 A_i 的运算表示下列各事件:

(1)第一次、第二次中至少有一次抽到废品;

(2)只有第一次抽到废品;

(3)三次都抽到废品;

(4)至少有一次抽到合格品;

(5)只有两次抽到废品.

5. 化简下列事件:

(1) $(A \cup B) - B$; (2) $(A \cup B)(A \cup \bar{B})$; (3) $(AB \cup A\bar{B})(B - C)$.

6. 设 $A\bar{B} = \bar{A}B$, 证明: $A = B$.

1.2 随机事件的频率与概率

对于一个事件(除必然事件和不可能事件外)来说, 它在一次试验中可能发生, 也可能不发生. 我们常常希望知道某些事件在一次试验中发生的可能性究竟有多大. 希望找到一个合适的数来刻画事件在一次试验中发生的可能性大小. 为此, 首先引入频率, 它描述了事件发生的频繁程度, 进而引出刻画事件在一次试验中发生的可能性大小的数——概率.

1.2.1 频率

定义 1.2.1 设 A 为试验 E 中的事件, 在相同条件下, 将 E 重复进行 n 次, 事件 A 发生的次数 n_A 称为事件 A 发生的**频数**, 称比值 $\dfrac{n_A}{n}$ 为事件 A 发生的**频率**. 记为 $f_n(A)$, 即

$$f_n(A) = \frac{n_A}{n}.$$

从定义 1.2.1 不难看出, 频率具有下述基本性质.

性质 1 $0 \leqslant f_n(A) \leqslant 1$.

性质 2 $f_n(\Omega) = 1$.

性质 3 若事件 $A_1, A_2, \cdots, A_n$ 是两两互不相容的, 则 $f_n\left(\bigcup_{i=1}^{n} A_i\right) = \sum_{i=1}^{n} f_n(A_i)$.

由于事件 A 发生的频率是它发生的次数与试验次数之比, 其大小表示 A 发生的频繁程度. 频率大, 事件 A 发生就频繁, 这意味着事件 A 在一次试验中发生的可能性就大, 反之亦然. 因而, 直观的想法是用频率来表示事件 A 在一次试验中发生的可能性大小. 但是否可行, 先看下面的例子.

例 1.2.1 设试验 E: 抛一枚硬币, 记事件 $A = \{出现正面 H\}$, 将 E 重复 5 次、50 次、500 次, 各做 5 遍. 观察频率 $f_n(A)$ 的变化趋势(表 1.1).

表 1.1

试验序号	$n = 5$		$n = 50$		$n = 500$	
	n_A	$f_n(A)$	n_A	$f_n(A)$	n_A	$f_n(A)$
1	2	0.4	22	0.44	251	0.502
2	1	0.2	21	0.42	244	0.488
3	5	1.0	25	0.50	256	0.512
4	4	0.8	18	0.36	262	0.524
5	3	0.6	27	0.54	247	0.494

历史上这种试验有人做过, 得到数据如下(表 1.2).

表 1.2

试验者	n	n_A	$f_n(A)$
德·摩根	2048	1061	0.5181
蒲丰	4040	2048	0.5069
K. 皮尔逊	12000	6019	0.5016
K. 皮尔逊	24000	12012	0.5005

从上述数据可以看出: 抛硬币次数 n 较小时, 频率 $f_n(A)$ 在 0 和 1 之间随机波动, 其幅度较大. 但随着 n 增大, 频率 $f_n(A)$ 呈现出稳定性. $f_n(A)$ 总是在 0.5 附近摆动, 逐渐稳定于 0.5.

大量试验证实, 当重复试验的次数 n 逐渐增大时, 频率 $f_n(A)$ 呈现出稳定性, 逐渐稳定于某个常数. 这种"频率稳定性"就是通常所说的统计规律性. 因此, 我们让试验重复大量次数, 计算频率 $f_n(A)$ 来表征事件 A 发生可能性的大小是合适的. 一般地, 每个随机事件都有确定的一个常数 P 与之对应, 这个数 P 反映了事件 A 发生的可能性的大小, 称它为事件 A 的概率, 记为 $P(A)$, 并有如下定义.

概率的统计定义　将频率的稳定值定义为**事件的概率**.

概率的统计定义直观地解释了事件概率的含义, 只要重复试验的次数足够多, 可以用 $f_n(A)$ 近似代替 $P(A)$. 但是, 在实际中, 我们不可能对每一个事件都做大量的重复试验(况且有些试验不可重复进行), 然后求得事件的频率, 用以表征事件发生可能性的大小. 因此, 需要给出一个能够揭示概率本质属性的定义. 于是, 人们从频率的稳定性和频率的性质中得到了启发. 1933 年, 苏联数学家柯尔莫哥洛夫在总结前人研究成果的基础上, 提出了概率的公理化定义.

1.2.2　概率的公理化定义

定义 1.2.2　设试验 E 的样本空间为 Ω, 对于 E 的每一个事件 A, 有唯一确定的实数 $P(A)$ 与之对应, 如果 $P(A)$ 满足下列三条公理:

(1) **非负性**　$P(A) \geqslant 0$;

(2) **规范性**　$P(\Omega) = 1$;

(3) **可列可加性**　设 $A_1, A_2, \cdots$ 是两两互不相容的, 即对于 $i \neq j$, $A_i A_j = \varnothing$, $i, j = 1, 2, \cdots$, 有

$$P\left(\bigcup_{i=1}^{\infty} A_i\right) = \sum_{i=1}^{\infty} P(A_i),$$

则称 $P(A)$ 为**事件 A 的概率**.

在第 5 章将会指出, 当 $n \to \infty$ 时, 频率 $f_n(A)$ 在一定意义下接近于概率 $P(A)$, 因此, 将概率 $P(A)$ 用来表征事件 A 在一次试验中发生的可能性的大小是比较合适的.

由概率的公理化定义, 可以得到概率的一些重要性质.

性质 1　$P(\varnothing) = 0$.

证明　因为 $\Omega = \Omega \cup \varnothing \cup \varnothing \cup \cdots \cup \varnothing \cup \cdots$, 且 $\Omega, \varnothing, \varnothing, \cdots, \varnothing, \cdots$ 互不相容, 由公理 (2) 和 (3) 有

$$P(\Omega) = P(\Omega \cup \varnothing \cup \varnothing \cup \cdots \cup \varnothing \cup \cdots) = P(\Omega) + P(\varnothing) + P(\varnothing) + \cdots + P(\varnothing) + \cdots,$$

而 $P(\Omega) = 1$, 由此推得, $P(\varnothing) = 0$.

性质 2（有限可加性）　若 $A_1, A_2, \cdots, A_n$ 为两两互不相容事件, 则有

$$P\left(\bigcup_{i=1}^{n} A_i\right) = \sum_{i=1}^{n} P(A_i).$$

证明　在公理 (3) 中, 令 $A_i = \varnothing$, $i = n+1, n+2, \cdots$, 则 $A_1, A_2, \cdots, A_n, \varnothing, \varnothing, \cdots$ 是可列个两两互不相容事件, 由公理 (3) 及性质 1 可得

$$P\left(\bigcup_{i=1}^{n} A_i\right) = P\left(\bigcup_{i=1}^{\infty} A_i\right) = \sum_{i=1}^{n} P(A_i) + \sum_{i=n+1}^{\infty} P(\varnothing) = \sum_{i=1}^{n} P(A_i).$$

性质 3　设 A 是任意事件, 则有 $P(\overline{A}) = 1 - P(A)$.

证明　因为 $A \cup \overline{A} = \Omega$, 且 $A\overline{A} = \varnothing$, 由性质 2 可得

$$1 = P(\Omega) = P(A \cup \overline{A}) = P(A) + P(\overline{A}),$$

故有

$$P(\overline{A}) = 1 - P(A).$$

性质 4　设 A, B 为事件, 若 $A \subset B$, 则有

$$P(B - A) = P(B) - P(A), \text{ 且 } P(A) \leqslant P(B).$$

证明　由 $A \subset B$ 可得 $B = A \cup (B - A)$, 且 $A(B - A) = \varnothing$. 根据性质 2 有

$$P(B) = P(A) + P(B - A),$$

即 $P(B - A) = P(B) - P(A)$, 且有 $P(A) \leqslant P(B)$.

推论 1　设 A,B 为事件, 则 $P(A\overline{B}) = P(A-AB) = P(A) - P(AB)$.

推论 2　设 A 是任一事件, 则 $P(A) \leqslant 1$.

证明　*因为 $A \subset \Omega$, 所以, 由性质 4 可得 $P(A) \leqslant P(\Omega) = 1$.*

性质 5（加法公式）　设 A,B 为任意两个事件, 则有

$$P(A \cup B) = P(A) + P(B) - P(AB).$$

证明　*因为 $A \cup B = A \cup (B - AB)$, 且 $A(B-AB) = \varnothing$, 又 $AB \subset B$, 根据性质 2 和性质 4 可得*

$$P(A \cup B) = P(A) + P(B) - P(AB).$$

由加法公式可得

$$P(AB) = P(A) + P(B) - P(A \cup B).$$

加法公式可推广至有限多个事件的情形, 设 A,B,C 为任意三个事件, 则有

$$P(A \cup B \cup C) = P(A) + P(B) + P(C) - P(AB) - P(AC) - P(BC) + P(ABC).$$

例 1.2.2　已知 $P(A) = 0.4, P(B) = 0.3, P(A \cup B) = 0.6$, 求 $P(A\overline{B})$.

解　$\begin{aligned}P(A\overline{B}) &= P(A-AB) = P(A) - P(AB) \\ &= P(A) - [P(A) + P(B) - P(A \cup B)] \\ &= P(A \cup B) - P(B) = 0.6 - 0.3 = 0.3.\end{aligned}$

例 1.2.3　已知 $P(A) = \dfrac{1}{3}, P(B) = \dfrac{1}{2}$, 且事件 A,B 互不相容, 求 $P(\overline{A}\overline{B})$.

解　由事件 A,B 互不相容知, $P(A \cup B) = P(A) + P(B)$. 故有

$$\begin{aligned}P(\overline{A}\overline{B}) &= P(\overline{A \cup B}) = 1 - P(A \cup B) \\ &= 1 - [P(A) + P(B)] \\ &= 1 - \left(\frac{1}{3} + \frac{1}{2}\right) = \frac{1}{6}.\end{aligned}$$

习题 1.2

（A）

习题 1.2 解答

1. 已知 $A \subset B$, $P(A) = 0.4$, $P(B) = 0.6$, 求

(1) $P(AB)$;　(2) $P(A \cup B)$;　(3) $P(\overline{A}B)$;　(4) $P(A\overline{B})$.

2. 设事件 A 与 B 互不相容, $P(A) = 0.4$, $P(A \cup B) = 0.7$, 求 $P(\overline{B})$.

3. 设事件 A 与 B 互不相容, 且 $P(A) = \dfrac{1}{2}$, 求 $P(A\overline{B})$.

4. 已知 $P(A)=0.3$, $P(B)=0.25$, $P(A\bigcup B)=0.5$, 求 $P(\overline{A}\bigcup\overline{B})$.

5. 已知 $P(A)=0.8$, $P(A-B)=0.3$, 求 $P(\overline{AB})$.

6. 设 A, B 为两个事件, 满足 $P(AB)=P(\overline{A}\overline{B})$, 且 $P(A)=p$, 求 $P(B)$.

7. 设 A, B 为两个事件, 且 $P(A)=0.5$, $P(B)=0.7$, $P(A\bigcup B)=0.8$, 求 $P(B-A)$.

8. 设 A, B 为两个事件, $P(A)=0.3$, $P(B)=0.4$, $P(AB)=0.2$, 求事件 A 和事件 B 恰有一个发生的概率.

（B）

1. 已知 $P(A)=P(B)=P(C)=\dfrac{1}{4}$, $P(AB)=P(BC)=0$, $P(AC)=\dfrac{1}{8}$. 求 A,B,C 三个事件至少出现一个的概率.

2. 设 A,B 是同一试验 E 的两个事件, 证明: $P(AB)\geqslant 1-P(\overline{A})-P(\overline{B})$.

1.3　古典概型与几何概型

1.3.1　古典概型（等可能概型）

如果试验 E 具有如下特征:

(1) 样本空间 Ω 中包含有限多个样本点;

(2) 每个样本点发生的可能性相同(等可能性), 则称试验 E 为**古典概型**或**等可能概型**.

具有以上两个特点的试验是大量存在的, 在概率论发展初期曾是主要的研究对象, 而且在实际应用中也是最常用的一种概率模型. 古典概型的一些概念具有直观、容易理解的特点, 有着广泛的应用. 下面我们来讨论古典概型中事件概率的计算公式.

古典概型在数学上可表述为

(1) 试验的样本空间是有限的: $\Omega=\{\omega_1,\omega_2,\cdots,\omega_n\}$;

(2) 每一基本事件的概率相同: $P(\{\omega_1\})=P(\{\omega_2\})=\cdots=P(\{\omega_n\})$.

由于基本事件是两两互不相容的, 因此, 由概率的公理化定义有

$$1=P(\Omega)=P\left(\bigcup_{i=1}^{n}\{\omega_i\}\right)=\sum_{i=1}^{n}P(\{\omega_i\})=nP(\{\omega_i\}),$$

于是　　　　　　　　　　$$P(\{\omega_i\})=\dfrac{1}{n},\quad i=1,2,\cdots,n.$$

设试验 E 是一古典概型, A 为试验 E 的一个事件, 且事件 A 中包含了 k 个样本点, 即含有 k 个基本事件, 即

$$A = \{\omega_{i_1}\} \bigcup \{\omega_{i_2}\} \bigcup \cdots \bigcup \{\omega_{i_k}\},$$

其中 $i_1, i_2, \cdots, i_k$ 是 $1, 2, \cdots, n$ 中某 k 个不同的数, 则事件 A 发生的概率为

$$P(A) = P\left(\bigcup_{j=1}^{k} \omega_{i_j}\right) = \sum_{j=1}^{k} P(\{\omega_{i_j}\}) = \frac{k}{n} = \frac{A\text{中包含的样本点数}}{\Omega\text{中样本点总数}}. \qquad (1.3.1)$$

称此概率为**古典概率**. 将求古典概率的问题转化为对基本事件的计数问题.

容易验证, 由公式 (1.3.1) 所确定的概率满足概率的公理化定义中所要求的三个条件. 公式 (1.3.1) 给出了古典概型的计算公式.

例 1.3.1 将一枚硬币抛掷三次, 设

(1) 事件 A_1: "恰有一次出现正面";

(2) 事件 A_2: "至少有一次出现正面".

求 $P(A_1), P(A_2)$.

解 试验 E 的样本空间为 $\Omega = \{HHH, HHT, HTH, HTT, THH, THT, TTH, TTT\}$, 由于 Ω 中包含有限个元素, 且由对称性知每个基本事件发生的可能性相同, 这是一个古典概型, 因此, 由公式 (1.3.1) 可得

(1) $A_1 = \{HTT, THT, TTH\}$, 所以, $P(A_1) = \dfrac{3}{8}$.

(2) $A_2 = \{HHH, HHT, HTH, HTT, THH, THT, TTH\}$, 所以, $P(A_2) = \dfrac{7}{8}$.

当样本空间 Ω 的元素较多时, 我们一般不再将 Ω 中的元素一一列出, 而只需分别求出 Ω 中与 A 中包含的元素的个数 (即基本事件的个数), 再由公式 (1.3.1) 即可求出 A 的概率. 因此, 例 1.3.1 还可如下求解:

因为 Ω 中样本点数为 $n = 2^3 = 8$, 而

(1) A_1 中样本点数为 $k_1 = C_3^1 = 3$, 所以, $P(A_1) = \dfrac{3}{8}$.

(2) A_2 中样本点数为 $k_2 = C_3^1 + C_3^2 + C_3^3 = 7$, 所以, $P(A_2) = \dfrac{7}{8}$.

例 1.3.2 一个口袋装有 6 只球, 其中 4 只白球、2 只红球. 从袋中取球两次, 每次随机地抽取一只, 考虑两种取球方式:

(1) 第一次取一只球, 观察其颜色后放回袋中, 搅匀后再取一球, 这种取球方式叫做**放回抽样**.

(2) 第一次取一只球不放回袋中, 第二次从剩余的球中再取一球, 这种取球方式叫做**不放回抽样**.

求在两种情况下

(1)取到的两只球都是白球的概率;

(2)取到的两只球颜色相同的概率;

(3)取到的两只球中至少有一只是白球的概率.

解 第一种情况:放回抽样

Ω 中样本点数为 $n = 6 \times 6 = 36$.

(1)设事件 $A_1 = \{$取到的两只球都是白球$\}$,则 A_1 中样本点数为 $k_1 = C_4^1 C_4^1$,所以,

$$P(A_1) = \frac{C_4^1 C_4^1}{36} = \frac{4 \times 4}{36} = \frac{4}{9}.$$

(2)设事件 $A_2 = \{$取到的两只球都是红球$\}$,则 A_2 中样本点数为 $k_2 = C_2^1 C_2^1$,因此,设 $A = \{$取到两只球颜色相同$\}$,则

$$P(A) = \frac{k_1 + k_2}{n} = \frac{C_4^1 C_4^1 + C_2^1 C_2^1}{36} = \frac{4 \times 4 + 2 \times 2}{36} = \frac{20}{36} = \frac{5}{9}.$$

或者也可算 A 的逆事件的概率:

$\overline{A}$ 中样本点数为 $C_4^1 C_2^1 + C_2^1 C_4^1 = 16$,所以,$P(\overline{A}) = \frac{16}{36} = \frac{4}{9}$,从而,

$$P(A) = 1 - P(\overline{A}) = \frac{5}{9}.$$

(3)设事件 $A_3 = \{$取到的两只球中至少有一只是白球$\}$,则 $A_3 = \overline{A_2}$. 所以,

$$P(A_3) = P(\overline{A_2}) = 1 - P(A_2) = 1 - \frac{C_2^1 C_2^1}{36} = 1 - \frac{4}{36} = \frac{8}{9}.$$

第二种情况:不放回抽样

Ω 中样本点数为 $n = 6 \times 5 = 30$.

(1)设事件 $A_1 = \{$取到的两只球都是白球$\}$,则 A_1 中样本点数为 $k_1 = C_4^1 C_3^1$,所以,

$$P(A_1) = \frac{C_4^1 C_3^1}{30} = \frac{4 \times 3}{30} = \frac{2}{5}.$$

(2)设事件 $A_2 = \{$取到的两只球都是红球$\}$,则 A_2 中样本点数为 $k_2 = C_2^1 C_1^1$,因此,设 $A = \{$取到两只球颜色相同$\}$,则

$$P(A) = \frac{k_1 + k_2}{n} = \frac{C_4^1 C_3^1 + C_2^1 C_1^1}{30} = \frac{4 \times 3 + 2 \times 1}{30} = \frac{14}{30} = \frac{7}{15}.$$

(3) 设事件 $A_3 = \{$取到的两只球中至少有一只是白球$\}$，则 $A_3 = \overline{A_2}$，所以，

$$P(A_3) = P(\overline{A_2}) = 1 - P(A_2) = 1 - \frac{C_2^1 C_1^1}{30} = 1 - \frac{2}{30} = \frac{14}{15}.$$

例 1.3.3　一年级新生采取阳光分班制. 设一年级共有 2 个班, 每班 40 人. 抽签盒中共有 40 个写着 "1 班" 的纸条, 40 个写着 "2 班" 的纸条. 80 人依次从抽签盒中抽取一张纸条.

(1) 放回抽样;

(2) 不放回抽样.

求第 k 个人抽到 1 班的概率.

解　设事件 $A = \{$第 k 个人抽到 1 班$\}$，则

(1) 放回抽样:

$$P(A) = \frac{C_{40}^1}{80} = \frac{40}{80} = \frac{1}{2}.$$

(2) 不放回抽样:

$E = \{$每人取一张纸条$\}$，则 Ω 中样本点数为 $n = A_{80}^{80} = 80!$，A 中样本点数为 $k = C_{40}^1 \cdot A_{79}^{79} = 40 \times 79!$，所以，

$$P(A) = \frac{40 \times 79!}{80!} = \frac{40}{80} = \frac{1}{2}.$$

值得注意的是, 在不放回抽样中, 尽管抽签的次序不同, 各人抽到 1 班的概率是一样的, 大家机会相同. 并且放回抽样的情况和不放回抽样的情况下, 第 k 个人抽到 1 班的概率是一样的.

例 1.3.4　一批产品共 100 件, 其中有 4 件次品, 按下列两种方式随机地抽取两次, 每次抽取一件产品:

(1) 放回抽样;

(2) 不放回抽样.

试求取出的两件产品中恰有一件次品的概率.

解　设事件 $A = \{$取出的两件产品中恰有一件次品$\}$，

(1) 放回抽样:

Ω 中样本点数为 $n = C_{100}^1 \cdot C_{100}^1 = 100^2$，$A$ 中样本点数为 $k = C_4^1 \cdot C_{96}^1 + C_{96}^1 \cdot C_4^1$，所以，

$$P(A) = \frac{4 \times 96 + 96 \times 4}{100^2} = 0.0768.$$

(2)不放回抽样:

Ω 中样本点数为 $n = C_{100}^1 \cdot C_{99}^1 = 100 \times 99$，$A$ 中样本点数为 $k = C_4^1 \cdot C_{96}^1 + C_{96}^1 \cdot C_4^1$，所以，

$$P(A) = \frac{4 \times 96 + 96 \times 4}{100 \times 99} = 0.0776.$$

不难看出，两种方式下，事情 A 发生的概率尽管有所不同，但差别不大. 这是因为被抽检的产品数量较大，而抽出的产品数量较小. 因此，在实际应用中，对上述情形，如有必要可将不放回抽取方式视作放回抽取方式来处理.

例 1.3.5 假设每人的生日在一年 365 天中的任一天是等可能的，随机选取 n（$n \leqslant 365$）个人，求 n 个人中至少有两人生日相同的概率.

解 设事件 $A = \{n$ 个人中至少有两个人生日相同$\}$，则 $\bar{A} = \{n$ 个人生日各不相同$\}$，因此，

$$P(\bar{A}) = \frac{365 \times 364 \times \cdots \times (365 - (n-1))}{365^n},$$

从而，

$$P(A) = 1 - \frac{365 \times 364 \times \cdots \times (365 - (n-1))}{365^n}.$$

n	20	23	30	40	50	64	100
$P(A)$	0.411	0.507	0.706	0.891	0.970	0.997	0.9999997

例 1.3.6 某城市电话号码升位后为七位数，且首位数为 7 或 6，试求:

(1)随机抽取的一号码为不重复的七位数的概率;

(2)随机抽取的一号码末位数是 8 的概率.

解 设 $A = \{$任一号码为不重复的七位数$\}$，$B = \{$任取一号码末位数是 8$\}$. 则 Ω 中样本点总数: 首位数只能是 7 或 6，因此有 2 种可能; 其余位数可以是 0~9 这 10 个数中任意一个，共有样本点总数 $n = 2 \times 10^6$.

事件 A 中的样本点数: 考虑不重复的七位数，于是有

$$2 \times 9 \times 8 \times 7 \times 6 \times 5 \times 4 = 2A_9^6;$$

事件 B 的样本点数为 $2 \times 10^5 \times 1$，于是有

$$P(A) = \frac{2 \times 9 \times 8 \times 7 \times 6 \times 5 \times 4}{2 \times 10^6} = 0.0605, \quad P(B) = \frac{2 \times 10^5}{2 \times 10^6} = 0.1.$$

例 1.3.7　概率统计课在抽查测试中有 9 份试卷, 其中 3 份较简单. 由 9 位同学抽签决定自己的试卷(每份试卷对应一题签), 甲同学先抽, 乙同学随后抽, 分别求甲、乙抽到简单试卷的概率.

解　设 $A = \{$甲抽到简单试卷$\}$, $B = \{$乙抽到简单试卷$\}$.

易知, Ω 中样本点数为 $n = \mathrm{A}_9^9 = 9!$, 对事件 A: 甲抽到简单试卷, 有 C_3^1 种抽法, 其余 8 人在剩余的 8 个签中任取一签, 有 $8!$ 种抽法, 故事件 A 中样本点数为 $k_1 = \mathrm{C}_3^1 \times \mathrm{A}_8^8 = \mathrm{C}_3^1 \times 8!$, 所以,

$$P(A) = \frac{k_1}{n} = \frac{\mathrm{C}_3^1 \times 8!}{9!} = \frac{1}{3}.$$

事件 B 中样本点数为 $k_2 = \mathrm{C}_3^1 \cdot \mathrm{C}_2^1 \cdot \mathrm{A}_7^7 + \mathrm{C}_6^1 \cdot \mathrm{C}_3^1 \cdot \mathrm{A}_7^7$, 所以,

$$P(B) = \frac{k_2}{n} = \frac{3 \times 2 \times 7! + 6 \times 3 \times 7!}{9!} = \frac{1}{3}.$$

此题通过计算表明, 能否抽到简单试卷与抽签的先后次序无关, 即抽签不分先后, 人人机会均等.

例 1.3.8　从 $1 \sim 100$ 这 100 个整数中任取 1 个数, 试求取到的整数能被 4 或 6 整除的概率.

解　设 $A = \{$取到的整数能被 4 整除$\}$, $B = \{$取到的整数能被 6 整除$\}$, 所求事件的概率为

$$P(A \bigcup B) = P(A) + P(B) - P(AB).$$

Ω 中样本点数为 $n = 100$.

事件 A 中样本点数为 $k_1 = \dfrac{100}{4} = 25$, 所以, 有 25 个数能被 4 整除, 且有

$$P(A) = \frac{25}{100} = \frac{1}{4}.$$

事件 B 中样本点数为 $k_2 = \left[\dfrac{100}{6}\right] = 16$ ($[x]$ 表示不超过 x 的最大整数), 所以, 有 16 个数能被 6 整除, 且有

$$P(B) = \frac{16}{100}.$$

事件 AB 中的样本点数: 同时被 4 和 6 整除相当于能被 12 整除, 所以, $k_3 = \left[\dfrac{100}{12}\right] = 8$, 从而,

$$P(AB) = \frac{8}{100}.$$

所以有

$$P(A \bigcup B) = \frac{25}{100} + \frac{16}{100} - \frac{8}{100} = \frac{33}{100} = 0.33.$$

1.3.2　几何概型

古典概型的特点是试验的所有结果为有限多个且每个结果出现的可能性是相同的. 将其推广, 保留等可能性, 而允许试验的所有可能结果可以是直线上的一线段, 平面上的一区域或空间中的一立体等情形, 从而样本空间 Ω 中有无限多个样本点, 称具有上述性质的试验为**几何概型**.

下面给出几何概型中事件概率的计算公式.

向一个面积为 $\sigma(\Omega)$ 的区域 Ω 中等可能地随机地投掷一点, 如图 1.7 所示.

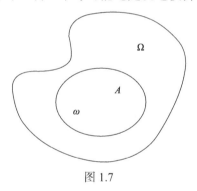

图 1.7

这里"等可能"含义是: 随机点落入 Ω 中任何区域 A 的可能性的大小与区域 A 的面积 $\sigma(A)$ 成正比, 与其位置和形状无关.

记事件: $A = \{$随机点落入区域 $A \}$, 则有

$$P(A) = t\sigma(A),$$

其中 t 为比例常数. 由 $P(\Omega) = t\sigma(\Omega) = 1$, 知 $t = \dfrac{1}{\sigma(\Omega)}$, 从而得出

$$P(A) = \frac{\sigma(A)}{\sigma(\Omega)}. \tag{1.3.2}$$

由公式 (1.3.2) 所确定的概率称为**几何概率**. 不难验证, 几何概率满足概率的公理化定义中所要求的三个条件. 类似地, 如果向一条直线上的某一线段或空间中的某一立体上等可能地随机地投掷一点, 则公式 (1.3.2) 中面积分别为长度或体积.

例 1.3.9　设某学校东门 207 路公交车从上午 7 点起, 每隔 15 分钟来一趟车, 一名同学在 7: 00 到 7: 30 之间随机到达东门公交车站. 试求:

(1) 该同学等候不到 5 分钟上车的概率;

(2) 该同学等候时间超过 10 分钟的概率.

解　由于乘客到达车站的时间具有随机性, 可认为在 7: 00 到 7: 30 之间, 即 0~30 分钟之内任一时刻都有可能, 设 x 表示乘客到达时间, 则

$$\Omega = \{x \mid 0 \leqslant x \leqslant 30\}, \quad \sigma(\Omega) = 30 \text{ (分钟)},$$

记

$$A = \{\text{等候时间不到5分钟}\} = \{x \mid 10 < x < 15 \text{ 或 } 25 < x < 30\},$$

$$B = \{\text{等候时间超过10分钟}\} = \{x \mid 0 < x < 5 \text{ 或 } 15 < x < 20\},$$

则有

$$P(A) = \frac{\sigma(A)}{\sigma(\Omega)} = \frac{5+5}{30} = \frac{10}{30} = \frac{1}{3},$$

$$P(B) = \frac{\sigma(B)}{\sigma(\Omega)} = \frac{5+5}{30} = \frac{10}{30} = \frac{1}{3}.$$

例 1.3.10（会面问题）　设小明和小红两人相约上午 9 点到 10 点之间在某地会面, 先到者等候另一人 20 分钟方可离开, 试求小明和小红两人能会面的概率.

解　确定 Ω 所对应的区域. 以 9 点为计时开始, 到 10 点结束, 以分钟为时间单位, 用 x 表示小明到达会面地点的时间, y 表示小红到达会面地点的时间, 则样本空间为

$$\Omega = \{(x, y) \mid 0 \leqslant x \leqslant 60, 0 \leqslant y \leqslant 60\}, \quad \sigma(\Omega) = 60^2.$$

记事件 $A = \{\text{小明与小红两人能会面}\}$, 两人能会面的充要条件是 $|x - y| \leqslant 20$, $(x, y) \in \Omega$, 如图 1.8 阴影部分所示,

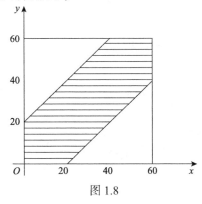

图 1.8

所以

$$A = \{(x,y) \| x - y | \leqslant 20, (x,y) \in \Omega\},$$

从而，

$$P(A) = \frac{\sigma(A)}{\sigma(\Omega)} = \frac{60^2 - \dfrac{1}{2} \times 40 \times 40 - \dfrac{1}{2} \times 40 \times 40}{60^2} = \frac{5}{9}.$$

例 1.3.11 从区间 $(0,1)$ 内任取两个数，试求这两个数的乘积小于 $\dfrac{1}{4}$ 的概率.

解 确定 Ω 所对应的区域：设 x, y 分别表示从区间 $(0,1)$ 内任取的两个数，应满足 $0 < x < 1$，$0 < y < 1$，因此，样本空间为

$$\Omega = \{(x,y) \mid 0 < x < 1,\ 0 < y < 1\}, \quad \sigma(\Omega) = 1;$$

记事件 $A = \left\{ \text{两相乘小于} \dfrac{1}{4} \right\}$（图 1.9），则有

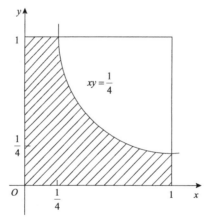

图 1.9

$$A = \left\{ (x,y) \middle| xy < \frac{1}{4},\ (x,y) \in \Omega \right\},$$

于是有 $\sigma(A) = \dfrac{1}{4} + \displaystyle\int_{\frac{1}{4}}^{1} \frac{1}{4x} \mathrm{d}x = \dfrac{1}{4} + \dfrac{1}{2}\ln 2$，根据公式 (1.3.2) 可得

$$P(A) = \frac{\sigma(A)}{\sigma(\Omega)} = \frac{1}{4} + \frac{1}{2}\ln 2.$$

习题 1.3

习题 1.3 解答

(A)

1. 已知在 10 件产品中有 2 件次品, 现不放回地从中取两次, 每次任取一件, 求下列事件的概率:

(1) 两件都是正品;

(2) 两件都是次品;

(3) 一件是正品, 一件是次品;

(4) 第二次取出的是次品.

2. 设在 10 张卡片中有 5 张是红色的.

(1) 从中任意抽取 5 张, 求其中至少有 2 张是红色的概率;

(2) 从中每次取一张, 作不放回抽样, 求前 3 张都取到红色卡片的概率.

3. 在 1500 件产品中有 400 件次品、1100 件正品. 任取 200 件.

(1) 求恰有 90 件次品的概率;

(2) 求至少有 2 件次品的概率.

4. 某油漆公司发出 17 桶油漆, 其中白漆 10 桶、黑漆 4 桶、红漆 3 桶, 在搬运中所有标签脱落, 交货人随意将这些油漆发给顾客. 问一人订货 4 桶白漆、3 桶黑漆和 2 桶红漆的顾客, 能按所选定颜色如数得到订货的概率是多少?

5. 在一标准英语字典中有 55 个由两个不同的字母所组成的词. 若从 26 个英文字母中任取两个字母予以排列. 问能排成上述单词的概率是多少?

6. 袋中有 50 个乒乓球, 其中有 20 个黄球、30 个白球, 今有两个人依次随机地从袋中各取一球, 取后不放回. 则第二个人取到黄球的概率是多少?

7. 将 3 个球随机地放入 4 个杯中去, 求杯中球的最大个数分别为 1, 2, 3 的概率.

8. 在一次运动会的铅球比赛中, 有 10 名运动员参赛, 分别将其编号为 1~10 号, 任选 3 人记录其参赛号码.

(1) 求最小号码为 5 的概率;

(2) 求最大号码为 5 的概率.

9. 甲、乙两艘轮船都要在某个泊位停靠 6 小时, 假定它们在一昼夜的时间段中随机地到达, 试求这两艘船中至少有一艘在停靠泊位时必须等待的概率.

10. 在区间 $(0,1)$ 内随机地抽取两个数, 求两数之和小于 $\frac{6}{5}$ 的概率.

(B)

1. 将 C, C, E, E, I, N, S 7 个字母随机排成一行. 恰好排成英文单词 SCIENCE 的概率是多少?

2. 将 15 名新生随机地平均分配到三个班级中去, 这 15 名新生中有 3 名是优秀生, 求

(1) 每一个班级各分配到一名优秀生的概率;

(2) 3 名优秀生分配在同一班级的概率.

3. 把 10 本书随意地放在书架上, 求其中指定的 5 本书放在一起的概率.

4. 在区间 $(0,1)$ 内随机地取出两个数, 试求这两个数之差的绝对值小于 $\frac{1}{2}$ 的概率.

5. 随机地向半圆 $0 < y < \sqrt{2ax - x^2}$（$a > 0$）内掷一点，点落在半圆内的任何区域的概率与区域的面积成正比，求原点和该点的连线与 x 轴的夹角小于 $\dfrac{\pi}{4}$ 的概率.

1.4　条　件　概　率

1.4.1　条件概率的概念

在现实世界中，很多事物之间是相互联系、相互影响的，对于随机事件也是如此. 在同一试验中，一个事件发生有可能对其他事件发生的可能性产生影响. 这种情况下我们就需要考虑在事件 A 已经发生的条件下，事件 B 发生的概率，称这样的概率为**条件概率**，记为 $P(B \mid A)$.

由于事件 A 的发生多少会对事件 B 的发生产生影响，因此，一般情况下

$$P(B \mid A) \neq P(B).$$

例 1.4.1　将一枚硬币抛掷两次，观察其出现正面 H、反面 T 的情况. 设

事件 A：“至少有一次是 H”；

事件 B：“两次抛出同一面”.

求在事件 A 发生的条件下，事件 B 发生的概率 $P(B \mid A)$.

解　样本空间为 $\Omega = \{HH, HT, TH, TT\}$，事件 $A = \{HH, HT, TH\}$，事件 $B = \{HH, TT\}$. 易知此属古典概型问题. 已知事件 A 已发生，有了这一消息，知道了 TT 不可能发生，即知试验所有可能结果所成的集合就是 A. A 中有 3 个元素，其中只有 $HH \in B$. 于是，在事件 A 发生的条件下，事件 B 发生的概率为

$$P(B \mid A) = \frac{1}{3}.$$

在这里，我们注意到 $P(B) = \dfrac{2}{4} \neq P(B \mid A)$. 这是很容易理解的，因为在求 $P(B \mid A)$ 时我们是限制在事件 A 已经发生的条件下考虑事件 B 发生的概率的.

另外，易知

$$P(A) = \frac{3}{4}, \quad P(B) = \frac{2}{4}, \quad P(AB) = \frac{1}{4}.$$

故有

$$P(B \mid A) = \frac{P(AB)}{P(A)}.$$

这里 $P(A) > 0$.

由此我们可引入条件概率的数学定义.

定义 1.4.1　设 A, B 是两个事件, 且 $P(A) > 0$, 则称

$$P(B \mid A) = \frac{P(AB)}{P(A)} \tag{1.4.1}$$

为在事件 A 发生的条件下, 事件 B 发生的**条件概率**.

类似地可定义, $P(A \mid B) = \dfrac{P(AB)}{P(B)}$, 其中 $P(B) > 0$.

条件概率也是概率, 满足概率定义的三个条件, 即

(1) 非负性: 对任意一事件 B, 有 $P(B \mid A) \geqslant 0$;

(2) 规范性: $P(\Omega \mid A) = 1$;

(3) 可列可加性: 设 $B_1, B_2, \cdots$ 是两两互不相容的, 则

$$P\left(\bigcup_{i=1}^{\infty} B_i \,\middle|\, A \right) = \sum_{i=1}^{\infty} P(B_i \mid A) .$$

除此之外, 条件概率还满足概率的其他一些性质. 比如, 设 A, B, C 为任意事件, 则

(1) $P(\varnothing \mid A) = 0$;

(2) $P(\bar{B} \mid A) = 1 - P(B \mid A)$;

(3) $P(B \bigcup C \mid A) = P(B \mid A) + P(C \mid A) - P(BC \mid A)$.

例 1.4.2　一盒子装有 4 只产品, 其中有 3 只一等品, 1 只二等品. 从中取产品两次, 每次任取一只, 作不放回抽样. 设

事件 A: "第一次取到的是一等品";

事件 B: "第二次取到的是一等品".

试求条件概率 $P(B \mid A)$.

解　易知此属古典概型问题. 样本空间 Ω 中样本点数为 $n = A_4^2 = 4 \times 3 = 12$, A 中样本点数为

$$k_1 = C_3^1 \cdot C_3^1 = 3 \times 3 = 9 .$$

事件 AB 为 "两次取到的均是一等品", 因此, AB 中样本点数为 $k_2 = C_3^1 \cdot C_2^1 = 3 \times 2 = 6$. 所以,

$$P(A) = \frac{k_1}{n} = \frac{9}{12}, \quad P(AB) = \frac{k_2}{n} = \frac{6}{12} .$$

由此得条件概率

$$P(B \mid A) = \frac{P(AB)}{P(A)} = \frac{2}{3}.$$

例 1.4.3　设一批产品中一、二、三等品各占 60%, 30%, 10%. 从中任取一件产品, 发现不是三等品, 试求此件产品是一等品的概率.

解　设 $A_i = \{$任取一件产品是 i 等品$\}$, $i = 1,2,3$, 且 A_1, A_2, A_3 两两互斥,

$$P(A_1) = 0.6, \quad P(A_2) = 0.3, \quad P(A_3) = 0.1.$$

所求事件的概率为条件概率, 由条件概率计算公式有

$$P(A_1 \mid \overline{A_3}) = P(A_1 \mid (A_1 \cup A_2)) = \frac{P(A_1(A_1 \cup A_2))}{P(A_1 \cup A_2)}$$

$$= \frac{P(A_1)}{P(A_1) + P(A_2)} = \frac{0.6}{0.6 + 0.3} = \frac{2}{3}.$$

1.4.2　乘法公式

由条件概率定义 1.4.1 可得下列结论.

乘法定理　设 $P(A) > 0$, 则有

$$P(AB) = P(A)P(B \mid A). \tag{1.4.2}$$

称式 (1.4.2) 为**乘法公式**.

同理, 设 $P(B) > 0$, 则有

$$P(AB) = P(B)P(A \mid B).$$

乘法公式可推广到有限多个事件的积事件的情形. 例如, 设 A, B, C 是事件, 且 $P(AB) > 0$, 则

$$P(ABC) = P(A)P(B \mid A)P(C \mid AB).$$

一般地, 若 $A_1, A_2, \cdots, A_n$ 是 n ($n \geqslant 2$) 个事件, 且 $P(A_1 A_2 \cdots A_{n-1}) > 0$, 则

$$P(A_1 A_2 \cdots A_n) = P(A_1)P(A_2 \mid A_1) \cdots P(A_n \mid A_1 A_2 \cdots A_{n-1}). \tag{1.4.3}$$

条件 $P(A_1 A_2 \cdots A_{n-1}) > 0$ 保证了式 (1.4.3) 中所有条件概率有意义.

例 1.4.4　一批产品共 100 件, 其中有 10 件次品, 现依次不放回抽取三次, 每次抽取一件, 试求第三次才取得正品的概率.

解　设 $A_i = \{$第 i 次取得正品$\}$, $i = 1,2,3$, $A = \{$第三次才取得正品$\}$, 则

$A = \overline{A}_1 \overline{A}_2 A_3$，故有

$$P(A) = P(\overline{A}_1 \overline{A}_2 A_3) = P(\overline{A}_1)P(\overline{A}_2 \mid \overline{A}_1)P(A_3 \mid \overline{A}_1 \overline{A}_2)$$
$$= \frac{10}{100} \times \frac{9}{99} \times \frac{90}{98} = \frac{9}{1078}.$$

例 1.4.5 某人忘记了电话号码的最后一个数字，因而随意拨最后一个数字，试求：

(1) 拨号不超过三次而拨通电话的概率；

(2) 若已知最后一个数字是奇数，则拨号不超过三次拨通电话的概率.

解　设 $A_i = \{$第 i 次拨通电话$\}$，$i = 1, 2, 3$，$A = \{$不超过三次拨通电话$\}$.

(1)　$A = A_1 \bigcup \overline{A}_1 A_2 \bigcup \overline{A}_1 \overline{A}_2 A_3$. 所以，

$$P(A) = P(A_1) + P(\overline{A}_1 A_2) + P(\overline{A}_1 \overline{A}_2 A_3)$$
$$= P(A_1) + P(\overline{A}_1)P(A_2 \mid \overline{A}_1) + P(\overline{A}_1)P(\overline{A}_2 \mid \overline{A}_1)P(A_3 \mid \overline{A}_1 \overline{A}_2)$$
$$= \frac{1}{10} + \frac{9}{10} \times \frac{1}{9} + \frac{9}{10} \times \frac{8}{9} \times \frac{1}{8} = \frac{3}{10}.$$

(2) $P(A) = \dfrac{1}{5} + \dfrac{4}{5} \times \dfrac{1}{4} + \dfrac{4}{5} \times \dfrac{3}{4} \times \dfrac{1}{3} = \dfrac{3}{5}.$

对于 (1) 可考虑对立事件：$\overline{A} = \{$拨号三次均未通$\}$，则 $\overline{A} = \overline{A}_1 \overline{A}_2 \overline{A}_3$，有

$$P(A) = 1 - P(\overline{A}) = 1 - P(\overline{A}_1 \overline{A}_2 \overline{A}_3)$$
$$= 1 - P(\overline{A}_1)P(\overline{A}_2 \mid \overline{A}_1)P(\overline{A}_3 \mid \overline{A}_1 \overline{A}_2) = 1 - \frac{9}{10} \times \frac{8}{9} \times \frac{7}{8} = \frac{3}{10}.$$

例 1.4.6 已知 $P(A) = 0.6, P(B) = 0.8, P(B \mid \overline{A}) = 0.6$，试求 $P(A \mid B)$.

解　由 $P(B \mid \overline{A}) = \dfrac{P(B\overline{A})}{P(\overline{A})} = \dfrac{P(B - AB)}{P(\overline{A})} = \dfrac{P(B) - P(AB)}{P(\overline{A})}$ 可得

$$P(AB) = P(B) - P(\overline{A})P(B \mid \overline{A}) = 0.8 - (1 - 0.6) \times 0.6 = 0.56,$$

于是有

$$P(A \mid B) = \frac{P(AB)}{P(B)} = \frac{0.56}{0.8} = 0.7.$$

1.4.3　全概率公式

样本空间对一类比较复杂事件的概率计算时，可将复杂事件分解成若干个互不相容的事件的并，然后运用概率的有限可加性和乘法公式求出其解. 为此我们

先介绍样本空间的划分的定义.

定义 1.4.2　设试验 E 的样本空间为 Ω，$A_1, A_2, \cdots, A_n$ 为试验 E 的一组事件，且满足条件

（1）$A_1, A_2, \cdots, A_n$ 两两互不相容；

（2）$A_1 \bigcup A_2 \bigcup \cdots \bigcup A_n = \Omega$，

则称 $A_1, A_2, \cdots, A_n$ 为样本空间 Ω 的一个**划分**，或称 $A_1, A_2, \cdots, A_n$ 为样本空间 Ω 的**完备事件组**.

由定义 1.4.2 可知，若 $A_1, A_2, \cdots, A_n$ 为样本空间 Ω 的一个划分，则在每次试验中，事件 $A_1, A_2, \cdots, A_n$ 中必有一个且仅有一个发生. 样本空间的划分不唯一. 在划分以后的样本空间中，任一事件 B（$B \subset \Omega$）可表示为

$$B = B\Omega = B(A_1 \bigcup A_2 \bigcup \cdots \bigcup A_n) = BA_1 \bigcup BA_2 \bigcup \cdots \bigcup BA_n,$$

其中 $(BA_i)(BA_j) = \varnothing$，$i \neq j, i, j = 1, 2, \cdots, n$.

例如，设试验 E 为"掷一颗骰子观察其点数". 其样本空间为 $\Omega = \{1,2,3,4,5,6\}$. 则事件组 $A_1 = \{1,2\}, A_2 = \{3,4\}$，$A_3 = \{5,6\}$ 是样本空间 Ω 的一个划分. 事件组 $B_1 = \{1,2,3\}$，$B_2 = \{4,5\}, B_3 = \{6\}$ 也是样本空间 Ω 的一个划分. 事件组 $C_1 = \{1,2,3\}, C_2 = \{3,4\}$，$C_3 = \{5,6\}$ 不是样本空间 Ω 的一个划分.

定理 1.4.1　设试验 E 的样本空间是 Ω，事件 $A_1, A_2, \cdots, A_n$ 为 Ω 的一个划分，且 $P(A_i) > 0$（$i = 1, 2, \cdots, n$），则对任一事件 B，有

$$P(B) = \sum_{i=1}^{n} P(A_i) P(B \mid A_i). \tag{1.4.4}$$

称公式 (1.4.4) 为**全概率公式**.

证明　由于 $A_1, A_2, \cdots, A_n$ 为 Ω 的一个划分，有

$$B = BA_1 \bigcup BA_2 \bigcup \cdots \bigcup BA_n,$$

利用概率的有限可加性和乘法公式，有

$$P(B) = P(BA_1) + P(BA_2) + \cdots + P(BA_n) = \sum_{i=1}^{n} P(A_i) P(B \mid A_i).$$

定理得证.

在很多实际问题中，$P(B)$ 不容易求出，但却容易找到样本空间 Ω 的一个划分 $A_1, A_2, \cdots, A_n$，且 $P(A_i)$ 和 $P(B \mid A_i)$（$i = 1, 2, \cdots, n$）或为已知，或容易求得，那么就可根据全概率公式求出 $P(B)$.

当 $n = 2$ 时，$A, \overline{A}$ 是样本空间 Ω 的划分，此时，全概率公式为

$$P(B) = P(A)P(B \mid A) + P(\bar{A})P(B \mid \bar{A}).$$

例 1.4.7 有 10 个题签, 其中 4 个是数学题, 6 个是文学题. 小明对数学题有 70%的把握回答正确, 对文学题有 90%的把握回答正确. 现小明从中随机地抽一个题签回答问题, 求小明回答正确的概率.

解 设所求事件 B = {任取一个题签回答正确}, 注意到事件 B 的发生与抽到数学题或文学题有关. 设 A = {抽到数学题}, $\bar{A}$ = {抽到文学题}, 则 $A\bar{A} = \varnothing$, $A \bigcup \bar{A} = \Omega$, 且

$$P(A) = 0.4, \quad P(\bar{A}) = 0.6, \quad P(B \mid A) = 70\%, \quad P(B \mid \bar{A}) = 90\%.$$

因此, 由全概率公式(1.4.4)可得

$$P(B) = P(A)P(B \mid A) + P(\bar{A})P(B \mid \bar{A})$$
$$= \frac{4}{10} \times 0.7 + \frac{6}{10} \times 0.9$$
$$= 0.82.$$

例 1.4.8 设某工厂有两个车间生产同型号家用电器, 第 1 车间的次品率为 0.15, 第 2 个车间的次品率为 0.12. 两个车间生产的成品都混合堆放在一个仓库中, 假设第 1、2 车间的成品比例为 2：3, 今有一客户从成品库中随机提一台产品, 试求该产品合格的概率.

解 设所求事件 B = {从成品库中任提一台是合格品}, A_i = {提出的一台产品是第 i 车间生产的}, $i = 1, 2$, 则 $A_1 \bigcap A_2 = \varnothing$, $A_1 \bigcup A_2 = \Omega$, 且

$$P(A_1) = \frac{2}{5}, \quad P(A_2) = \frac{3}{5}, \quad P(B \mid A_1) = 1 - 0.15 = 0.85, \quad P(B \mid A_2) = 1 - 0.12 = 0.88,$$

所以, 由全概率公式(1.4.4)可得

$$P(B) = P(A_1)P(B \mid A_1) + P(A_2)P(B \mid A_2)$$
$$= \frac{2}{5} \times 0.85 + \frac{3}{5} \times 0.88$$
$$= 0.868.$$

例 1.4.9 据某国的一份资料报道, 在该国总的来说患肺癌的概率约为 0.1%, 在人群中有 20%是吸烟者, 他们患肺癌的概率约为 0.4%, 问不吸烟者患肺癌的概率是多少?

解 设所求事件 B = {患肺癌}, A = {吸烟}, $\bar{A}$ = {不吸烟}, 则

$$P(A) = 20\%, \quad P(\bar{A}) = 80\%, \quad P(B) = 0.1\%, \quad P(B \mid A) = 0.4\%.$$

所以, 由全概率公式(1.4.4)可得

$$P(B) = P(A)P(B \mid A) + P(\overline{A})P(B \mid \overline{A}),$$

将数据代入得

$$0.001 = 0.2 \times 0.004 + 0.8 \times P(B \mid \overline{A}),$$

解得

$$P(B \mid \overline{A}) = \frac{0.001 - 0.2 \times 0.004}{0.8} = 0.00025.$$

例 1.4.10 某家电卖场销售 10 台电冰箱, 其中有 7 台是一级品, 3 台是二级品. 某人到该家电卖场时, 冰箱已被卖出 2 台, 试求此人能买到一级品的概率.

解 设 $B = \{$此人能买到一级品$\}$, $A_i = \{$卖出 2 台冰箱中有 i 台是一级品$\}$ $(i = 0,1,2)$, 则有

$$P(A_0) = \frac{C_3^2}{C_{10}^2} = \frac{1}{15}, \quad P(B \mid A_0) = \frac{7}{8},$$

$$P(A_1) = \frac{C_7^1 C_3^1}{C_{10}^2} = \frac{7}{15}, \quad P(B \mid A_1) = \frac{6}{8},$$

$$P(A_2) = \frac{C_7^2}{C_{10}^2} = \frac{7}{15}, \quad P(B \mid A_2) = \frac{5}{8},$$

所以, 由全概率公式(1.4.4)可得

$$P(B) = \sum_{i=0}^{2} P(A_i)P(B \mid A_i)$$

$$= \frac{1}{15} \times \frac{7}{8} + \frac{7}{15} \times \frac{6}{8} + \frac{7}{15} \times \frac{5}{8} = 0.7.$$

例 1.4.11 有朋自远方来, 他坐火车、坐船、坐汽车和坐飞机的概率分别为 0.3, 0.2, 0.1, 0.4. 若坐火车来, 他迟到的概率是 0.25; 若坐船来, 迟到的概率是 0.3; 若坐汽车来, 迟到的概率是 0.1; 若坐飞机来, 则不会迟到.

(1)试求这位朋友迟到的概率;

(2)如果这位朋友迟到了, 他乘坐哪种交通工具的可能性最大?

解 设 $B = \{$这位朋友迟到$\}$, $A_1 = \{$坐火车来$\}$, $A_2 = \{$坐船来$\}$, $A_3 = \{$坐汽车来$\}$, $A_4 = \{$坐飞机来$\}$, 则

$$P(A_1) = 0.3, \quad P(A_2) = 0.2, \quad P(A_3) = 0.1, \quad P(A_4) = 0.4,$$

$$P(B \mid A_1) = 0.25, \quad P(B \mid A_2) = 0.3, \quad P(B \mid A_3) = 0.1, \quad P(B \mid A_4) = 0,$$

所以, 由全概率公式(1.4.4)可得

(1) $P(B) = \sum_{i=1}^{4} P(A_i)P(B \mid A_i)$

$\qquad = 0.3 \times 0.25 + 0.2 \times 0.3 + 0.1 \times 0.1 + 0.4 \times 0 = 0.145.$

(2) 由题意, "这位朋友迟到了"即已知事件 B 发生的条件下, 求出下面几个概率:

$$P(A_1 \mid B) = \frac{P(A_1 B)}{P(B)} = \frac{P(A_1)P(B \mid A_1)}{P(B)} = \frac{0.3 \times 0.25}{0.145} \approx 0.517,$$

$$P(A_2 \mid B) = \frac{0.2 \times 0.3}{0.145} \approx 0.414, \quad P(A_3 \mid B) = \frac{0.1 \times 0.1}{0.145} \approx 0.069, \quad P(A_4 \mid B) = \frac{0}{0.145} = 0.$$

从得到的数据中推断, 这位朋友坐火车来的可能性最大.

1.4.4　贝叶斯公式

全概率公式通过综合分析一事件发生的不同原因或情况及其可能性来求得该事件的概率, 而贝叶斯公式则考虑完全相反的问题, 即一事件已经发生, 要考虑引起该事件发生的各种原因或情况的可能性的大小. 因此, 当一个较复杂的事件是由多种 "原因" 造成时, 通常可借助全概率公式计算它的概率, 而当已知试验结果要追查 "原因" 时, 往往使用贝叶斯公式.

定理 1.4.2　设试验 E 的样本空间是 Ω, 事件 $A_1, A_2, \cdots, A_n$ 是 Ω 的一个划分, 且 $P(A_i) > 0 \ (i = 1, 2, \cdots, n)$, 则对任一事件 $B, P(B) > 0,$ 有

$$P(A_i \mid B) = \frac{P(A_i)P(B \mid A_i)}{\sum_{j=1}^{n} P(A_j)P(B \mid A_j)} \quad (i = 1, 2, \cdots, n). \tag{1.4.5}$$

称公式(1.4.5)为**贝叶斯**(Bayes)**公式**.

当 $n = 2$ 时, $A, \overline{A}$ 是样本空间 Ω 的划分, 此时, 贝叶斯公式为

$$P(A \mid B) = \frac{P(A)P(B \mid A)}{P(A)P(B \mid A) + P(\overline{A})P(B \mid \overline{A})}.$$

例 1.4.12 假设男子有 5%是色盲患者, 女子有 0.25%是色盲患者. 今从男女人数相等的人群中随机地挑选一人, 恰好是色盲患者, 求此人是男性的概率.

解 设 $B = \{$任选一人是色盲患者$\}$, $A = \{$选到一名男性$\}$, $\overline{A} = \{$选到一名女性$\}$, 则有

$$P(A) = \frac{1}{2}, \quad P(B \mid A) = 5\%, \quad P(\overline{A}) = \frac{1}{2}, \quad P(B \mid \overline{A}) = 0.25\%,$$

所以, 由贝叶斯公式(1.4.5)可得

$$P(A \mid B) = \frac{P(A)P(B \mid A)}{P(A)P(B \mid A) + P(\overline{A})P(B \mid \overline{A})}$$

$$= \frac{\frac{1}{2} \times 0.05}{\frac{1}{2} \times 0.05 + \frac{1}{2} \times 0.0025} = \frac{20}{21} \approx 0.95.$$

习题 1.4

(A)

习题 1.4 解答

1. 已知 $P(A) = \frac{1}{4}, P(B \mid A) = \frac{1}{3}, P(A \mid B) = \frac{1}{2}$, 求 $P(A \cup B)$.

2. 甲、乙两班共有 70 名学生, 其中女生 40 名, 设甲班有 30 名学生, 而女生 15 名, 问在遇到甲班同学时, 正好遇到一名女生的概率.

3. 掷两颗骰子, 已知两颗骰子点数之和为 7, 求其中有一颗为 1 点的概率.

4. 某种机器按设计要求使用寿命超过 30 年的概率为 0.8, 超过 40 年的概率为 0.5, 试求该机器在使用 30 年之后, 将在 10 年内损坏的概率.

5. 设某光学仪器厂制造的透镜, 第一次落下时打破的概率是 $\frac{1}{2}$, 若第一次落下未打破, 第二次落下打破的概率是 $\frac{7}{10}$, 若前两次落下未打破, 第三次落下打破的概率为 $\frac{9}{10}$. 求透镜落下三次而未打破的概率.

6. 某人钥匙掉了, 落在宿舍中的概率为 40%, 这种情况下找到的概率为 0.85; 落在教室的概率为 35%, 这种情况下找到的概率为 20%; 落在路上的概率为 25%, 这种情况下找到的概率为 10%, 试求此人能找到钥匙的概率.

7. 设某一工厂有 A, B, C 三个车间, 它们生产同一种螺钉, 每个车间的产量分别占该厂生产螺钉总产量的 25%、35%、40%, 每个车间成品中次品的螺钉占该车间生产量的百分比分别为 5%、4%、2%, 如果从全厂总产品中抽取一件产品, 得到了次品. 求它依次是车间 A, B, C 生产的概率.

8. 发报台分别以概率 0.6 和 0.4 发出信号 "*" 和 "-"; 由于通信系统受到干扰, 当发出信号 "*" 时, 收报台未必收到信号 "*", 而是分别以概率 0.8 和 0.2 收到信号 "*" 和 "-"; 同样, 当发出信号 "-" 时, 收报台分别以概率 0.9 和 0.1 收到信号 "-" 和 "*". 求

(1)收报台收到信号"*"的概率;

(2)当收报台收到信号"*"时, 发报台确是发出信号"*"的概率.

9. 小明到外地出差, 家里有一棵植物生病了, 委托邻居浇水, 设如果不浇水, 植物死去的概率为 0.8, 若浇水, 则植物死去的概率为 0.15. 有 0.9 的把握确定邻居会记得浇水.

(1)求小明回来植物还活着的概率;

(2)若小明回来植物已经死去, 求邻居忘记浇水的概率.

10. 一学生接连参加同一课程的两次考试. 第一次及格的概率为 p , 若第一次及格则第二次及格的概率也为 p ; 若第一次不及格则第二次及格的概率为 $\dfrac{p}{2}$.

(1)若至少有一次及格则他能取得某种资格, 求他取得该资格的概率;

(2)若已知他第二次已经及格, 求他第一次及格的概率.

(B)

1. 已知 $P(\bar{A}) = 0.3, P(B) = 0.4, P(A\bar{B}) = 0.5$, 求条件概率 $P(B \mid A \bigcup \bar{B})$.

2. 若 $P(A \mid B) = 1$, 证明 $P(\bar{B} \mid \bar{A}) = 1$.

3. 某厂的产品中有 4% 的废品, 在 100 件合格品中有 75 件一等品, 试求在该厂的产品中任取一件是一等品的概率.

4. 玻璃杯成箱出售, 每箱 20 只. 假设各箱含 0, 1, 2 只残次品的概率依次为 0.8, 0.1, 0.1. 一顾客欲购买一箱玻璃杯, 在购买时售货员随机取一箱, 而顾客开箱随意地查看 4 只, 若无次品, 则买下该箱玻璃杯, 否则退回. 求

(1)顾客买下该箱的概率;

(2)顾客买下的一箱中, 确实没有次品的概率.

5. 有两箱同类型的产品, 其中第一箱有 3 件合格品和 3 件不合格品, 第二箱仅有 3 件合格品. 现从第一箱中任取 3 件放入第二箱, 再从第二箱中任取一件.

(1)求从第二箱中取出的产品是不合格品的概率;

(2)若取出的产品是不合格品, 求从第一箱取出的 3 件产品中恰好有一件不合格品的概率.

1.5　随机事件的独立性

设 A, B 为两个事件, 一般情况下, 事件 A 的发生对 B 发生的概率是有影响的, 这时有 $P(B \mid A) \neq P(B)$ ($P(A) > 0$). 只有这种影响不存在时, 即事件 A 的发生与否, 对事件 B 发生的概率都不产生影响时, 才会有 $P(B \mid A) = P(B)$, 在这种情况下称事件 A 与事件 B 相互独立.

事件的独立性是概率论中的一个非常重要的概念. 概率论与数理统计中的很多内容都是在独立的前提下讨论的. 应该注意的是, 在实际应用中, 事件的独立性, 往往不是根据定义来验证, 而是根据实际意义来加以判断的. 根据实际背景判断事件的独立性, 往往并不困难.

例 1.5.1 一袋中有 4 个白球, 2 个黑球, 从中有放回取两次, 每次取一球, 设事件 A 为 "第一次取到白球"; 事件 B 为 "第二次取到白球". 求 $P(B), P(B \mid A)$.

解 由题意知, Ω 中样本点数为 $n = C_6^1 \cdot C_6^1 = 36$, A 中样本点数为 $k_1 = C_4^1 \cdot C_6^1 = 24$, B 中样本点数为 $k_2 = C_6^1 \cdot C_4^1 = 24$, AB 中样本点数为 $k_3 = C_4^1 \cdot C_4^1 = 16$, 所以,

$$P(B) = \frac{24}{36} = \frac{2}{3}, \quad P(A) = \frac{24}{36} = \frac{2}{3}, \quad P(AB) = \frac{16}{36} = \frac{4}{9},$$

故

$$P(B \mid A) = \frac{P(AB)}{P(A)} = \frac{2}{3}.$$

在这个例子中, $P(B \mid A) = P(B)$, 这表明 A, B 是相互独立的. 事实上, 由于是放回抽样, 第一次是否取到白球与第二次是否取到白球是互不影响的.

1.5.1 事件的独立性

定义 1.5.1 设 A, B 为两个事件, 若

$$P(AB) = P(A)P(B),$$

则称事件 A 与 B **相互独立**, 简称 A, B 独立.

由定义 1.5.1 知, 若 $P(A) > 0, P(B) > 0$, 则 A, B 相互独立与 A, B 互不相容不能同时成立.

定理 1.5.1 (A, B 独立的充要条件) 设 A, B 为两个事件, 且 $P(A) > 0$, 则 A, B 独立的充要条件是

$$P(B \mid A) = P(B).$$

证明 必要性 设 A, B 独立, 由定义 1.5.1

$$P(AB) = P(A)P(B),$$

于是有 $P(B \mid A) = \dfrac{P(AB)}{P(A)} = P(B)$.

充分性 由 $P(B \mid A) = P(B)$ 可得

$$P(AB) = P(A)P(B \mid A) = P(A)P(B),$$

从而事件 A,B 独立. 定理得证.

定理 1.5.2　若事件 A,B 独立, 则 A 与 $\overline{B}$, $\overline{A}$ 与 B, $\overline{A}$ 与 $\overline{B}$ 也分别独立.

证明　仅证 A 与 $\overline{B}$ 独立, 其余留给读者作为练习.

因为 $P(AB) = P(A)P(B)$, 故

$$P(A\overline{B}) = P(A - AB) = P(A) - P(AB)$$
$$= P(A) - P(A)P(B) = P(A)[1 - P(B)] = P(A)P(\overline{B}).$$

故 A 与 $\overline{B}$ 独立. 定理得证.

定理 1.5.3　设 A,B 为两个事件, 且 $P(A) > 0, P(\overline{A}) > 0$, 则 A,B 独立的充要条件是

$$P(B \mid A) = P(B \mid \overline{A}).$$

此证明留给读者.

下面我们将独立性的概念推广到三个事件的情况.

定义 1.5.2　设 A,B,C 为三个事件, 若下面四个等式同时成立:

(1) $P(AB) = P(A)P(B)$;

(2) $P(BC) = P(B)P(C)$;

(3) $P(AC) = P(A)P(C)$;

(4) $P(ABC) = P(A)P(B)P(C)$,

则称事件 A,B,C 相互独立, 简称 A,B,C 独立.

三个事件 A,B,C 独立, 一定有 A,B,C 两两独立; 但 A,B,C 两两独立, 不一定 A,B,C 独立.

例 1.5.2　设有四张卡片, 其中三张分别涂上红、白、黄色, 余下一张涂上红白黄三色. 今从中任抽取一张, 设 $A = \{$抽出的卡片有红色$\}$, $B = \{$抽出的卡片有白色$\}$, $C = \{$抽出的卡片有黄色$\}$, 分别验证 A,B,C 两两独立, 但 A,B,C 不独立.

解　易得

$$P(A) = P(B) = P(C) = \frac{2}{4} = \frac{1}{2},$$

$$P(AB) = P(BC) = P(AC) = P(ABC) = \frac{1}{4},$$

从而

$$P(AB) = P(A)P(B), \quad P(BC) = P(B)P(C), \quad P(AC) = P(A)P(C).$$

于是 A,B,C 两两独立. 但由于

$$P(ABC) \neq P(A)P(B)P(C),$$

由定义 1.5.2 知, A, B, C 不独立.

一般地, 设 $A_1, A_2, \cdots, A_n$ 是 n $(n \geqslant 2)$ 个事件, 如果对于其中任意 2 个, 任意 3 个, $\cdots$, 任意 n 个事件的交事件的概率都等于各事件概率之积, 则称事件 $A_1, A_2, \cdots, A_n$ **相互独立**, 简称 $A_1, A_2, \cdots, A_n$ **独立**.

由定义 1.5.2, 可以得到以下两个结论.

(1) 若事件 $A_1, A_2, \cdots, A_n$ 相互独立, 则其中任意 k $(2 \leqslant k \leqslant n)$ 个事件也是相互独立的;

(2) 若事件 $A_1, A_2, \cdots, A_n$ 相互独立, 则将 $A_1, A_2, \cdots, A_n$ 中任意多个事件换成它们各自的对立事件, 所得的 n 个事件仍相互独立.

两个事件相互独立的含义是它们中一个已经发生, 不影响另一个发生的概率. 在实际应用中, 对于事件的独立性常常是根据事件的实际意义去判断. 一般地, 若由实际情况分析, 两事件之间没有关联, 或关联很微弱, 则认为它们是相互独立的. 例如, A, B 分别表示甲、乙两人患感冒. 如果两人的活动范围相距甚远, 就认为 A, B 两事件独立; 若甲乙两人是同住一个房间里的, 那就不能认为 A, B 两事件相互独立了.

判定事件独立性的方法如下:

(1) 由独立性定义判定;

(2) 在采用放回方式抽样时, 各事件之间是相互独立的;

(3) 在实际应用中, 根据实际意义判断事件间的独立性.

例 1.5.3 设某车间有 3 台机床, 在 1 小时内机器不需要工人维护的概率分别是: 第 1 台为 0.9, 第 2 台为 0.8, 第 3 台为 0.85, 试求 1 小时内 3 台机床至少有 1 台不需要工人维护的概率.

解 设 $A = \{3$ 台机床至少有 1 台不需要工人维护$\}$, $A_i = \{$第 i 台机床需要工人维护$\}$, $i = 1, 2, 3$, 依实际意义, A_1, A_2, A_3 独立, 并且 $A = \overline{A_1} \cup \overline{A_2} \cup \overline{A_3}$. 考虑对立事件

$$\overline{A} = \{3 台机床都需要工人维护\},$$

则 $\overline{A} = A_1 A_2 A_3$, 于是有

$$P(A) = 1 - P(\overline{A}) = 1 - P(A_1)P(A_2)P(A_3)$$
$$= 1 - (1 - 0.9)(1 - 0.8)(1 - 0.85) = 1 - 0.1 \times 0.2 \times 0.15 = 0.997.$$

例 1.5.4 已知事件 A, B 独立, 且 $P(\overline{A}\overline{B}) = \dfrac{1}{9}$, $P(A\overline{B}) = P(\overline{A}B)$, 试求 $P(A), P(B)$.

解 由 A, B 独立知, A 与 $\overline{B}$, $\overline{A}$ 与 B, $\overline{A}$ 与 $\overline{B}$ 均独立, 所以,

$$\begin{cases} P(\bar{A}\bar{B}) = P(\bar{A})P(\bar{B}) = [1-P(A)][1-P(B)], \\ P(A\bar{B}) = P(A)P(\bar{B}) = P(A)[1-P(B)], \\ P(\bar{A}B) = P(\bar{A})P(B) = [1-P(A)]P(B), \\ P(A\bar{B}) = P(\bar{A}B), \end{cases}$$

解得

$$P(A) = P(B) = \frac{2}{3}.$$

例 1.5.5　设有电路如图 1.10 所示, 其中 1, 2, 3, 4 为继电器接点, 设各继电器接点闭合与否相互独立, 且每一继电器接点闭合的概率均为 p, 试求该系统的可靠性(即系统正常工作的概率).

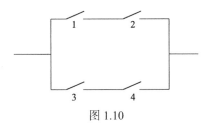

图 1.10

解　设 $A_i = \{$第 i 个继电器闭合$\}$, $i = 1,2,3,4$, $A = \{$系统正常工作$\}$, 则 $A = A_1 A_2 \bigcup A_3 A_4$, 且 A_1, A_2, A_3, A_4 独立, 因此,

$$\begin{aligned} P(A) &= P(A_1 A_2) + P(A_3 A_4) - P(A_1 A_2 A_3 A_4) \\ &= P(A_1)P(A_2) + P(A_3)P(A_4) - P(A_1)P(A_2)P(A_3)P(A_4) \\ &= 2p^2 - p^4. \end{aligned}$$

例 1.5.6(保险赔付)　设有 n 个人向保险公司购买人身意外险(保险期为 1 年), 假定投保人在一年内发生意外的概率为 0.01, 试求

(1) 保险公司赔付的概率;

(2) 当 n 为多大时, 使得以上赔付的概率超过 $\frac{1}{2}$.

解　(1) 设 $A_i = \{$第 i 个投保人出意外$\}$, $i = 1,2,\cdots,n$, $A = \{$保险公司赔付$\}$, 则由实际问题知, $A_1, A_2, \cdots, A_n$ 相互独立, 且 $A = \bigcup\limits_{i=1}^{n} A_i$, 因此有

$$P(A) = 1 - P(\overline{A}) = 1 - P\left(\overline{\bigcup_{i=1}^{n} A_i}\right) = 1 - P\left(\bigcap_{i=1}^{n} \overline{A_i}\right) = 1 - \prod_{i=1}^{n} P(\overline{A_i})$$

$$= 1 - (1 - 0.01)^n = 1 - 0.99^n.$$

(2) 由 $P(A) \geqslant \dfrac{1}{2} \Leftrightarrow 1 - 0.99^n \geqslant \dfrac{1}{2} \Leftrightarrow 0.99^n \leqslant \dfrac{1}{2} \Leftrightarrow n \geqslant \dfrac{\ln \dfrac{1}{2}}{\ln 0.99}$ 可得 $n \approx 69$，即当投保人数 $n \geqslant 69$ 时，保险公司有大于一半的概率赔付.

该例表明，虽然概率为 0.01 的事件是小概率事件，它在一次试验中实际上几乎是不可能发生的，但若重复做 n 次试验，只要 $n \geqslant 69$，该小概率事件至少发生一次的概率要超过 $\dfrac{1}{2}$. 因此，小概率事件不容忽视.

1.5.2 伯努利概型和二项概率公式

若试验 E 只有两种可能结果: 事件 A 发生，或事件 A 不发生，则称试验 E 为**伯努利**(Bernoulli)**试验**，相应的数学模型称为**伯努利概型**.

记

$$P(A) = p, \quad P(\overline{A}) = 1 - p \quad (0 < p < 1).$$

在相同的条件下，将伯努利试验 E 重复独立地(即每次试验中事件 A 发生与否不影响其他次试验中事件 A 的发生与否)进行 n 次，称这 n 次独立重复试验为 n **重伯努利试验**.

这里"重复"是指在每次试验中 $P(A) = p$ 保持不变; "独立"是指各次试验的结果互不影响. n 重伯努利试验是一种很重要的数学模型，它有广泛的应用，是研究最多的模型之一. 对于 n 重伯努利试验，我们所关心的是"事件 A 恰好发生 k 次"的概率，下面的定理回答了这个问题.

定理 1.5.4 设在每次试验中，$P(A) = p\ (0 < p < 1)$，记"在 n 重伯努利试验中 A 恰好发生 k 次"的概率为 $P_n(k)$，则

$$P_n(k) = C_n^k p^k (1 - p)^{n-k}, \quad k = 0, 1, 2, \cdots, n. \tag{1.5.1}$$

称公式(1.5.1)为**二项概率公式**.

证明 因为这 n 次试验是相互独立的，所以事件 A 在指定的 k 次试验中发生，而在其余的 $n - k$ 次试验中不发生的概率为 $p^k (1 - p)^{n-k}$.

又"事件 A 恰好发生 k 次"可以是 n 次重复试验中的任意 k 次，共有 C_n^k 种不同方式，于是，根据概率的有限可加性有

$$P_n(k) = C_n^k p^k (1-p)^{n-k}, \quad k = 0,1,2,\cdots,n.$$

定理得证.

显然有

$$\sum_{k=0}^{n} C_n^k p^k (1-p)^{n-k} = [p + (1-p)]^n = 1.$$

公式 (1.5.1) 刚好是 $[p + (1-p)]^n$ 的二项展开式中的通项, 故称此公式为**二项概率公式**.

例 1.5.7　设某批产品数量很大, 其中一级品率为 0.3, 现从中随机地抽取 5 个样品, 求

(1) 5 件中恰好有 2 件一级品的概率;

(2) 5 件中至少有 2 件一级品的概率.

解　这里是不放回抽取, 在实际问题中当产品数量很大而抽取的数量很小时, 可视为有放回抽取. 因此, 此题可看作 5 重伯努利试验.

设 $A = \{$任取一件为一级品$\}$, 则 $P(A) = 0.3$,

(1) $P_5(2) = C_5^2 \cdot 0.3^2 (1-0.3)^{5-2} = \dfrac{5 \times 4}{2 \times 1} \times 0.3^2 \times 0.7^3 = 0.309$.

(2) 设 $B = \{$5 件中至少有 2 件为一级品$\}$, 则

$$\begin{aligned}
P(B) &= \sum_{k=2}^{5} C_5^k \cdot 0.3^k (1-0.3)^{5-k} \\
&= C_5^2 \times 0.3^2 \times 0.7^3 + C_5^3 \times 0.3^3 \times 0.7^2 + C_5^4 \times 0.3^4 \times 0.7 + C_5^5 \times 0.3^5 \times 0.7^0 \\
&= 0.472.
\end{aligned}$$

例 1.5.8　一射击手对一目标独立地射击 4 次, 若至少命中一次的概率为 $\dfrac{80}{81}$, 求该射手射击一次命中目标的概率是多少?

解　设 $A = \{$射击一次命中目标$\}$, $B = \{$射击 4 次至少命中一次$\}$, $P(A) = p$, 则 $P(B) = \dfrac{80}{81}$, 且 $P(\bar{B}) = C_4^0 \cdot p^0 \cdot (1-p)^{4-0} = (1-p)^4$, 所以, $1 - (1-p)^4 = \dfrac{80}{81}$, 解得 $p = \dfrac{2}{3}$.

习题 1.5

习题 1.5 解答

(A)

1. 有两种花籽, 发芽率分别为 0.8, 0.9, 从中各取一颗, 设各花籽是否发芽相互独立. 求

(1)这两颗花籽都能发芽的概率;

(2)至少有一颗能发芽的概率;

(3)恰有一颗能发芽的概率.

2. 加工一零件需经过 3 道工序, 设第一、第二、第三道工序的次品率分别为 2%, 3%, 5%, 假设各道工序是互不影响的, 求加工出来的零件的次品率.

3. 设有 3 个人独立破译一密码, 他们能独立译出的概率分别为 0.25, 0.35, 0.4, 求此密码被译出的概率.

4. 假设一台机器在一天内发生故障的概率为 0.2, 机器发生故障时全天停止工作, 若一周五个工作日里每天是否发生故障相互独立, 试求一周五个工作日里发生 3 次故障的概率.

5. 灯泡耐用时间在 1000 小时以上的概率为 0.2, 求三个灯泡在使用 1000 小时以后最多只有一个坏了的概率.

6. 某宾馆大楼有 4 部电梯, 通过调查, 知道在某时刻 T, 各电梯正在运行的概率均为 0.75, 求

(1)在此时刻至少有 1 台电梯在运行的概率;

(2)在此时刻恰好有一半电梯在运行的概率;

(3)在此时刻所有电梯都在运行的概率.

7. 设事件 A 与 B 独立, 且 $P(A) = p, P(B) = q$. 求下列事件的概率: $P(A \bigcup B)$, $P(A \bigcup \overline{B})$, $P(\overline{A} \bigcup \overline{B})$.

8. 甲、乙两人射击, 甲击中的概率为 0.8, 乙击中的概率为 0.7, 两人同时射击, 并假定中靶与否是独立的. 求

(1)两人都中靶的概率;

(2)甲中靶而乙不中靶的概率;

(3)甲不中靶而乙中靶的概率.

9. 设在三次独立试验中, 事件 A 出现的概率相等, 若已知 A 至少出现一次的概率等于 $\dfrac{19}{27}$, 求事件 A 在每次试验中出现的概率 $P(A)$.

10. 设第一个盒子中装有 3 个蓝球, 2 个绿球, 2 个白球; 第二个盒子中装有 2 个蓝球, 3 个绿球, 4 个白球. 独立地分别在两个盒子中各取一个球.

(1)求至少有一个蓝球的概率;

(2)求有一个蓝球一个白球的概率.

(B)

1. 设 A, B 为任意两事件, 其中 $0 < P(A) < 1$, 证明: $P(B \mid A) = P(B \mid \overline{A})$ 是事件 A 与 B 独立的充分必要条件.

2. 设事件 A, B, C 相互独立, 证明

(1) C 与 AB 相互独立;

(2) C 与 $A \bigcup B$ 相互独立.

3. 某人向一目标独立重复射击, 每次射击命中目标的概率为 p, 求此人第 4 次射击恰好第二次命中目标的概率.

4. 设两个相互独立的事件 A 和 B 都不发生的概率是 $\dfrac{1}{9}$, A 发生 B 不发生的概率与 B 发生 A 不发生的概率相等, 试求 $P(A)$.

5. 假设一厂家生产的每台仪器以概率 0.70 可以直接出厂; 以概率 0.30 需进一步调试, 经调试后以概率 0.8 可以出厂, 以概率 0.2 定为不合格品不能出厂. 现该厂生产了 n ($n \geqslant 2$) 台仪器 (假设各台仪器的生产过程相互独立). 求

(1) 全部能出厂的概率 α;

(2) 其中恰好有两台不能出厂的概率 β;

(3) 其中至少有两台不能出厂的概率 θ.

1.6　数学模型与实验

实验目的和意义

(1) 掌握古典概型的计算机模拟方法以及古典概率的计算方法.

(2) 通过随机试验了解古典概型的频数、概率含义及其关系.

(3) 了解几何概型的本质、概率定义及其模拟方法.

(4) 通过蒲丰投针试验了解几何概型的基本理论方法.

(5) 了解 MATLAB 在模拟仿真中的应用.

古典概型是概率论中最直观和最简单的模型, 概率的许多运算法则, 都是在这种模型下得到的. 古典概型有三大概型: 摸球问题、抛硬币问题、掷骰子问题. 本节将通过考虑这三个基本问题, 学习将实际问题转化为概率模型, 并通过计算概率来解决实际问题的方法, 学习利用数学软件 MATLAB 实现模拟随机试验的基本方法和常用命令. 并介绍概率论起源中的一个著名问题: 点数问题 (又称赌金分配问题).

几何概型与古典概型相对, 它将等可能事件的概念从有限向无限延伸. 蒲丰 (G.L.L. Buffon) 投针试验是第一个用几何形式表达概率问题的例子, 首次使用随机试验处理确定性数学问题.

例 1.6.1　假设每人的生日在一年 365 天中的任一天是等可能的, 随机选取 $n = 23, 40, 64$ 个人, 求 n 个人中至少有两人生日相同的概率.

解　$P(A) = 1 - \dfrac{365 \times 364 \times \cdots \times (365 - (n-1))}{365^n} = 1 - \dfrac{A_{365}^n}{365^n} = 1 - \dfrac{C_{365}^n n!}{365^n}$.

编制 MATLAB 实验程序:

%抛掷硬币实验

```
function p= birthday(n)
%定义函数 birthday, 输入参数 n, 其中 n 是人数
p=1-nchoosek(365,n)*factorial(n)/365^n;
%按照所得概率计算公式计算概率
end
```

在 MATLAB 命令窗口输入: >>p=birthday(23)

运行结果:

p=

    0.5073

>>p=birthday(40)

运行结果:

p=

    0.8912

>>p=birthday(64)

运行结果:

p=

    0.9972

例 1.6.2 将一枚硬币抛掷 5 次, 恰好得到 2 次正面朝上的概率是多少?

解 用计算机模拟抛掷硬币的实验, 用 0~1 的随机数来模拟正反面的情况, 实验进行 $n = 10^6$ 次.

编制 MATLAB 实验程序:

```
%抛掷硬币实验
function [m,p] = Coins(n,k)
%定义函数 Coins, 输入参数 n, k, 其中 n 是实验场数, k 为每场局数
m=0;    %存放在 k 次抛掷中恰好得到 2 次正面朝上的场数
rand('state', sum(100*clock)); %依据系统时钟产生种子数
for i=1: n
    l=0; %存放正面朝上的次数
    for j=1: k
        if rand>0.5      %判断是否正面朝上
            l=l+1;
        end
    end
    if l==2
        m=m+1;
    end
end
p=rats(m/n)
end
```

在 MATLAB 命令窗口输入: >>Coins(10^6, 5)

运行结果:

```
p =
    '574/1839'
ans =
     312126
```

即频率约为 0.312.

事实上, 在一次抛掷硬币的试验中, 事件 A "正面朝上" 发生的概率为 $p = \dfrac{1}{2}$.
根据二项概率公式, 现把这个试验独立地重复地进行 5 次, 恰好有 2 次正面朝上的
概率为

$$p_2 = C_5^2 p^2 (1-p)^{5-2} = \frac{5 \times 4}{2} \times \left(\frac{1}{2}\right)^2 \left(1 - \frac{1}{2}\right)^3 = \frac{5}{16} = 0.3125.$$

例 1.6.3　抛掷一颗骰子 9 次, 恰好得到 4 个 2 点的概率是多少?

解　用计算机模拟抛掷骰子的实验, 用 1~6 的随机整数来模拟骰子的点数的
情况, 实验进行 $n = 10^6$ 次.

编制 MATLAB 实验程序:

```
%抛掷骰子实验
function[m,p]=Dice2(n,k)
%定义函数 Dice2, 输入参数 n, k, 其中 n 是实验场数, k 为每场局数
m=0;   %存放在 k 次抛掷中恰好得到 4 次 2 点的场数
rand('state', sum(100*clock)); %依据系统时钟产生种子数
for i=1: n
    l=0;   %存放出现 2 点的次数
    for j=1: k
        r=round(5*rand)+1; %模拟抛掷骰子出现点数
        if r==2      %判断是否出现 2 点
            l=l+1;
        end
    end
    if l==4
        m=m+1;
    end
end
```

```
p=rats(m/n)
end
```
在 MATLAB 命令窗口输入: >> Dice2(10^6, 9)

运行结果:

```
p =
    '334/5033'
ans =
       66362
```

即频率约为 0.066.

事实上, 在一次抛掷骰子的试验中, 事件 A "出现 2 点" 发生的概率为 $p = \dfrac{1}{6}$. 根据二项概率公式, 现把这个试验独立地重复地进行 9 次, 恰好有 4 次出现 2 点的概率为

$$p_4 = C_9^4 p^4 (1-p)^{9-4} = \frac{9 \times 8 \times 7 \times 6}{4 \times 3 \times 2} \times \left(\frac{1}{6}\right)^4 \left(1 - \frac{1}{6}\right)^5 \approx 0.039.$$

误差相对较大, 继续增加试验次数可提高频率的计算精度.

例 1.6.4　一个盒子中装有 2 个红球和 3 个白球, 放回地随机抽取 6 次, 恰好有 2 次取到红球的概率是多少?

解　用计算机模拟摸球的实验, 用 1~5 的随机整数来模拟, 以 1, 2 代表红球, 3, 4, 5 代表白球, 实验进行 $n = 10^6$ 次.

编制 MATLAB 实验程序:

```
%摸球实验
function [m,p] = Redball(n,k)
%定义函数 Redball, 输入参数 n, k, 其中 n 是实验场数, k 为每场摸球
次数
m=0;   %存放在 k 次摸球中恰好得到 2 次红球的场数
rand('state', sum(100*clock)); %依据系统时钟产生种子数
for i=1:n
   l=0;   %存放摸到红球的次数
   for j=1:k
       r=round(4*rand)+1;
%模拟摸球过程, 以 1, 2 号代表红球, 3, 4, 5 号代表白球
       if r<3   %判断是否为红球
           l=l+1;
```

```
        end
    end
    if l==2
        m=m+1;
    end
end
p=rats(m/n)
end
```

在 MATLAB 命令窗口输入: >> Redball(10^6, 6)
运行结果:
```
p =
    '683/2121'
ans =
    322018
```
即频率约为 0.322.

事实上, 在一次摸球的试验中, 事件 A "取到红球" 发生的概率为 $p = \dfrac{2}{5}$. 根据二项概率公式, 现把这个试验独立地重复地进行 6 次, 恰好有 2 次取到红球的概率为

$$p_2 = \mathrm{C}_6^2 p^2 (1-p)^{6-2} = \frac{6 \times 5}{2} \times \left(\frac{2}{5}\right)^2 \left(1 - \frac{2}{5}\right)^4 = 0.311 .$$

例 1.6.5（点数问题）　**问题描述**　设 A, B 两人赌博, 其技巧相当, 约定谁先胜 s 局则获得全部赌金. 若进行到 A 胜 s_1 局而 B 胜 s_2 局 $(s_1 < s, s_2 < s)$ 时, 因故停止, 赌金如何分配才公平?

该问题最早见于意大利数学家帕乔利(L.Pacioli, 1445~1517)的《算术、几何、比及比例概要》中. 该书记载: A, B 两人进行一场公平赌博, 约定先赢得 $s = 6$ 局者获胜, 而在 A 胜 $s_1 = 5$ 局而 B 胜 $s_2 = 2$ 局时中断. 帕乔利认为该赌博最多需要进行 $2(s-1) + 1 = 11$, 因而赌金分配方案为 $\dfrac{s_1}{2s-1}$ 与 $\dfrac{s_2}{2s-1}$ 之比, 即 $\dfrac{s_1}{s_2} = \dfrac{5}{2}$. 帕乔利的方案实际上是按已胜局数比例分配, 这也是一般人的看法, 这种分法合理吗?

解　在 A 已经 5 胜 2 负的基础上, 用计算机模拟两人以后的博弈, 计算他们应得的赌金. 由于两人技巧相当, 不妨假定他们在以后的每局比赛中胜负机会相等.

连续模拟 n 次, 每次模拟到 A, B 双方有一方先胜 6 局为止, 胜者获得全额赌金, n 次模拟结束后, 计算双方所获赌金的比例, 以该比例作为赌金分配方案. 为了使结果更有说服力, 取模拟次数 n 较大, 如 $n > 1000$.

编制 MATLAB 实验程序:

%赌金分配实验

```
function[Awin, Bwin, p]=stake(s1,s2,s,n)
```

%定义函数 Stake, 输入参数 s1, s2, s, n, 其中 s1, s2 分别为继续博弈前 A, B 获胜局数, s 为判赢局数, n 为博弈总场数.

```
Awin=0; Bwin=0;      %继续博弈时两人获胜场数均为 0.
rand('state', sum(100*clock));  %依据系统时钟产生种子数
for i=1:n              %博弈开始, 共 n 场
    A=s1; B=s2;        %每场博弈前 A, B 获胜局数
    while A<s & B<s %若双方获胜局数都未达到 s, 则本场博弈继续进行
r=round(rand);
```

%rand 产生若干[0, 1]区间上均匀分布随机数, round 为四舍五入取整, 两条指令复合产生 1 或 0 模拟博弈结果, 1 表示 A 胜一局, 0 表示 B 胜一局

```
if r==1
        A=A+1;
    else
        B=B+1;
    end
    end
if A==s
        Awin=Awin+1;                   %累计 A 获胜局数
    else
        Bwin=Bwin+1;                   %累计 B 获胜局数
    end
    end
p=rats(Awin/Bwin);
end
```

分别取 $n = 10, 10^2, 10^3, 10^4, 10^5, 10^6$, 其中 $s_1=5$, $s_2=2$, $s=6$, 实验结果如下:

场数 n	10	10^2	10^3	10^4	10^5	10^6
分配方案	9/1	95/5	929/71	9375/625	4759/319	1915/128
(Awin/Bwin)	9	19	13	15	14.92	14.96

需要注意的是, 随机实验的结果不确定, 当 n 较小时, 可能相差较大, 随着 n 的增加, 结果将以某一确定值为极限.

实验结果表明, 随着博弈场数增加, A,B 双方赌金分配方案可达到 15 倍之多, 远高于帕乔利所给的 $\dfrac{5}{2}$ 倍的方案, 这确实有些令人感到意外.

不妨对后续的博弈作进一步的分析:

实际上, 因为比赛最多只需再进行 4 局即可决出胜负, 若以 A 表示 "A 胜", 用 B 表示 "B 胜", 所有可能结果有 16 种情况:

$AAAA,\quad BAAA,\quad ABAA,\quad AABA,\quad AAAB,\quad BBAA,\quad AABB,\quad ABAB,$

$BABA,\quad BAAB,\quad ABBA,\quad ABBB,\quad BABB,\quad BBAB,\quad BBBA,\quad BBBB.$

在这 16 种情况中, 最后 A 胜的有 15 种, 最后 B 胜的情况只有一种(即 4 局全是 B 胜), 而每一种情况发生的可能性是一样的, 所以, A 最终赢得全部赌金的可能性是 $\dfrac{15}{16}$, 而 B 最终赢得全部赌金的可能性只有 $\dfrac{1}{16}$. 因此, 合理的分配比例方案应该是 15∶1, 这与 n 充分大时的博弈实验结果相符.

例 1.6.6(蒲丰投针问题)　取一张白纸, 在上面画上许多条间距为 d 的平行线, 取一根长度为 l $(l<d)$ 的针, 随机地向画有平行直线的纸上掷 n 次, 观察针与直线相交的次数, 记为 m. 计算针与直线相交的概率, 并用此概率近似计算 π 的值.

解　设针的中心与最近平行线的距离为 r, 针与最近平行线的夹角为 θ, 如图 1.11 所示.

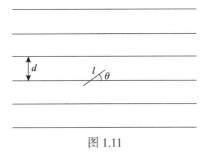

图 1.11

则有

$$0\leqslant\theta\leqslant\pi,\quad 0\leqslant r\leqslant\dfrac{d}{2},$$

以 θ 为横坐标, r 为纵坐标, 建立直角坐标系, 则每次掷针试验都随机地产生如图 1.12 所示区域 G 中的一个点 (θ,r).

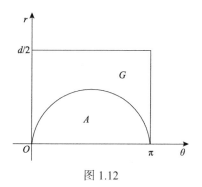

图 1.12

区域 $G = \left\{ (\theta, r) \,\middle|\, 0 \leqslant \theta \leqslant \pi, 0 \leqslant r \leqslant \dfrac{d}{2} \right\}$ 是本试验的样本空间. 另一方面, 针与直线相交的条件为

$$r \leqslant \frac{l}{2} \sin \theta,$$

因此, 事件 A: "针与直线相交"即为

$$A = \left\{ (\theta, r) \in G \,\middle|\, r \leqslant \frac{l}{2} \sin \theta \right\},$$

如图 1.12 所示. 由几何概型的概率可知,

$$P(A) = \frac{\sigma(A)}{\sigma(G)} = \frac{\displaystyle\int_0^\pi \frac{l}{2} \sin \theta \, \mathrm{d}\theta}{\pi \dfrac{d}{2}} = \frac{2l}{\pi d},$$

而 $P(A)$ 近似用频率 $\dfrac{m}{n}$ 来代替, 由此可得

$$P(A) = \frac{2l}{\pi d} \approx \frac{m}{n},$$

故有

$$\pi \approx \frac{2nl}{md}. \tag{1.6.1}$$

用计算机模拟投针的试验, 有两种方法.

方法一 将蒲丰投针试验转化为如图 1.12 所示的随机投针试验, 并利用公式

(1.6.1)计算 π 的近似值.

编制 MATLAB 实验程序:

%转化为图 1.12 的随机投针试验

```
function[p,pi_m] = buffon(d,l,n)
```

%定义函数 buffon, 输入参数 d,l,n,其中 d 是平行线间距,l 是针的长度, n 是投针次数

%输出相交概率 p, pi 的近似值 pi_m

```
m=0;                          %存放相交次数

for k=1: n
y=unifrnd(0,d/2);             %随机产生区域 G 中点的纵坐标
x=unifrnd(0,pi);              %随机产生区域 G 中点的横坐标
        if y<=1/2*sin(x)      %判断事件 A 是否发生
            m=m+1;            %记录事件 A 发生的次数
    else
    end
    end
    p=m/n;                    %计算事件 A 发生的频数
    pi_m=2*l/(d*p);           %计算 pi 的近似值
end
```

方法二　直接按图 1.11 设计投针试验(有 6 条平行线), 并利用公式(1.6.1)计算 π 的近似值.

编制 MATLAB 实验程序:

%直接按图 1.11 进行蒲丰投针试验

```
function[p,pi_m]=buffon1(d,l,n)
```

%定义函数 buffon1, 输入参数 d,l,n,其中 d 是平行线间距,l 是针的长度, n 是投针次数

%输出相交概率 p, pi 的近似值 pi_m

```
m=0;                          %存放相交次数

for k=1:n
y=unifrnd(0,5*d);             %随机产生针中点的纵坐标
x=unifrnd(0,pi);              %随机产生针中点的横坐标
    for i=0:5                 %有六条平行线, 设最底下一条即为 x 轴
    if 0<=(y-i*d)&(y-i*d)<=d/2&(y-i*d)<=(l/2*sin(x))
                              %判断针是否与下平行线相交
            m=m+1;            %记录事件 A 发生的次数
```

```
        elseif
(y-(i+1)*d)<0&((i+1)*d-y)<d/2&((i+1)*d-y)<=(1/2*sin(x))
                                %判断针是否与上平行线相交
            m=m+1;              %记录事件 A 发生的次数
        end
    end
end
    p=m/n;                      %计算事件 A 发生的频数
    pi_m=2*l/(d*p);
end
```

取平行线间的距离为 $d = 2$, 针长 $l = 1$, 投针次数 $n=10^3$, $n=10^4$, $n=10^5$, $n=10^6$, 所得实验结果如下表所示:

n	10^3		10^4		10^5		10^6	
	p	π	p	π	p	π	p	π
方法一	0.2920	3.4247	0.3158	3.1666	0.3198	3.1273	0.3184	3.1411
方法二	0.3240	3.0864	0.3147	3.1776	0.3170	3.1549	0.3184	3.1410

由蒲丰投针试验发展出一种广泛使用的统计模拟方法——蒙特卡罗(Monte Carlo)方法, 其基本思想是当所求解问题是某种随机事件出现的概率时, 通过某种"模拟实验"的方法, 以这种事件出现的频率估计这一随机事件的概率, 并将其作为问题的解.

第 2 章 随机变量及其分布

有一些随机试验, 结果可以用数来表示. 此时, 样本空间的元素是数. 但有些随机试验, 其结果不是数. 因此, 有必要引进一个法则, 将随机试验的每一个结果与实数对应起来, 将随机试验的结果数量化, 从而利用更多的数学方法研究随机问题.

2.1 随 机 变 量

2.1.1 随机变量的概念

在第 1 章中, 研究了许多随机试验, 发现有些试验中可能出现的结果可以数量化, 有些试验结果不具有这一特征. 例如,

(1) E_1: 抛一枚硬币, 观察正面 H 、反面 T 出现的情况, $\Omega = \{H,T\}$;

(2) E_2: 将一枚硬币抛掷三次, 观察正面 H 、反面 T 出现的情况,

$$\Omega = \{HHH, HHT, HTH, THH, HTT, THT, TTH, TTT\};$$

(3) E_3: 将一枚硬币抛掷三次, 观察正面 H 出现的次数, $\Omega = \{0,1,2,3\}$;

(4) E_4: 掷一颗骰子, 观察出现的点数, $\Omega = \{1,2,3,4,5,6\}$.

在以上的试验中, 试验 E_3, E_4 中可能出现的结果可以数量化, 此时, 样本空间 Ω 的每个元素是一个数, 而试验 E_1, E_2 中的试验结果不是数. 根据试验的特点, 下面我们将引入一个法则, 将试验 E_1, E_2 中的可能结果进行数量化.

(1) E_1: 规定 "正面" 记为 0, "反面" 记为 1, 则 Ω 对应 $\{0,1\}$.

(2) E_2: 规定 "X 是三次掷得正面 H 的总数", 则 Ω 对应 $\{0,1,2,3\}$.

总之, 无论试验 E 中可能出现的结果是否具有数值特征, 总可以与一个实数相对应. 从而引入随机变量的概念.

定义 2.1.1 设试验 E 的样本空间为 Ω , 对于每一个样本点 $\omega \in \Omega$, 都有唯一确定的实数 X 与之对应, 则称 X 是一个**随机变量**[①]. 记作 $X = X(\omega)$.

随机变量通常用大写英文字母 X, Y, Z 等表示, 随机变量的取值用小写英文字

---

① 严格地说 "对于任意实数 x , 集合 $\{\omega \mid X(\omega) \leqslant x\}$ 有确定的概率" 或 "事件 $\{\omega \mid X(\omega) \leqslant x\}$ 有确定的概率" 这一要求应包括在随机变量的定义之中, 一般来说, 不满足这一要求的情况很少. 因此, 我们在定义中未提及这一要求.

母 x, y, z 等表示. 随机变量的取值随试验的结果而定, 在试验之前不能预知它取什么值, 且它的取值有一定概率. 这些性质显示了随机变量与普通函数有着本质的差异.

随机变量概念的产生是概率论发展史上的重大事件. 引入随机变量以后, 随机试验中出现的各种事件, 可以通过随机变量的关系式表达出来, 因而对随机事件的研究转为对随机变量的研究, 使得人们可以用分析的方法对随机试验的结果进行研究.

例如, 在试验 E_2 中, 用 X 表示三次掷得正面 H 的总数, X 的可能取值为 $0, 1, 2, 3$, 则事件 $A = \{$三次掷得正面 H 的总数为 $2\}$, 即 $A = \{HHT, HTH, THH\}$, 可用 $\{X = 2\}$ 表示. 当且仅当事件 A 发生时有 $\{X = 2\}$. 称概率 $P(A)$ 为 $\{X = 2\}$ 的概率, 即

$$P\{X = 2\} = P(A) = \frac{3}{8}.$$

又如, 测量一批灯泡的使用寿命, 用 T 表示使用寿命, 可能取值为 $T \geq 0$, 则事件 $A = \{$使用寿命大于 500 小时$\}$, 可用 $\{T > 500\}$ 表示.

随机变量的取值由试验结果而确定, 因此, 随机变量的取值具有一定的概率. 对于随机变量, 不仅要考虑它可能取什么值, 更重要的是研究它取不同值的概率分布.

按照随机变量取值方式的不同, 通常可将随机变量分为两类: **离散型随机变量和非离散型随机变量**. 而非离散型随机变量中最重要的是连续型随机变量, 因此, 我们今后主要讨论离散型随机变量和连续型随机变量.

2.1.2　离散型随机变量及其分布律

定义 2.1.2　如果随机变量 X 的全部可能取值, 只有有限个或可列无限多个, 则称 X 为**离散型随机变量**.

要掌握一个离散型随机变量 X 的统计规律, 必须且只需知道 X 的所有可能取值以及取每一个可能值的概率. 为此引入概率分布律的定义.

定义 2.1.3　设离散型随机变量 X 的所有可能取值为 $x_i (i = 1, 2, \cdots)$, X 取各个可能值的概率为

$$P\{X = x_i\} = p_i \quad (i = 1, 2, \cdots), \tag{2.1.1}$$

则称式 (2.1.1) 为**离散型随机变量 X 的概率分布律**, 简称为 X 的分布律.

常用表格形式表示离散型随机变量 X 的概率分布律:

X	x_1	x_2	$\cdots$	x_i	$\cdots$
P	p_1	p_2	$\cdots$	p_i	$\cdots$

(2.1.2)

由概率的性质可知, 分布律满足如下性质:

性质 1　$0 \leqslant p_i \leqslant 1\,(i=1,2,\cdots)$.

性质 2　$\sum\limits_i p_i = 1$.

表格 (2.1.2) 直观地表示了随机变量 X 取各个值的概率的规律, 全面地描述了离散型随机变量的统计规律. X 取各个值各占一些概率, 这些概率合起来是 1. 可以理解为概率 1 以一定的规律分布在各个可能值上, 这就是表格 (2.1.2) 称为分布律的缘故.

例 2.1.1　设一汽车在开往目的地的道路上需要经过四组信号灯, 每组信号灯以 $\dfrac{1}{2}$ 的概率允许或禁止汽车通过. 以 X 表示汽车首次停下时, 它已通过的信号灯的组数 (设各组信号灯的工作是相互独立的), 求 X 的分布律.

解　设 $p = \dfrac{1}{2}$ 表示每组信号灯禁止汽车通过的概率, 则有

$$P\{X=k\} = (1-p)^k p, \quad k=0,1,2,3, \quad P\{X=4\} = (1-p)^4.$$

因此, X 的分布律为

X	0	1	2	3	4
P	p	$(1-p)p$	$(1-p)^2 p$	$(1-p)^3 p$	$(1-p)^4$

将 $p = \dfrac{1}{2}$ 代入得

X	0	1	2	3	4
P	0.5	0.25	0.125	0.0625	0.0625

例 2.1.2　一批零件中有 10 个合格品, 3 个次品, 安装机器时, 从这批零件中任取一个, 取到合格品才能安装. 若取出的是次品, 则不再放回. 求在取得合格品前已取出的次品数的分布律.

解　设 X 表示取到合格品前已取出的次品数, 则 X 的可能取值为 0, 1, 2, 3, 且

$$P\{X=0\} = \frac{10}{13},$$

$$P\{X=1\}=\frac{3}{13}\times\frac{10}{12}=\frac{5}{26},$$

$$P\{X=2\}=\frac{3}{13}\times\frac{2}{12}\times\frac{10}{11}=\frac{5}{143},$$

$$P\{X=3\}=\frac{3}{13}\times\frac{2}{12}\times\frac{1}{11}\times\frac{10}{10}=\frac{1}{286}.$$

因此, X 的分布律为

X	0	1	2	3
P	$\frac{10}{13}$	$\frac{5}{26}$	$\frac{5}{143}$	$\frac{1}{286}$

下面介绍三种重要的离散型随机变量.

2.1.3 三种常用的离散型随机变量及其分布

1. 两点分布((0-1)分布)

若随机变量 X 只可能取 0 和 1 两个值, 它的分布律为

X	0	1
P	$1-p$	p

或

$$P\{X=k\}=p^k(1-p)^{1-k},\quad k=0,1,$$

其中 $0<p<1$, 则称 X 服从参数为 p 的**两点分布**(或(0-1)**分布**).

对于一个随机试验 E, 如果它的样本空间只包含两个元素, 即 $\Omega=\{\omega_1,\omega_2\}$, 则总能在 Ω 上定义一个服从(0-1)分布的随机变量

$$X=X(\omega)=\begin{cases}0,&\omega=\omega_1,\\1,&\omega=\omega_2\end{cases}$$

来描述这个试验 E 的结果. 例如, 对新生婴儿的性别进行登记; 检查产品的质量是否合格; 抛硬币一次, 观察正反面情况等试验都可以用(0-1)分布的随机变量描述.

2. 二项分布

在 n 重伯努利试验或 n 次独立重复试验中, 设事件 A 发生的概率为

$p\,(0 < p < 1)$，用 X 表示 n 次独立重复试验中事件 A 发生的次数，则事件 $\{X = k\}$ 即为"n 次试验中事件 A 恰好发生 k 次"．X 的可能取值为 $0, 1, 2, \cdots, n$，由二项概率公式可得

$$P\{X = k\} = \mathrm{C}_n^k p^k (1 - p)^{n-k}, \quad k = 0, 1, 2, \cdots, n,$$

则称随机变量 X 服从参数为 n, p 的**二项分布**．记作 $X \sim B(n, p)\,(0 < p < 1)$．

特别地，当 $n = 1$ 时，$X \sim B(1, p)$ 为 (0-1) 分布．

产生二项分布的背景是 n 重伯努利试验（或 n 次独立重复试验），二项分布在概率论中是一个非常重要的分布，许多随机现象都可用二项分布描述．

例 2.1.3　按规定，某种型号电子元件的使用寿命超过 1500 小时的为一级品．已知某一大批产品的一级品率为 0.2，现在从中随机地抽查 20 只．问 20 只元件中恰有 k 只 $(k = 0, 1, 2, \cdots, 20)$ 为一级品的概率是多少？

解　这是不放回抽样．但由于这批元件的总数很大，且抽查的元件的数量相对于元件的总数来说又很小，因而可以当作放回抽样处理，这样做会有一些误差，但误差不大．将检查一只元件是否为一级品看成是一次试验，检查 20 只元件相当于做 20 重伯努利试验．

设 X 表示 20 只元件中一级品的只数，则 $X \sim B(20, 0.2)$，

$$P\{X = k\} = \mathrm{C}_n^k (0.2)^k (1 - 0.2)^{20-k}, \quad k = 0, 1, 2, \cdots, 20.$$

计算结果如下：

$P\{X = 0\} = 0.012$，　$P\{X = 4\} = 0.218$，　$P\{X = 8\} = 0.022$，

$P\{X = 1\} = 0.058$，　$P\{X = 5\} = 0.175$，　$P\{X = 9\} = 0.007$，

$P\{X = 2\} = 0.137$，　$P\{X = 6\} = 0.109$，　$P\{X = 10\} = 0.002$，

$P\{X = 3\} = 0.205$，　$P\{X = 7\} = 0.055$，　当 $k \geqslant 11$ 时，$P\{X = k\} < 0.001$．

为了对结果有一个直观了解，将以上数据作出图形，如图 2.1 所示．

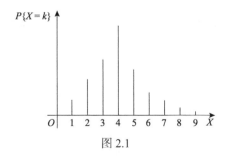

图 2.1

从图 2.1 中看到，当 k 增加时，概率 $P\{X = k\}$ 先是单调增加，直至达到最大值（本例中当 $k = 4$ 时达到最大值 $P\{X = 4\}$），随后单调减少．一般地，对于固定的

n 及 p，二项分布 $B(n,p)$ 都具有这一性质.

例 2.1.4　某人进行射击，设每次射击的命中率为 0.02，独立射击 400 次，试求至少击中两次的概率.

解　将一次射击看成是一次试验. 设击中的次数为 X，则 $X \sim B(400,0.02)$. 所以，X 的分布律为

$$P\{X = k\} = \mathrm{C}_{400}^{k}(0.02)^{k}(1-0.02)^{400-k}, \quad k = 0, 1, 2, \cdots, 400.$$

从而，所求概率为

$$\begin{aligned}
P\{X \geqslant 2\} &= 1 - P\{X=0\} - P\{X=1\} \\
&= 1 - \mathrm{C}_{400}^{0}(0.02)^{0}(1-0.02)^{400-0} - \mathrm{C}_{400}^{1}(0.02)^{1}(1-0.02)^{400-1} \\
&= 0.9972.
\end{aligned}$$

这个概率很接近 1. 可以从两方面解读这个结果：

(1) 虽然每次射击的命中率很小，但如果射击 400 次，则击中目标至少两次是几乎可以肯定的. 这说明，一个事件尽管在一次试验中发生的概率很小，但只要试验次数很多，而且试验是独立进行的，那么这一事件的发生几乎是肯定的. 这也告诉人们绝不能轻视小概率事件.

(2) 如果射手在 400 次射击中，击中目标的次数竟不到两次，根据实际推断原理，我们将怀疑"每次射击的命中率为 0.02"这个假设，即认为该射手射击的命中率达不到 0.02.

例 2.1.5　从 0~9 这十个数字中任取一个，取后放回，抽取 n 次，问抽取次数 n 多大时才能使 0 至少出现一次的概率不小于 0.9？

解　设 $A = \{取到数字\ 0\}$，则 $P(A) = 0.1$. 设 X 表示 n 次抽取中数字 0 出现的次数，则 $X \sim B(n, 0.1)$，所以，

$$P\{X \geqslant 1\} = 1 - P\{X < 1\} = 1 - P\{X = 0\} = 1 - \mathrm{C}_{n}^{0}(0.1)^{0}(1-0.1)^{n} = 1 - 0.9^{n},$$

若使 $P\{X \geqslant 1\} \geqslant 0.9$，即 $1 - 0.9^{n} \geqslant 0.9$，则可解得 $n \geqslant 22$. 即至少抽取 22 次，才能使 0 至少出现一次的概率不小于 0.9.

3. 泊松分布

设随机变量 X 的分布律为

$$P\{X = k\} = \frac{\lambda^{k}\mathrm{e}^{-\lambda}}{k!}, \quad k = 0, 1, 2, \cdots \quad （\lambda > 0 为常数），$$

则称随机变量 X 服从参数为 λ 的**泊松 (Poisson) 分布**，记为 $X \sim P(\lambda)$（或

$X \sim \pi(\lambda)$).

易知, 泊松分布满足分布律的两条性质:

(1) $P\{X = k\} \geqslant 0, k = 0,1,2,\cdots$;

(2) $\sum\limits_{k=0}^{\infty} P\{X = k\} = \sum\limits_{k=0}^{\infty} \dfrac{\lambda^k e^{-\lambda}}{k!} = e^{-\lambda} \sum\limits_{k=0}^{\infty} \dfrac{\lambda^k}{k!} = e^{-\lambda} \cdot e^{\lambda} = 1$.

泊松分布的分布律可从泊松分布表中查到(见附表 2), 泊松分布也是概率论中的一种重要分布, 实际中应用十分广泛. 例如, 一本书一页中的印刷错误数、某医院在一天内的急诊患者数、公共汽车站到达的乘客人数、某交通道口一分钟内的汽车流量等都可用泊松分布描述.

例 2.1.6　设随机变量 $X \sim P(\lambda)$, 且 $P\{X = 0\} = P\{X = 1\}$, 试求 $P\{X = 3\}$, $P\{X \geqslant 2\}$.

解　由 $P\{X = 0\} = P\{X = 1\}$ 可知,

$$\frac{\lambda^0 e^{-\lambda}}{0!} = \frac{\lambda^1 e^{-\lambda}}{1!},$$

解得 $\lambda = 1$. 所以,

$$P\{X = 3\} = \frac{\lambda^3 e^{-\lambda}}{3!} = \frac{1^3 e^{-1}}{3!} = \frac{1}{6e}.$$

$$P\{X \geqslant 2\} = 1 - P\{X < 2\} = 1 - P\{X = 0\} - P\{X = 1\}$$
$$= 1 - \frac{1^0 e^{-1}}{0!} - \frac{1^1 e^{-1}}{1!} = 1 - 2e^{-1}.$$

例 2.1.7　某商店出售某种商品, 根据以往经验, 每月销量 X 服从参数 $\lambda = 5$ 的泊松分布. 为了以 95%以上的概率保证该商品不脱销, 问商店在月底至少应进该商品多少件?

解　设 X 表示该商品每月销售的件数, m 表示月底至少应进该商品的件数, 则 $X \sim P(5)$. 因此,

$$P\{X \leqslant m\} = \sum_{k=0}^{m} P\{X = k\} = \sum_{k=0}^{m} \frac{5^k e^{-5}}{k!} > 0.95.$$

查泊松分布表知,

$$\sum_{k=0}^{8} \frac{5^k e^{-5}}{k!} = 0.9319 < 0.95,$$

$$\sum_{k=0}^{9} \frac{5^k e^{-5}}{k!} = 0.9682 > 0.95,$$

所以, 商店在月底至少应进该商品 9 件.

当 n 比较大时, 计算二项分布的有关概率很麻烦. 下面介绍一个用泊松分布逼近二项分布的定理.

定理 2.1.1(泊松定理) 设 $\lambda > 0$ 是一个常数, n 是任意正整数, 设 $np = \lambda$, 则对于任一固定的非负整数 k, 有

$$\lim_{n \to \infty} C_n^k p^k (1-p)^{n-k} = \frac{\lambda^k e^{-\lambda}}{k!}.$$

在实际应用中, 若 $X \sim B(n, p)$, 当 n 很大, p 很小, $np = \lambda$ 比较适中时, 二项分布可用泊松分布来近似:

$$C_n^k p^k (1-p)^{n-k} \approx \frac{\lambda^k e^{-\lambda}}{k!}.$$

从而,

$$\sum_{k=0}^{m} C_n^k p^k (1-p)^{n-k} \approx \sum_{k=0}^{m} \frac{\lambda^k e^{-\lambda}}{k!}.$$

例 2.1.8 计算机硬件公司制造某种特殊型号的微型芯片, 次品率达 0.1%, 各芯片成为次品相互独立. 求在 1000 件产品中至少有 2 件次品的概率.

解 设 X 表示产品中次品数, 则 $X \sim B(1000, 0.001)$, 因此,

$$\begin{aligned}
P\{X \geqslant 2\} &= 1 - P\{X = 0\} - P\{X = 1\} \\
&= 1 - C_{1000}^0 (0.001)^0 (1 - 0.001)^{1000} - C_{1000}^1 (0.001)^1 (1 - 0.001)^{1000-1} \\
&= 0.2642411.
\end{aligned}$$

若近似计算: $\lambda = np = 1000 \times 0.1\% = 1$,

$$P\{X \geqslant 2\} = 1 - P\{X = 0\} - P\{X = 1\} \approx 1 - \sum_{k=0}^{1} \frac{1^k e^{-1}}{k!} = 1 - 0.7358 = 0.2642.$$

一般地, 当 $n \geqslant 20, p \leqslant 0.05$ 时, 用近似计算效果很好.

例 2.1.9 某电话交换台有 300 个用户, 在任何时刻用户是否需要通话是相互独立的, 且每个用户需要通话的概率为 $\frac{1}{60}$. 设该交换台只有 8 条线路供用户同时使用, 试求在任一给定时刻用户由于线路忙而打不通电话的概率.

解 设 $A = \{用户需要通话\}$, 则 $P(A) = \frac{1}{60}$. 设 X 表示 300 个用户在给定时刻

需要通话的用户数, 则 $X \sim B\left(300, \dfrac{1}{60}\right)$, 从而,

$$P\{X > 8\} = 1 - P\{X \leqslant 8\} = 1 - \sum_{k=0}^{8} C_{300}^{k} \left(\frac{1}{60}\right)^{k} \left(1 - \frac{1}{60}\right)^{300-k}.$$

由于 $n = 300$ 足够大, $p = \dfrac{1}{60}$ 又很小, $\lambda = np = 300 \times \dfrac{1}{60} = 5$ 适中, 因此, 用泊松分布来近似二项分布, 有

$$P\{X > 8\} \approx 1 - \sum_{k=0}^{8} \frac{5^{k} e^{-5}}{k!} = 1 - 0.9319 = 0.0681.$$

4. 几何分布

在独立重复试验中, 事件 A 发生的概率为 $p\,(0 < p < 1)$, 设 X 表示事件 A 首次发生时所进行的试验次数, X 的可能取值为 $1, 2, 3, \cdots$, 则随机变量 X 的分布律为

$$P\{X = k\} = (1 - p)^{k-1} p, \quad k = 1, 2, 3, \cdots,$$

称随机变量 X 服从参数为 p 的几何分布.

5. 超几何分布

设 N 个产品中有 M 个次品, 从中任取 n 个. 设 X 表示取出的 n 个产品中的次品数, X 的可能取值为 $0, 1, 2, \cdots, l\,(l = \min(M, n)$, 且 $M \leqslant N, n \leqslant N)$, 则 X 的分布律为

$$P\{X = k\} = \frac{C_{M}^{k} \cdot C_{N-M}^{n-k}}{C_{N}^{n}}, \quad k = 0, 1, 2, \cdots, l.$$

称随机变量 X 服从超几何分布.

超几何分布在抽样理论中占有非常重要的地位.

习题 2.1

(A)

习题 2.1 解答

1. 设随机变量 X 的分布律为

$$P\{X = k\} = \frac{k}{15} \quad (k = 1, 2, 3, 4, 5),$$

试求: (1) $P\left\{\dfrac{1}{2} < X < \dfrac{5}{2}\right\}$; (2) $P\{1 \leqslant X \leqslant 3\}$; (3) $P\{X > 3\}$.

2. 试确定常数 C，使 $P\{X=i\}=\dfrac{C}{2^i}$（$i=0,1,2,3,4$）成为某个随机变量 X 的分布律，并求

(1) $P\{X \leqslant 2\}$；(2) $P\left\{\dfrac{1}{2} < X < \dfrac{5}{2}\right\}$.

3. 考虑为期一年的一张保险单，若投保人在投保后一年内因意外死亡，则保险公司赔付 20 万元，若投保人因其他原因死亡，则保险公司赔付 5 万元，若投保人在投保期末生存，则保险公司无需付给任何费用. 若投保人一年内因意外死亡的概率为 0.0002，因其他原因死亡的概率为 0.0010，求保险公司赔付金额的分布律.

4. 设在 15 件同类型的零件中有 2 件是次品，在其中取 3 次，每次任取 1 件，作不放回抽样. 以 X 表示取出的次品的件数，求 X 的分布律.

5. 从一批含有 10 件正品及 3 件次品的产品中一件一件地抽取. 设每次抽取时，各件产品被抽到的可能性相等. 在下列三种情形下，分别求出直到取得正品为止所需次数 X 的分布律：

(1) 每次取出的产品立即放回这批产品中再取下一件产品；

(2) 每次取出的产品都不放回这批产品中；

(3) 每次取出一件产品后总是放回一件正品.

6. 设在三次独立试验中，事件 A 发生的概率相等. 若已知事件 A 至少出现一次的概率是 $\dfrac{19}{27}$，则事件 A 在一次试验中出现的概率是多少?

7. 连续不断地掷一硬币，问至少掷多少次才能使正面至少出现一次的概率不小于 0.99?

8. 设随机变量 $X \sim B(6,p)$，已知 $P\{X=1\}=P\{X=5\}$，求 p 与 $P\{X=2\}$ 的值.

9. 某电话总机每分钟收到呼叫的次数 X 服从参数为 4 的泊松分布，求

(1) 某一分钟恰有 8 次呼叫的概率；

(2) 某一分钟的呼叫次数大于 3 的概率.

10. 某商店出售某种物品，根据以往的经验，每月销售量 X 服从参数 $\lambda=4$ 的泊松分布，问在月初进货时，要进多少才能以 99% 的概率充分满足顾客的需要?

11. 有一汽车站有大量汽车通过，每辆汽车在一天某段时间出事故的概率为 0.0001，在某天该段时间内有 1000 辆汽车通过，求事故次数不少于 2 的概率.

(B)

1. 设随机变量 X 服从泊松分布，且 $P\{X=1\}=P\{X=2\}$，求 $P\{X=4\}$ 及 $P\{X>1\}$.

2. 设随机变量 $X \sim B(2,p),Y \sim B(3,p)$，若 $P\{X \geqslant 1\}=\dfrac{5}{9}$，求 $P\{Y \geqslant 1\}$.

3. 已知某公司生产的螺丝钉的次品率为 0.01，并设各个螺丝钉是否为次品是相互独立的. 这家公司将每 10 个螺丝钉包成一包出售，并保证若发现某包内多于一个次品则可退款. 问卖出的某包螺丝钉将被退回的概率有多大?

4. 对某目标进行独立射击，每次射中的概率为 p，直到射中为止. 求

(1) 射击次数 X 的分布律；

(2) 脱靶次数 Y 的分布律.

2.2 随机变量的分布函数

对于非离散型的随机变量, 由于其可能的取值不能一一列举出来, 因而就不能像离散型随机变量那样可以用分布律来描述它. 另外, 我们通常所遇到的非离散型随机变量取任一指定的实数值的概率都等于 0(后续章节会证明). 而在实际中, 对于这样的随机变量, 例如, 误差 ε, 元件的寿命 T 等, 我们并不会对误差 $\varepsilon = 0.05\text{mm}$, $T = 1251.3\text{h}$ 的概率感兴趣, 而是考虑误差落在某个区间内的概率, 寿命大于某一个数的概率. 因此, 转而去研究随机变量取值在某一区间 $(a,b]$ 的概率 $P\{a < X \leqslant b\}$, 而

$$P\{a < X \leqslant b\} = P\{X \leqslant b\} - P\{X \leqslant a\}.$$

所以, 只需知道 $P\{X \leqslant b\}, P\{X \leqslant a\}$ 即可. 为此引入随机变量的分布函数的概念.

2.2.1 分布函数的概念

定义 2.2.1 设 X 是一个随机变量, 称函数

$$F(x) = P\{X \leqslant x\} \quad (-\infty < x < +\infty) \tag{2.2.1}$$

为随机变量 X 的分布函数.

由公式 (2.2.1) 可知, 当随机变量 X 的分布函数 $F(x)$ 已知时, 对于任意实数 $a,b\ (a < b)$, 有

$$P\{a < X \leqslant b\} = P\{X \leqslant b\} - P\{X \leqslant a\} = F(b) - F(a). \tag{2.2.2}$$

因此, 若已知 X 的分布函数, 就知道 X 落在区间 $(a,b]$ 上的概率, 从这个意义上说, 分布函数完整地描述了随机变量的统计规律性. 分布函数是一个普通的函数, 正是通过它, 我们将用数学分析的方法来研究随机变量.

如果将 X 看作是数轴上随机点的坐标, 那么, 分布函数 $F(x)$ 在 x 处的函数值就表示 X 落在区间 $(-\infty, x]$ 上的概率.

2.2.2 分布函数的性质

性质 1 $0 \leqslant F(x) \leqslant 1$, 且 $\lim\limits_{x \to -\infty} F(x) = 0$, $\quad \lim\limits_{x \to +\infty} F(x) = 1$;

性质 2 $F(x)$ 是单调不减函数. 即当 $x_1 < x_2$ 时, $F(x_1) \leqslant F(x_2)$;

性质 3　$F(x)$ 是右连续的. 即 $F(x_0 + 0) = \lim\limits_{x \to x_0^+} F(x) = F(x_0)$　$(-\infty < x_0 < +\infty)$.

反之, 若一个函数具有上述三条性质, 则该函数一定是某随机变量的分布函数.

例 2.2.1　设随机变量 X 的分布律为

X	-1	0	1
P	$\dfrac{1}{4}$	$\dfrac{1}{2}$	$\dfrac{1}{4}$

试求: (1) X 的分布函数; (2) $P\left\{X \leqslant \dfrac{1}{2}\right\}, P\{0 < X \leqslant 1\}, P\{0 \leqslant X \leqslant 1\}$.

解　(1) 注意到 X 的可能取值为 $-1, 0, 1$, 而 $F(x)$ 的值是 $X \leqslant x$ 的累积概率值, 由概率的有限可加性知, 它即为小于或等于 x 的那些 x_k 处的概率 p_k 之和, 因此有

当 $x < -1$ 时,

$$F(x) = P\{X \leqslant x\} = 0.$$

当 $-1 \leqslant x < 0$ 时,

$$F(x) = P\{X \leqslant x\} = P\{X = -1\} = \frac{1}{4}.$$

当 $0 \leqslant x < 1$ 时,

$$F(x) = P\{X \leqslant x\} = P\{X = -1\} + P\{X = 0\} = \frac{1}{4} + \frac{1}{2} = \frac{3}{4}.$$

当 $x \geqslant 1$ 时,

$$F(x) = P\{X \leqslant x\} = P\{X = -1\} + P\{X = 0\} + P\{X = 1\} = \frac{3}{4} + \frac{1}{4} = 1.$$

即

$$F(x) = P\{X \leqslant x\} = \begin{cases} 0, & x < -1, \\ \dfrac{1}{4}, & -1 \leqslant x < 0, \\ \dfrac{3}{4}, & 0 \leqslant x < 1, \\ 1, & x \geqslant 1. \end{cases}$$

$F(x)$ 的图形如图 2.2 所示.

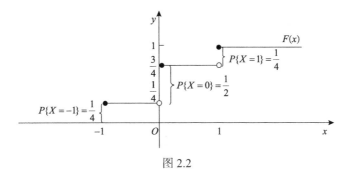

图 2.2

(2)　$P\left\{X \leqslant \dfrac{1}{2}\right\} = F\left(\dfrac{1}{2}\right) = \dfrac{3}{4}$;

$P\{0 < X \leqslant 1\} = F(1) - F(0) = 1 - \dfrac{3}{4} = \dfrac{1}{4}$;

$P\{0 \leqslant X \leqslant 1\} = P\{0 < X \leqslant 1\} + P\{X = 0\} = \dfrac{1}{4} + \dfrac{1}{2} = \dfrac{3}{4}$.

一般地, 设离散型随机变量 X 的分布律为

$$P\{X = x_i\} = p_i, \quad i = 1, 2, \cdots,$$

则 X 的分布函数为

$$F(x) = P\{X \leqslant x\} = \sum_{x_i \leqslant x} P\{X = x_i\} = \sum_{x_i \leqslant x} p_i.$$

这里的和式是对所有满足 $x_i \leqslant x$ 的 i 求和.

例 2.2.2　设随机变量 X 的分布函数为

$$F(x) = P\{X \leqslant x\} = \begin{cases} 0, & x < -1, \\ 0.4, & -1 \leqslant x < 1, \\ 0.8, & 1 \leqslant x < 3, \\ 1, & x \geqslant 3. \end{cases}$$

试求随机变量 X 的分布律.

解　对于任意的实数 a, 有

$$P\{X = a\} = P\{X \leqslant a\} - P\{X < a\} = F(a) - F(a - 0),$$

所以,

$$P\{X = -1\} = P\{X \leqslant -1\} - P\{X < -1\} = 0.4 - 0 = 0.4,$$

$$P\{X = 1\} = F(1) - F(1 - 0) = 0.8 - 0.4 = 0.4,$$

$$P\{X = 3\} = F(3) - F(3 - 0) = 1 - 0.8 = 0.2,$$

从而, X 的分布律为

X	-1	1	3
P	0.4	0.4	0.2

习题 2.2

(A)

习题 2.2 解答

1. 设离散型随机变量 X 的分布律为

X	-1	1	3
P	0.2	0.5	0.3

求: (1) X 的分布函数; (2) $P\left\{X > \dfrac{1}{2}\right\}$; (3) $P\{-1 \leqslant X \leqslant 3\}$.

2. 设 X 服从 (0-1) 分布, 其分布律为

$$P\{X = k\} = p^k (1-p)^{1-k}, \quad k = 0,1.$$

求 X 的分布函数, 并作出其图形.

3. 设随机变量 X 的分布函数为

$$F(x) = \begin{cases} 1 - \mathrm{e}^{-0.4x}, & x > 0, \\ 0, & x \leqslant 0. \end{cases}$$

试求: (1) $P\{X \leqslant 3\}$; (2) $P\{3 < X \leqslant 4\}$.

4. 设 X 的分布函数为

$$F(x) = \begin{cases} A(1 - \mathrm{e}^{-x}), & x \geqslant 0, \\ 0, & x < 0. \end{cases}$$

求: (1) 常数 A; (2) $P\{1 < X \leqslant 3\}$.

5. 设随机变量 X 的分布函数为

$$F(x) = \begin{cases} 0, & x < 0, \\ 0.2, & 0 \leqslant x < 2, \\ 0.5, & 2 \leqslant x < 4, \\ 1, & x \geqslant 4. \end{cases}$$

试求随机变量 X 的分布律.

（B）

1. 设 $F_1(x)$ 与 $F_2(x)$ 分别为随机变量 X_1 和 X_2 的分布函数，并且 $F(x) = aF_1(x) - bF_2(x)$ 是某个随机变量 X 的分布函数，试确定常数 a,b 应满足的条件.

2. 设随机变量 X 的分布函数为

$$F(x) = \begin{cases} 0, & x \leqslant 0, \\ Ax^2, & 0 < x \leqslant 1, \\ 1, & x > 1. \end{cases}$$

求：(1) 常数 A；(2) $P\{0.3 < X \leqslant 0.7\}$.

3. 设随机变量 X 的分布函数为

$$F(x) = \begin{cases} 0, & x < 0, \\ \dfrac{1}{2}, & 0 \leqslant x < 1, \\ 1 - e^{-x}, & x \geqslant 1. \end{cases}$$

试求 $P\{X = 1\}$.

2.3 连续型随机变量

2.3.1 连续型随机变量及其概率密度

2.2 节中讨论了离散型随机变量，在实际应用中，有些随机变量与离散型随机变量不同. 请看下例.

例 2.3.1 一个靶子是半径为 2m 的圆盘，设击中靶上任一同心圆盘上的点的概率与该圆盘的面积成正比，并设射击都能中靶，以 X 表示弹着点与圆心的距离. 试求随机变量 X 的分布函数.

解 若 $x < 0$，则 $\{X \leqslant x\}$ 是不可能事件，于是

$$F(x) = P\{X \leqslant x\} = 0.$$

若 $0 \leqslant x \leqslant 2$，则 $P\{0 \leqslant X \leqslant x\} = kx^2$，$k$ 是某一常数.

为了确定 k 的值，取 $x = 2$，有

$$P\{0 \leqslant X \leqslant 2\} = k \cdot 2^2,$$

而 $P\{0 \leqslant X \leqslant 2\} = 1$，解得 $k = \dfrac{1}{4}$. 因此，$P\{0 \leqslant X \leqslant x\} = \dfrac{x^2}{4}$. 于是，

$$F(x) = P\{X \leqslant x\} = P\{X < 0\} + P\{0 \leqslant X \leqslant x\} = \frac{x^2}{4}.$$

若 $x \geqslant 2$，则 $\{X \leqslant x\}$ 是必然事件，于是

$$F(x) = P\{X \leqslant x\} = 1.$$

综上所述，随机变量 X 的分布函数为

$$F(x) = P\{X \leqslant x\} = \begin{cases} 0, & x < 0, \\ \dfrac{x^2}{4}, & 0 \leqslant x < 2, \\ 1, & x \geqslant 2. \end{cases}$$

它的图形是一条连续曲线(图 2.3).

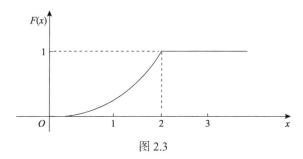

图 2.3

在例 2.3.1 中，分布函数 $F(x)$，对于任意的实数 x 可以写成形式

$$F(x) = \int_{-\infty}^{x} f(t)\mathrm{d}t ,$$

其中 $f(t) = \begin{cases} \dfrac{t}{2}, & 0 < t < 2, \\ 0, & \text{其他}. \end{cases}$ 即 $F(x)$ 恰是非负函数 $f(x)$ 在区间 $(-\infty, x]$ 上的积分. 这种情况下我们称随机变量 X 为连续型随机变量.

　　定义 2.3.1　设随机变量 X 的分布函数为 $F(x)$，若存在非负可积函数 $f(x)$，使得对于任意实数 x，有

$$F(x) = P\{X \leqslant x\} = \int_{-\infty}^{x} f(t)\mathrm{d}t , \tag{2.3.1}$$

则称 X 为**连续型随机变量**，称 $f(x)$ 为 X 的**概率密度函数**，简称**概率密度**或**密度函数**.

从几何上看, 密度函数 $f(x)$ 的图形是一条平面曲线, 称为**密度曲线**(或**分布曲线**). 分布函数 $F(x)$ 在点 x 的值等于 x 轴之上、密度曲线 $f(x)$ 以下, 从 $-\infty$ 到 x 的一块图形的面积(图 2.4).

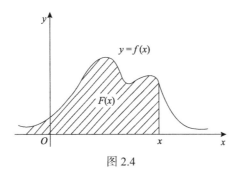

图 2.4

由定义 2.3.1 可知, 密度函数 $f(x)$ 具有以下性质:

性质 1　　$f(x) \geqslant 0 \, (-\infty < x < +\infty)$;

性质 2　　$\displaystyle\int_{-\infty}^{+\infty} f(x)\mathrm{d}x = 1$;

反之, 若一个函数满足上述两条性质, 则该函数一定可以作为某连续型随机变量的密度函数.

性质 3　　对于任意的实数 $a, b \, (a < b)$, 有

$$P\{a < X \leqslant b\} = F(b) - F(a) = \int_a^b f(x)\mathrm{d}x.$$

事实上, 由分布函数的定义可得

$$P\{a < X \leqslant b\} = F(b) - F(a) = \int_{-\infty}^b f(x)\mathrm{d}x - \int_{-\infty}^a f(x)\mathrm{d}x = \int_a^b f(x)\mathrm{d}x.$$

结合定积分的几何意义可知, 连续型随机变量 X 落入区间 $(a,b]$ 上的概率等于以区间 $(a,b]$ 为底, 密度曲线 $y = f(x)$ 为顶的曲边梯形的面积(图 2.5).

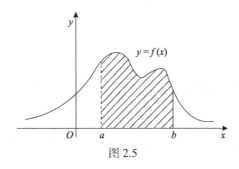

图 2.5

性质 4　若 $f(x)$ 在点 x 处连续, 则有　$F'(x) = f(x)$.

若不计高阶无穷小, 借助于微分可进行近似计算: $F(x + \Delta x) - F(x) \approx F'(x)\Delta x$. 即

$$P\{x < X \leqslant x + \Delta x\} \approx f(x)\Delta x.$$

设 X 是连续型随机变量, 则由性质 4 可得

(1) 分布函数 $F(x)$ 是一个连续函数;

(2) X 取任一指定实数值 C 的概率均为零, 即 $P\{X = C\} = 0$; 事实上,

$$P\{X = C\} = \lim_{\Delta x \to 0^+} P\{C - \Delta x \leqslant X \leqslant C\} = \lim_{\Delta x \to 0^+} \int_{C - \Delta x}^{C} f(x)\mathrm{d}x = 0.$$

因此, 在计算连续型随机变量落在某一区间的概率时, 可以不必区分该区间是开区间或闭区间或半开半闭区间, 即

$$P\{a < X \leqslant b\} = P\{a \leqslant X < b\} = P\{a \leqslant X \leqslant b\} = P\{a < X < b\}.$$

这里的事件 $\{X = C\}$ 并非不可能事件, 但有 $P\{X = C\} = 0$. 也就是说, 不可能事件的概率为 0, 但概率为 0 的事件不一定是不可能事件.

(3) 密度函数 $f(x)$ 不是随机变量 X 取值 x 的概率, 但随机变量 X 落在小区间 $(x, x + \Delta x]$ 上的概率近似等于 $f(x)\Delta x$, 因而可以用密度函数 $f(x)$ 来描述 X 取值于 x 附近的概率大小.

以后当我们提到一个随机变量 X 的 "概率分布" 时, 指的是 X 的分布函数; 或者, 当 X 是离散型随机变量时, 指的是 X 的分布律; 当 X 是连续型随机变量时, 指的是 X 的概率密度.

例 2.3.2　设随机变量 X 的密度函数为

$$f(x) = \begin{cases} Ax + 1, & 0 \leqslant x \leqslant 2, \\ 0, & \text{其他}, \end{cases}$$

试求: (1) 常数 A; (2) $P\left\{1 < X < \dfrac{5}{2}\right\}$.

解　(1) $\displaystyle\int_{-\infty}^{+\infty} f(x)\mathrm{d}x = \int_{0}^{2}(Ax+1)\mathrm{d}x = \left(\frac{A}{2}x^2 + x\right)\bigg|_{0}^{2} = 2A + 2 = 1$, 解得 $A = -\dfrac{1}{2}$.

(2) $\displaystyle P\left\{1 < X < \frac{5}{2}\right\} = \int_{1}^{\frac{5}{2}} f(x)\mathrm{d}x = \int_{1}^{2}\left(-\frac{1}{2}x + 1\right)\mathrm{d}x + \int_{2}^{\frac{5}{2}} 0\mathrm{d}x = \frac{1}{4}$.

2.3.2　三种常用的连续型分布

1. 均匀分布

若连续型随机变量 X 的密度函数为

$$f(x) = \begin{cases} \dfrac{1}{b-a}, & a < x < b, \\ 0, & \text{其他,} \end{cases}$$

其中 a,b（$a < b$）为参数，则称 X 在区间 (a,b) 上服从**均匀分布**，记为 $X \sim U(a,b)$.
由均匀分布的定义可得

(1) $f(x) \geqslant 0$，且 $\displaystyle\int_{-\infty}^{+\infty} f(x)\mathrm{d}x = 1$;

(2) $P\{X \geqslant b\} = P\{X \leqslant a\} = 0$;

(3) 对于任意实数 c,d，满足 $a < c < d < b$，则有

$$P\{c < X < d\} = \int_c^d \frac{1}{b-a}\mathrm{d}x = \frac{d-c}{b-a};$$

此式表明，在区间 (a,b) 上服从均匀分布的随机变量 X，具有下述意义的等可能性：它落在区间 (a,b) 中任意等长度的子区间内的可能性是相同的. 或者说，它落在 (a,b) 的子区间的概率只依赖于子区间的长度，而与子区间的位置无关.

(4) X 的分布函数为

$$F(x) = \int_{-\infty}^x f(t)\mathrm{d}t = \begin{cases} 0, & x < a, \\ \displaystyle\int_a^x \frac{1}{b-a}\mathrm{d}t = \frac{x-a}{b-a}, & a \leqslant x < b, \\ 1, & x \geqslant b. \end{cases}$$

$f(x)$ 和 $F(x)$ 的图形分别如图 2.6 和图 2.7 所示.

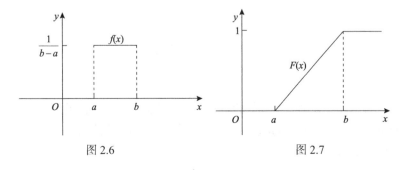

图 2.6　　　　　　　　　　　　图 2.7

例 2.3.3 设随机变量 X 服从区间 $(2,6)$ 上的均匀分布, 现对 X 进行三次独立观测, 试求至少有两次观测值大于 3 的概率.

解 $X \sim U(2,6)$, 所以, X 的密度函数为

$$f(x) = \begin{cases} \dfrac{1}{4}, & 2 < x < 6, \\ 0, & \text{其他}. \end{cases}$$

设 Y 表示三次独立观测中事件 $\{X > 3\}$ 出现的次数, 则

$$P\{X > 3\} = \int_3^6 \frac{1}{4}\,dx = \frac{3}{4}.$$

因此, $Y \sim B\left(3, \dfrac{3}{4}\right)$, 从而, 所求事件的概率为

$$P\{Y \geqslant 2\} = C_3^2 \left(\frac{3}{4}\right)^2 \left(1 - \frac{3}{4}\right)^{3-2} + C_3^3 \left(\frac{3}{4}\right)^3 \left(1 - \frac{3}{4}\right)^{3-3} = \frac{27}{32}.$$

2. 指数分布

若连续型随机变量 X 的密度函数为

$$f(x) = \begin{cases} \lambda e^{-\lambda x}, & x > 0, \\ 0, & x \leqslant 0, \end{cases}$$

其中 $\lambda > 0$ 为常数, 则称随机变量 X 服从参数为 λ 的**指数分布**, 记为 $X \sim E(\lambda)$.

由指数分布的定义可得, 随机变量 X 的分布函数为

$$F(x) = P\{X \leqslant x\} = \int_{-\infty}^x f(t)\,dt = \begin{cases} \displaystyle\int_0^x \lambda e^{-\lambda t}\,dt, & x > 0, \\ 0, & x \leqslant 0, \end{cases}$$

即

$$F(x) = \begin{cases} 1 - e^{-\lambda x}, & x > 0, \\ 0, & x \leqslant 0. \end{cases}$$

指数分布常用于各种 "寿命" 的近似分布, 例如, 电子元件的寿命等可认为服从指数分布. 服从指数分布的随机变量 X 具有以下有趣的性质:

对于任意的 $s, t > 0$, 有

$$P\{X > s+t \,|\, X > s\} = \frac{P\{(X > s+t) \bigcap (X > s)\}}{P\{X > s\}} = \frac{P\{X > s+t\}}{P\{X > s\}}$$

$$= \frac{1-F(s+t)}{1-F(s)} = \frac{\mathrm{e}^{-(s+t)\lambda}}{\mathrm{e}^{-s\lambda}} = \mathrm{e}^{-t\lambda} = P\{X > t\}.$$

称此性质为**无记忆性**. 如果 X 是某一元件的寿命, 则此式表明: 已知元件已经使用了 s 小时, 它总共能使用至少 $s+t$ 小时的条件概率, 与从开始使用时算起它至少能使用 t 小时的概率相等. 这就是说, 元件对它已经使用过 s 小时没有记忆. 具有这一性质是指数分布有广泛应用的重要原因.

例 2.3.4　设打一次电话所用的时间 (单位: min) 服从参数为 0.2 的指数分布, 如果有人刚好在你前面走进公用电话间并开始打电话 (假定该电话间只设一部话机), 试求你将要等待的时间 (1) 不超过 5min 的概率; (2) 超过 5min 的概率.

解　设 X 表示此人打电话所占用的时间, $X \sim E(0.2)$, X 的密度函数为

$$f(x) = \begin{cases} 0.2\mathrm{e}^{-0.2x}, & x > 0, \\ 0, & x \leqslant 0, \end{cases}$$

所以,

(1) $P\{X \leqslant 5\} = \displaystyle\int_0^5 f(x)\mathrm{d}x = \int_0^5 0.2\mathrm{e}^{-0.2x}\mathrm{d}x = 1-\mathrm{e}^{-1}$, 或者

$P\{X \leqslant 5\} = F(5) = 1 - \mathrm{e}^{-0.2 \times 5} = 1 - \mathrm{e}^{-1}$.

(2) $P\{X > 5\} = 1 - P\{X \leqslant 5\} = \mathrm{e}^{-1}$.

3. 正态分布

若连续型随机变量 X 的密度函数为

$$f(x) = \frac{1}{\sqrt{2\pi}\sigma}\mathrm{e}^{-\frac{(x-\mu)^2}{2\sigma^2}} \quad (-\infty < x < +\infty),$$

其中 $\mu, \sigma(\sigma > 0)$ 为常数, 则称随机变量 X 服从参数为 μ, σ 的**正态分布** (或**高斯 (Gauss) 分布**), 记为 $X \sim N(\mu, \sigma^2)$, 且称随机变量 X 为**正态变量**.

在自然现象和社会现象中, 大量随机变量都服从或近似服从正态分布. 例如, 一个地区的男性成年人的身高、测量某零件长度的误差、海洋波浪的高度等服从正态分布. 一般来说, 一个随机变量如果受到许多相互独立的随机因素的综合影响, 而其中每一个因素所起的作用都不显著, 则这个随机变量服从正态分布, 即"多因素, 小影响, 综合成正态".

由正态分布的定义可知,

(1) $f(x) \geqslant 0$;

(2) $\int_{-\infty}^{+\infty} f(x)\mathrm{d}x = 1$.

事实上, 由 $\int_{0}^{+\infty} \mathrm{e}^{-x^2}\mathrm{d}x = \dfrac{\sqrt{\pi}}{2}$ 知,

$$\int_{-\infty}^{+\infty} f(x)\mathrm{d}x = \int_{-\infty}^{+\infty} \frac{1}{\sqrt{2\pi}\sigma} \mathrm{e}^{-\frac{(x-\mu)^2}{2\sigma^2}} \mathrm{d}x \xrightarrow{t = \frac{x-\mu}{\sqrt{2}\sigma}} \frac{\sqrt{2}\sigma}{\sqrt{2\pi}\sigma} \int_{-\infty}^{+\infty} \mathrm{e}^{-t^2}\mathrm{d}t$$

$$= \frac{1}{\sqrt{\pi}} \int_{-\infty}^{+\infty} \mathrm{e}^{-t^2}\mathrm{d}t = 1.$$

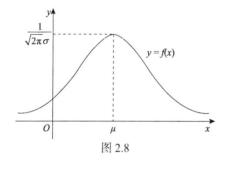

图 2.8

正态分布的密度函数 $f(x)$ 的图形(图 2.8)具有以下性质:

(1)曲线关于 $x = \mu$ 对称. 因此有

$$P\{X \leqslant \mu\} = P\{X \geqslant \mu\} = \frac{1}{2};$$

(2) 当 $x = \mu$ 时, $f(x)$ 达到最大值

$$f(\mu) = \frac{1}{\sqrt{2\pi}\sigma};$$

x 离 μ 越远, $f(x)$ 的值越小. 这表明对于同样长度的区间, 当区间离 μ 越远, X 落在这个区间上的概率越小.

(3)如果固定 σ, 改变 μ 的值, 则图形沿着 x 轴平移, 而不改变其形状, 可见正态分布的概率密度曲线 $y = f(x)$ 的位置完全由参数 μ 所确定. 称 μ 为位置参数;

(4)如果固定 μ, 改变 σ, 由于最大值 $f(\mu) = \dfrac{1}{\sqrt{2\pi}\sigma}$, 可知当 σ 越小时图形变得越尖, 因而 X 落在 μ 附近的概率越大.

正态变量 X 的分布函数为

$$F(x) = P\{X \leqslant x\} = \frac{1}{\sqrt{2\pi}\sigma} \int_{-\infty}^{x} \mathrm{e}^{-\frac{(t-\mu)^2}{2\sigma^2}} \mathrm{d}t \quad (-\infty < x < +\infty),$$

且

$$F(\mu) = P\{X \leqslant \mu\} = \frac{1}{2}.$$

特别地, 当 $\mu = 0, \sigma = 1$ 时, 称正态分布 $N(0,1)$ 为**标准正态分布**. 其概率密度和分布函数分别用 $\varphi(x)$ 和 $\Phi(x)$ 表示, 即有

$$\varphi(x) = \frac{1}{\sqrt{2\pi}} \mathrm{e}^{-\frac{x^2}{2}} \quad (-\infty < x < +\infty),$$

和

$$\Phi(x) = \int_{-\infty}^{x} \frac{1}{\sqrt{2\pi}} \mathrm{e}^{-\frac{t^2}{2}} \mathrm{d}t \quad (-\infty < x < +\infty).$$

标准正态分布的密度函数 $\varphi(x)$ 的图形如图 2.9 所示.

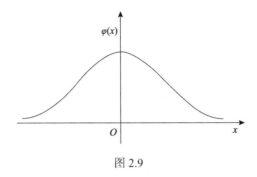

图 2.9

由密度函数的图形可知,

(1) $\varphi(-x) = \varphi(x)$;

(2) $\Phi(-x) = 1 - \Phi(x)$, $\quad \Phi(0) = \frac{1}{2}$.

附表 3 给出了标准正态分布表, 今后凡是有关标准正态分布的概率计算可查表.

例 2.3.5 设 $X \sim N(0,1)$, 查表计算概率 $P\{X \leqslant -1.24\}$ 和 $P\{|X| \leqslant 1.96\}$.

解 $P\{X \leqslant -1.24\} = \Phi(-1.24) = 1 - \Phi(1.24) = 1 - 0.8925 = 0.1075.$

$P\{|X| \leqslant 1.96\} = P\{-1.96 \leqslant X \leqslant 1.96\} = \Phi(1.96) - \Phi(-1.96)$

$\qquad\qquad\qquad = 2\Phi(1.96) - 1 = 2 \times 0.975 - 1 = 0.95.$

一般地, 若 $X \sim N(\mu, \sigma^2)$, 我们只要通过一个线性变换就能将它化成标准正态分布.

定理 2.3.1 设 $X \sim N(\mu, \sigma^2)$, 则 $\widehat{X}^* = \dfrac{X - \mu}{\sigma} \sim N(0,1)$.

证明 设 $\widehat{X}^* = \dfrac{X - \mu}{\sigma}$ 的分布函数为 $F(x)$, 则

$$F(x) = P\{\widehat{X}^* \leqslant x\} = P\left\{\frac{X - \mu}{\sigma} \leqslant x\right\} = P\{X \leqslant \mu + \sigma x\}$$

$$= \frac{1}{\sqrt{2\pi}\sigma} \int_{-\infty}^{\mu+\sigma x} \mathrm{e}^{-\frac{(t-\mu)^2}{2\sigma^2}} \mathrm{d}t \xrightarrow{\diamondsuit u = \frac{t-\mu}{\sigma}} \frac{1}{\sqrt{2\pi}} \int_{-\infty}^{x} \mathrm{e}^{-\frac{u^2}{2}} \mathrm{d}u = \Phi(x),$$

从而 $\widehat{X}^* = \dfrac{X-\mu}{\sigma} \sim N(0,1)$，称 $\widehat{X}^*$ 为 X 的**标准化随机变量**.

定理得证.

设 $X \sim N(\mu,\sigma^2)$，则它的分布函数可写成

$$F(x) = P\{X \leqslant x\} = P\left\{\frac{X-\mu}{\sigma} \leqslant \frac{x-\mu}{\sigma}\right\} = \Phi\left(\frac{x-\mu}{\sigma}\right).$$

且对于任意的区间 $(a,b]$，有

$$P\{a < X \leqslant b\} = P\left\{\frac{a-\mu}{\sigma} < \frac{X-\mu}{\sigma} \leqslant \frac{b-\mu}{\sigma}\right\}$$

$$= \Phi\left(\frac{b-\mu}{\sigma}\right) - \Phi\left(\frac{a-\mu}{\sigma}\right).$$

例如，设 $X \sim N(1,4)$，查表得

$$P\{0 < X \leqslant 1.6\} = \Phi\left(\frac{1.6-1}{2}\right) - \Phi\left(\frac{0-1}{2}\right) = \Phi(0.3) - \Phi(-0.5)$$

$$= \Phi(0.3) - [1 - \Phi(0.5)] = 0.6179 - (1 - 0.6915)$$

$$= 0.3094.$$

设 $X \sim N(\mu,\sigma^2)$，由 $\Phi(x)$ 的函数表还能得到

$$P\{\mu - \sigma < X < \mu + \sigma\} = \Phi(1) - \Phi(-1) = 2\Phi(1) - 1 = 68.26\%,$$

$$P\{\mu - 2\sigma < X < \mu + 2\sigma\} = \Phi(2) - \Phi(-2) = 2\Phi(2) - 1 = 95.44\%,$$

$$P\{\mu - 3\sigma < X < \mu + 3\sigma\} = \Phi(3) - \Phi(-3) = 2\Phi(3) - 1 = 99.74\%.$$

因此，尽管正态变量的取值范围是 $(-\infty,+\infty)$，但它的值落在 $(\mu-3\sigma,\mu+3\sigma)$ 内几乎是肯定的事，这就是人们所说的 "3σ" 法则(图 2.10).

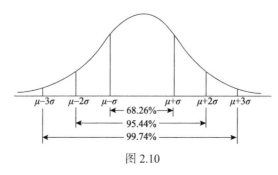

图 2.10

例 2.3.6　设某高校考生入学考试的数学成绩近似服从正态分布 $N(65,100)$，如果 85 分以上为"优秀"，试求数学成绩为"优秀"的考生大致占总人数的比例.

解　设 X 表示考生的数学成绩，则 $X \sim N(65,100)$，于是

$$P\{X > 85\} = 1 - P\{X \leqslant 85\} = 1 - P\left\{\frac{X - 65}{10} \leqslant \frac{85 - 65}{10}\right\}$$
$$= 1 - \Phi(2) = 1 - 0.9772 = 2.28\%.$$

为了便于今后在数理统计中的应用，对于标准正态随机变量，我们引入上 α 分位点的定义.

定义 2.3.2　设随机变量 $X \sim N(0,1)$，对于给定的 α $(0 < \alpha < 1)$，若点 u_α 使得

$$P\{X > u_\alpha\} = \alpha,$$

则称 u_α 为标准正态分布的**上 α 分位点**(图 2.11).

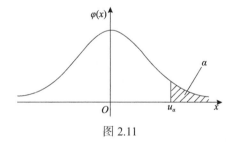

图 2.11

当 α 给定时，u_α 可通过下面等式查标准正态分布表得到

$$\Phi(u_\alpha) = 1 - \alpha.$$

例 2.3.7　设随机变量 $X \sim N(0,1)$，试求 (1) $u_{0.05}$；(2) $u_{\frac{0.05}{2}}$.

解　(1) 由 $\Phi(u_{0.05}) = 1 - 0.05 = 0.95$，查表得 $u_{0.05} = 1.645$.

(2) 由 $\Phi(u_{0.05/2}) = 1 - \dfrac{0.05}{2} = 0.975$，$u_{0.05/2} = u_{0.025} = 1.96$.

习题 2.3

(A)

习题 2.3 解答

1. 设随机变量 X 的概率密度为

$$f(x) = \begin{cases} 2\left(1 - \dfrac{1}{x^2}\right), & 1 \leqslant x \leqslant 2, \\ 0, & \text{其他}. \end{cases}$$

求 X 的分布函数.

2. 设随机变量 X 的密度函数为

$$f(x) = \begin{cases} 2x, & 0 < x < A, \\ 0, & \text{其他}, \end{cases}$$

试求: (1) 常数 A; (2) X 的分布函数.

3. 设随机变量 X 的密度函数为

$$f(x) = \begin{cases} Cx^3, & 0 \leqslant x \leqslant 1, \\ 0, & \text{其他}, \end{cases}$$

(1) 确定常数 C; (2) 要使 $P\{X > a\} = P\{X < a\}$, 求 a.

4. 设随机变量 X 的分布函数为

$$F(x) = \begin{cases} 0, & x < 1, \\ \ln x, & 1 \leqslant x < e, \\ 1, & x \geqslant e. \end{cases}$$

求: (1) X 的密度函数; (2) $P\{X < 2\}$; (3) $P\{0 < X \leqslant 3\}$.

5. 设随机变量 X 的分布函数为 $F(x) = A + B \arctan x, -\infty < x < +\infty$, 求: (1) 常数 A, B; (2) $P\{|X| < 1\}$; (3) 随机变量 X 的密度函数.

6. 设随机变量 X 在 $(1, 6)$ 上服从均匀分布, 求方程 $x^2 + Xx + 1 = 0$ 有实根的概率.

7. 某公司生产的螺栓的长度 (单位: cm) 服从参数 $\mu = 10.05, \sigma = 0.06$ 的正态分布, 规定长度在范围 10.05 ± 0.12 内为合格品, 求一螺栓为不合格品的概率.

8. 某人上班途中所需的时间 $X \sim N(30, 100)$ (单位: min), 已知上班时间是 8: 30, 他每天 7: 50 出门, 求: (1) 某天迟到的概率; (2) 一周 (以 5 天计) 最多迟到一次的概率.

9. 设随机变量 X 在 $(2, 5)$ 上服从均匀分布, 对 X 进行三次独立观测. 试求至少有两次的观测值大于 3 的概率.

10. 设顾客在某银行的窗口等待服务的时间 (单位: min) 服从 $\lambda = \dfrac{1}{5}$ 的指数分布, 其密度函数为

$$f(x) = \begin{cases} \dfrac{1}{5} e^{-\frac{x}{5}}, & x > 0, \\ 0, & \text{其他}, \end{cases}$$

某顾客在窗口等待服务, 若超过 10min, 他就离开.

(1) 设某顾客某天去银行, 求他未等到服务就离开的概率;

(2) 设某顾客一个月要去银行五次, 求他五次中至少有一次未等到服务而离开的概率.

(B)

1. 设随机变量 X 的密度函数为 $f(x) = Ae^{-|x|}, -\infty < x < +\infty$, 求: (1) 系数 A; (2) $P\{0 < X < 1\}$; (3) X 的分布函数.

2. 设随机变量 X 的密度函数为

$$f(x) = \begin{cases} \dfrac{1}{3}, & 0 \leqslant x \leqslant 1, \\[2mm] \dfrac{2}{9}, & 3 \leqslant x \leqslant 6, \\[2mm] 0, & \text{其他}, \end{cases}$$

若 k 使得 $P\{X \geqslant k\} = \dfrac{2}{3}$. 试确定 k 的取值范围.

3. 设 $f_1(x)$ 为标准正态分布的概率密度, $f_2(x)$ 为区间 $(-1,3)$ 上的均匀分布的概率密度. 若

$$f(x) = \begin{cases} af_1(x), & x \leqslant 0, \\ bf_2(x), & x > 0 \end{cases} \qquad (a>0, b>0)$$

为概率密度, 试确定 a,b 应满足的条件.

4. 设随机变量 X 服从正态分布 $N(\mu, \sigma^2)$ $(\sigma > 0)$, 且二次方程 $y^2 + 4y + X = 0$ 无实根的概率为 $\dfrac{1}{2}$, 试确定参数 μ 的值.

5. 某地抽样调查结果表明, 考生的外语成绩 (百分制) X 服从正态分布 $N(72, \sigma^2)$, 且 96 分以上的考生占考生总数的 2.3%, 试求考生的外语成绩在 60 分至 84 分之间的概率.

6. 如果电源电压在不超过 200V, 200~240V 和超过 240V 三种情况下, 某种电子元件损坏的概率分别为 0.1, 0.001, 0.2, 并假设电源电压 $X \sim N(220, 25^2)$. 试求

(1) 该电子元件损坏的概率 P_1;

(2) 该电子元件损坏时, 电源电压在 200~240V 的概率 P_2.

2.4　随机变量函数的分布

在实际问题中, 除了随机变量以外, 我们还对某些随机变量的函数也感兴趣. 比如, 我们能测量圆轴截面的直径 d, 而关心的却是截面的面积 $A = \dfrac{1}{4}\pi d^2$, 这里, 随机变量 A 是随机变量 d 的函数. 在这种实验中, 所关心的随机变量往往不能由直接测量得到, 而它却是某个能直接测量的随机变量的函数. 在这一节中, 我们将讨论如何由已知的随机变量 X 的概率分布去求得它的函数 $Y = g(X)$ 的概率分布.

2.4.1　离散型随机变量函数的分布

设随机变量 X 为离散型随机变量, 则函数 $Y = g(X)$ 也是离散型随机变量. 下面给出由 X 的概率分布律求出 $Y = g(X)$ 的概率分布律的方法.

例 2.4.1 设随机变量 X 的分布律为

X	-1	0	1
P	$\dfrac{1}{4}$	$\dfrac{1}{2}$	$\dfrac{1}{4}$

试求: (1) $Y = 2X + 1$ 的分布律; (2) $Z = X^2$ 的分布律.

解　由 X 的分布律可列出下表:

P	$\dfrac{1}{4}$	$\dfrac{1}{2}$	$\dfrac{1}{4}$
X	-1	0	1
$Y = 2X + 1$	-1	1	3
$Z = X^2$	1	0	1

所以, $Y = 2X + 1$ 的分布律为

Y	1	1	3
P	$\dfrac{1}{4}$	$\dfrac{1}{2}$	$\dfrac{1}{4}$

$Z = X^2$ 的分布律为

Z	0	1
P	$\dfrac{1}{2}$	$\dfrac{1}{2}$

事实上

$$P\{Y = -1\} = P\{2X + 1 = -1\} = P\{X = -1\} = \frac{1}{4},$$

$$P\{Y = 1\} = P\{2X + 1 = 1\} = P\{X = 0\} = \frac{1}{2},$$

$$P\{Y = 3\} = P\{2X + 1 = 3\} = P\{X = 1\} = \frac{1}{4},$$

同理

$$P\{Z = 0\} = P\{X = 0\} = \frac{1}{2},$$

$$P\{Z = 1\} = P\{X = 1\} + P\{X = -1\} = \frac{1}{2}.$$

一般地, 设离散型随机变量 X 的分布律为

X	x_1	x_2	$\cdots$	x_k	$\cdots$
P	p_1	p_2	$\cdots$	p_k	$\cdots$

则 $Y = g(X)$ 的分布律为

$Y = g(X)$	$g(x_1)$	$g(x_2)$	$\cdots$	$g(x_k)$	$\cdots$
P	p_1	p_2	$\cdots$	p_k	$\cdots$

其中 $g(x_1), g(x_2), \cdots, g(x_k), \cdots$ 具有各不相同的值. 若 $g(x_i)$ 的值中有相同的, 则把那些相同的值分别合并, 同时将相应的概率 p_i 相加.

2.4.2　连续型随机变量函数的分布

设随机变量 X 的密度函数为 $f_X(x)$, 若 $g(x)$ 是连续函数, 则 X 的函数 $Y = g(X)$ 也是连续型随机变量. 下面将分别介绍两种方法求 $Y = g(X)$ 的密度函数 $f_Y(y)$.

1. 分布函数法

(1) 求出 $Y = g(X)$ 的分布函数 $F_Y(y)$: 由分布函数的定义, 对于任意实数 y ,

$$F_Y(y) = P\{Y \leqslant y\} = P\{g(X) \leqslant y\} = \int_{x \in D(y)} f_X(x)\mathrm{d}x.$$

其中 $D(y) = \{x \mid g(x) \leqslant y\}$.

(2) 求分布函数的导数 $F_Y'(y)$, 可得 Y 的密度函数 $f_Y(y)$, 即

$$f_Y(y) = F_Y'(y).$$

例 2.4.2　设随机变量 X 服从区间 $(0,1)$ 上的均匀分布, 试求随机变量 $Y = X^2$ 的密度函数 $f_Y(y)$.

解　由题设 $X \sim U(0,1)$, 因此, X 的密度函数为

$$f_X(x) = \begin{cases} 1, & 0 < x < 1, \\ 0, & 其他, \end{cases}$$

所以, 由分布函数的定义知, 对于任意实数 y ,

$$F_Y(y) = P\{Y \leqslant y\} = P\{X^2 \leqslant y\}.$$

当 $y \leqslant 0$ 时,

$$F_Y(y) = P\{X^2 \leqslant y\} = 0.$$

当 $y > 0$ 时,

$$F_Y(y) = P\{X^2 \leqslant y\} = P\{-\sqrt{y} \leqslant X \leqslant \sqrt{y}\}$$

$$= \int_{-\sqrt{y}}^{\sqrt{y}} f_X(x)\mathrm{d}x = \begin{cases} \int_0^{\sqrt{y}} 1\mathrm{d}x = \sqrt{y}, & 0 < y < 1, \\ \int_0^1 1\mathrm{d}x = 1, & y \geqslant 1, \end{cases}$$

因此,

$$F_Y(y) = \begin{cases} 0, & y \leqslant 0, \\ \sqrt{y}, & 0 < y < 1, \\ 1, & y \geqslant 1. \end{cases}$$

故 $Y = X^2$ 的密度函数为

$$f_Y(y) = F_Y'(y) = \begin{cases} \dfrac{1}{2\sqrt{y}}, & 0 < y < 1, \\ 0, & 其他. \end{cases}$$

例 2.4.3 设随机变量 X 服从标准正态分布, 试求随机变量 $Y = \mathrm{e}^X$ 的密度函数 $f_Y(y)$.

解 由题设 $X \sim N(0,1)$, 则 X 的密度函数为

$$\varphi(x) = \frac{1}{\sqrt{2\pi}} \mathrm{e}^{-\frac{x^2}{2}} \quad (-\infty < x < +\infty).$$

所以, 由分布函数的定义知, 对于任意实数 y ,

$$F_Y(y) = P\{Y \leqslant y\} = P\{\mathrm{e}^X \leqslant y\},$$

当 $y \leqslant 0$ 时,

$$F_Y(y) = P\{\mathrm{e}^X \leqslant y\} = 0.$$

当 $y > 0$ 时,

$$F_Y(y) = P\{\mathrm{e}^X \leqslant y\} = P\{X \leqslant \ln y\} = \int_{-\infty}^{\ln y} \frac{1}{\sqrt{2\pi}} \mathrm{e}^{-\frac{x^2}{2}} \mathrm{d}x = \Phi_X(\ln y),$$

因此,

$$F_Y(y) = \begin{cases} \Phi_X(\ln y), & y > 0, \\ 0, & y \leqslant 0. \end{cases}$$

故 $Y = \mathrm{e}^X$ 的密度函数为

$$f_Y(y) = F_Y'(y) = \begin{cases} \Phi_X'(\ln y) \cdot (\ln y)', & y > 0, \\ 0, & y \leqslant 0. \end{cases}$$

整理可得

$$f_Y(y) = \begin{cases} \dfrac{1}{\sqrt{2\pi}} \mathrm{e}^{-\frac{1}{2}(\ln y)^2} \cdot \dfrac{1}{y}, & y > 0, \\ 0, & y \leqslant 0. \end{cases}$$

2. 公式法

设随机变量 X 的密度函数为 $f_X(x)$, 如果 $y = g(x)$ 是一个单调函数, 并且具有一阶连续导数, 则 $Y = g(X)$ 的密度函数 $f_Y(y)$ 可由下面定理得到.

定理 2.4.1　设随机变量 X 的密度函数为 $f_X(x)\,(-\infty < x < +\infty)$, 设 $y = g(x)$ 处处可导且恒有

$$g'(x) > 0 \quad (\text{或} g'(x) < 0),$$

则 $Y = g(X)$ 是连续型随机变量, 其密度函数为

$$f_Y(y) = \begin{cases} f_X(h(y)) \cdot |h'(y)|, & \alpha < y < \beta, \\ 0, & \text{其他}, \end{cases} \tag{2.4.1}$$

其中 $\alpha = \min\{g(-\infty), g(+\infty)\}, \beta = \max\{g(-\infty), g(+\infty)\}, x = h(y)\,(\alpha < y < \beta)$ 是 $y = g(x)$ 的反函数.

证明　只证 $g'(x) > 0$ 的情况. 此时, $y = g(x)$ 在 $(-\infty, +\infty)$ 上严格单调增加, 因此, 它的反函数 $x = h(y)$ 存在, 且在 (α, β) 内严格单调增加、可导. 分别记 X, Y 的分布函数为 $F_X(y), F_Y(y)$.

首先求 Y 的分布函数 $F_Y(y)$.

当 $y \leqslant \alpha$ 时, $F_Y(y) = P\{Y \leqslant y\} = 0$;

当 $y \geqslant \beta$ 时, $F_Y(y) = P\{Y \leqslant y\} = 1$;

当 $\alpha < y < \beta$ 时,

$$F_Y(y) = P\{Y \leqslant y\} = P\{g(X) \leqslant y\} = P\{X \leqslant h(y)\} = F_X(h(y)).$$

其次, $F_Y(y)$ 关于 y 求导, 即可得到 y 的密度函数 $f_Y(y)$.

$$f_Y(y) = F_Y'(y) = \begin{cases} f_X(h(y)) \cdot h'(y), & \alpha < y < \beta, \\ 0, & \text{其他}. \end{cases} \tag{2.4.2}$$

对于 $g'(x) < 0$ 的情况同样可证明

$$f_Y(y) = F_Y'(y) = \begin{cases} f_X(h(y)) \cdot [-h'(y)], & \alpha < y < \beta, \\ 0, & \text{其他}. \end{cases} \tag{2.4.3}$$

合并 $(2.4.2)$ 和 $(2.4.3)$ 两式, 定理的结论可证.

若 $f_X(x)$ 在有限区间 $[a,b]$ 以外等于 0, 则只需假设在 $[a,b]$ 上恒有 $g'(x) > 0$ (或 $g'(x) < 0$), 此时, $\alpha = \min\{g(a), g(b)\}, \beta = \max\{g(a), g(b)\}$.

例 2.4.4 设随机变量 $X \sim N(\mu, \sigma^2)$, 证明 X 的线性函数 $Y = aX + b \, (a \neq 0)$ 也服从正态分布, 且

$$Y \sim N(a\mu + b, a^2\sigma^2).$$

证明 由 $X \sim N(\mu, \sigma^2)$ 知, X 的密度函数为

$$f_X(x) = \frac{1}{\sqrt{2\pi}\sigma} e^{-\frac{(x-\mu)^2}{2\sigma^2}} \quad (-\infty < x < +\infty).$$

此时, $y = g(x) = ax + b$ 单调且处处可导, 其反函数为

$$x = h(y) = \frac{y-b}{a},$$

且有 $h'(y) = \dfrac{1}{a}$. 由公式 $(2.4.1)$ 得 $Y = aX + b$ 的密度函数为

$$\begin{aligned} f_Y(y) &= \frac{1}{\sqrt{2\pi}\sigma} e^{-\frac{\left(\frac{y-b}{a}-\mu\right)^2}{2\sigma^2}} \cdot \frac{1}{|a|} \\ &= \frac{1}{\sqrt{2\pi}\,|a|\,\sigma} e^{-\frac{[y-(a\mu+b)]^2}{2(a\sigma)^2}} \quad (-\infty < y < +\infty), \end{aligned}$$

即 $Y \sim N(a\mu + b, a^2\sigma^2)$, 也就是说, 正态变量 X 的线性函数仍然服从正态分布.

例 2.4.5 假设由自动线加工的某种零件的内径(单位: mm)服从正态分布 $N(11,1)$, 内径小于 10 或大于 12 为不合格品, 其余为合格品. 销售合格品获利, 销

售不合格品则亏损. 已知销售利润 Y (单位: 元)与销售零件的内径 X 有如下关系:

$$Y = \begin{cases} -1, & X < 10, \\ 20, & 10 \leqslant X \leqslant 12, \\ -5, & X > 12. \end{cases}$$

试求 Y 的分布律.

解　$X \sim N(11,1)$ 是连续型随机变量, 而 Y 是离散型随机变量. Y 的所有可能取值为 $-5, -1, 20$.

$$P\{Y = -5\} = P\{X > 12\} = 1 - P\{X \leqslant 12\}$$
$$= 1 - \Phi\left(\frac{12-11}{1}\right) = 1 - \Phi(1) = 1 - 0.8413 = 0.1587.$$

$$P\{Y = -1\} = P\{X < 10\} = \Phi\left(\frac{10-11}{1}\right) = \Phi(-1) = 1 - \Phi(1)$$
$$= 1 - 0.8413 = 0.1587.$$

$$P\{Y = 20\} = 1 - P\{Y = -5\} - P\{Y = -1\} = 0.6826.$$

所以, Y 的分布律为

Y	-5	-1	20
P	0.1587	0.1587	0.6826

习题 2.4

(A)

习题 2.4 解答

1. 设随机变量 X 的分布律为

X	-2	-0.5	0	2	4
P	$\dfrac{1}{8}$	$\dfrac{1}{4}$	$\dfrac{1}{8}$	$\dfrac{1}{6}$	$\dfrac{1}{3}$

求出以下随机变量的分布律: (1) $X + 2$; (2) $-X + 1$; (3) X^2 .

2. 设随机变量 X 服从参数 $\lambda = 1$ 的泊松分布, 记随机变量 $Y = \begin{cases} 0, & X \leqslant 1, \\ 1, & X > 1, \end{cases}$ 试求随机变量 Y 的分布律.

3. 设随机变量 X 在区间 $(0,1)$ 上服从均匀分布, 求 $Y = \mathrm{e}^X$ 的密度函数.

4. 设随机变量 X 的密度函数为

$$f(x) = \begin{cases} 2x, & 0 < x < 1, \\ 0, & 其他. \end{cases}$$

求以下随机变量的密度函数: (1) $2X$; (2) $-X+1$; (3) X^2.

5. 设随机变量 X 的密度函数为

$$f(x) = \begin{cases} \mathrm{e}^{-x}, & x > 0, \\ 0, & \text{其他}. \end{cases}$$

求 $Y = X^2$ 的密度函数.

6. 设随机变量 X 服从参数 $\lambda = 1$ 的指数分布, 求随机变量的函数 $Y = \mathrm{e}^X$ 的密度函数 $f_Y(y)$.

7. 设随机变量 $X \sim N(0,1)$, 求 $Y = 2X^2 + 1$ 的密度函数.

8. 设随机变量 X 在区间 $(-1,2)$ 上服从均匀分布, 随机变量

$$Y = \begin{cases} 1, & X > 0, \\ 0, & X = 0, \\ -1, & X < 0. \end{cases}$$

试求随机变量函数 Y 的分布律.

(B)

1. 设随机变量 $X \sim N(0,1)$, 试求随机变量的函数 $Y = |X|$ 的密度函数 $f_Y(y)$.

2. 对圆片直径进行测量, 测量值 X 在区间 $(5,6)$ 上服从均匀分布, 求圆面积 Y 的概率密度.

3. 设随机变量 X 的密度函数为

$$f(x) = \begin{cases} \dfrac{2x}{\pi^2}, & 0 < x < \pi, \\ 0, & \text{其他}. \end{cases}$$

求 $Y = \sin X$ 的密度函数.

4. 假设随机变量 X 的绝对值不大于 1, $P\{X = -1\} = \dfrac{1}{8}$, $P\{X = 1\} = \dfrac{1}{4}$, 在事件 $\{-1 < X < 1\}$ 出现的条件下, X 在 $(-1,1)$ 内的任一子区间上取值的条件概率与该子区间的长度成正比. 试求

(1) X 的分布函数 $F(x) = P\{X \leqslant x\}$;

(2) X 取负值的概率 p.

2.5 数学模型与实验

实验目的和意义

(1) 了解常见分布的概率分布的产生命令.

(2) 借助高尔顿钉板实验, 理解二项分布的实质, 了解分布函数的含义.

(3) 了解 MATLAB 软件在计算分布函数值中的应用.

(4) 会用 MATLAB 软件画出常见分布密度函数和分布函数的图形.

随机变量的产生是概率论发展史中的重要事件, 用随机变量描述随机现象是

近代概率论中最重要的方法. 随机变量的出现使得概率论的研究对象从个别的事件扩大到全面地刻画了随机试验结果的一个函数.

分布函数完整地刻画了随机变量, 而且具有良好的性质, 是研究随机变量的重要工具. 在理论研究和实际应用中, 正态分布、二项分布和泊松分布等常见分布都有重要的应用. 本节通过具体的例子, 介绍利用 MATLAB 软件画出概率密度的图形和分布函数图形的基本操作和命令, 并通过高尔顿钉板实验, 展示了 MATLAB 在模拟随机试验中的应用.

例 2.5.1　设事件 A 在每次试验中发生的概率 $p = 0.3$, 求

(1) 在 10 次试验中 A 恰好发生 6 次的概率;

(2) 在 10 次试验中 A 至多发生 6 次的概率.

解　根据二项分布的概率计算公式有

(1) $P_{10}(6) = C_{10}^6 (0.3)^6 (1 - 0.3)^{10-6} = 0.0368$.

在 MATLAB 命令窗口运行命令:

```
>> binopdf(6,10,0.3)
```
运行结果:

```
ans =
    0.0368
```

(2) $P = \sum_{k=0}^{6} P_{10}(k) = \sum_{k=0}^{6} C_{10}^k (0.3)^k (1 - 0.3)^{10-k}$.

在 MATLAB 命令窗口运行命令:

```
>> binocdf(6,10,0.3)
```
运行结果:

```
ans =
    0.9894
```

例 2.5.2　设随机变量 X 服从参数为 $\dfrac{1}{6}$ 的指数分布, 求

(1) 概率 $P\{X \leqslant 5\}$;

(2) 若 $P\{X \leqslant x\} = 0.345$, 求 x.

解　根据指数分布的概率计算公式有

$$P\{X \leqslant 5\} = 1 - e^{-5 \times \frac{1}{6}} = 0.5654.$$

(1) 在 MATLAB 命令窗口运行命令:

```
>> expcdf(5,6)
```
运行结果:

```
ans =
    0.5654
```

需要指出的是, 命令 expcdf(5,6)中第 2 个参数 6 是按指数函数的另一等价形式定义所给出的参数:

若连续型随机变量 X 的密度函数为 $f(x) = \begin{cases} \dfrac{1}{\theta}\mathrm{e}^{-\frac{x}{\theta}}, & x > 0, \\ 0, & x \leqslant 0, \end{cases}$ 其中 $\theta > 0$ 为常数,

则称随机变量 X 服从参数为 θ 的**指数分布**.

在 MATLAB 命令中指数分布的参数均指的是上述等价定义中的 θ.

(2)在 MATLAB 命令窗口运行命令:

```
>> expinv(0.345,6)
```

运行结果:

```
ans =
    2.5387
```

例 2.5.3 设随机变量 X 服从参数为 3 的泊松分布, 试画出 X 的分布律和分布函数图形.

解 (1)分布律图形

在 MATLAB 命令窗口运行命令:

```
>> x=0:10;y=poisspdf(x,3);plot(x,y,'.')
```

运行结果如图 2.12 所示.

(2)分布函数图形

在 MATLAB 命令窗口运行命令:

```
>> x=0:0.01:10;y=poisscdf(x,3);plot(x,y)
```

运行结果如图 2.13 所示.

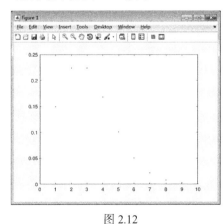

图 2.12

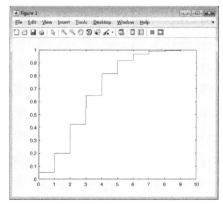

图 2.13

例 2.5.4 如图 2.14 所示.

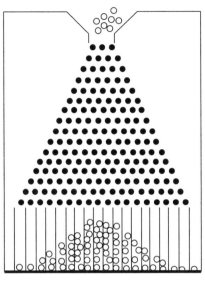

图 2.14 高尔顿钉板模型

每一黑点表示钉在板上的一颗钉子, 它们彼此的距离均相等. 上一层的每一颗钉子的水平位置恰好位于下一层的两颗正中间. 从入口处进入一个直径略小于两颗钉子之间距离的小圆玻璃球, 小圆球向下降落过程中, 碰到钉子后皆以 $\frac{1}{2}$ 的概率向左或向右滚下, 于是又碰到下一层钉子, 如此继续下去, 直到滚到底板的一个格子内为止. 把许许多多同样大小的小球不断从入口处放下, 只要球的数目相当大, 它们在底板将堆成近似于正态分布的密度函数图形, 即中间高、两头低, 呈左右对称的钟形(这一结果将在后续章节给出). 这是英国生物统计学家高尔顿设计的用来研究随机现象的模型, 称为高尔顿钉板. 试编制 MATLAB 程序模拟这一过程, 并对此现象进行理论分析.

解 编制 MATLAB 实验程序:

```
%高尔顿钉板实验
function ballnump= galton(m,n,p)
%定义函数 galton, 输入参数 m,n,p,其中 m 是扔球次数, n 为钉子的排数,
p 是小球向右的概率, 输出落入每个格子中小球的频率
y0=2;        %设置钉板底边高度
ballnum=zeros(1,n+1);                 %记录小球落入格子的频率
p=0.5;
for i=n+1:-1:1                        %设置钉子的位置
```

```
x(i,1)=0.5*(n-i+1);
y(i,1)=(n-i+1)+y0;
for j=2:i
    x(i,j)=x(i,1)+(j-1)*1;
    y(i,j)=y(i,1);
end
end                                    %动画开始, 模拟小球下落轨迹
%mm=moviein(m);                        %创建动画矩阵
rand('state',sum(100*clock));         %依据系统时钟产生种子数
for i=1:m                              %模拟扔球 m 次
    s=rand(1,n);
xi=x(1,1);yi=y(1,1);k=1;l=1;         %小球遇到第一个钉子
for j=1:n
   plot(x(1:n,:),y(1:n,:),'o',x(n+1,:),y(n+1,:),'-')
   %画钉子的位置
    axis([-2 n+2 0 y0+n+1])
hold on
    k=k+1;                             %小球下落一层
        if s(j)>p
            l=l+0;                     %小球向左移
        else
            l=l+1;                     %小球向右移
        end
        xt=x(k,l); yt=y(k,l);         %小球下落点的坐标
        plot([xi,xt],[yi,yt]);
        axis([-2 n+2 0 y0+n+1])       %画小球运动轨迹
        xi=xt;yi=yt;
        %mm(i)=getframe;               %存储动画数据矩阵
        end
    ballnum(l)=ballnum(l)+1;          %统计落入各个格子的球数
    ballnump=ballnum./m;              %计算各个格子中球的频率
end
%movie(mm,1)                           %播放动画矩阵一次
bar([0:n],ballnum),axis([-2 n+2 0 y0+n+1])  %画各格子的频数图
hold off
```

取 $m=50, n=10, p=0.5$, 调用函数 galton:

```
ballnump=galton(50,10,0.5)
```

实验结果如图 2.15 和下表所示.

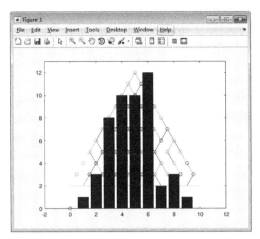

图 2.15　二项分布 $X \sim B(10,0.5)$ 概率 p_k 与高尔顿钉板落入

各格子 k 中的小球的频率 ballnump(k) 比较表

k	0	1	2	3	4	5	6	7	8	9	10
pk	0.001	0.010	0.044	0.117	0.205	0.246	0.205	0.117	0.044	0.010	0.001
ballnump(k)	0	0.02	0.06	0.16	0.20	0.20	0.24	0.04	0.06	0.02	0

　　分析模型中小球的下落过程, 每当小球遇到钉子以概率 p 向左, 以概率 $1-p$ 向右, 小球最终落入的格子编号 k 正好是小球向右的次数, 这实际上是一个 n 重伯努利试验, 其概率服从二项分布. 随着模拟次数 m 的增大, 高尔顿钉板输出频率将越来越接近二项分布率 p_k. 改变概率 p 或钉板的层数 n 可进一步观察二项分布列的形状.

第3章 多维随机变量及其分布

在第 2 章里, 我们讨论了用一个随机变量(也称为一维随机变量)来描述一些随机现象. 但在实际问题中, 对于某些随机试验的结果需要同时用两个或两个以上的随机变量来描述.

例如, 为了研究某一地区学龄前儿童的发育情况, 对这一地区的儿童进行抽查. 对于每个儿童都能观察到他的身高 H 和体重 W. 在这里, 样本空间

$$\Omega = \{e\} = \{某地区的全部学龄前儿童\}.$$

而 $H(e), W(e)$ 是定义在样本空间上的两个随机变量. 又如炮弹弹着点的位置需要由它的横坐标和纵坐标来确定, 而横坐标和纵坐标是定义在同一个样本空间的两个随机变量.

在这一章, 我们主要讨论二维随机变量及其分布, 其结论一般可推广至二维以上的情形.

3.1 二维随机变量及其分布函数

3.1.1 二维随机变量

定义 3.1.1 设试验 E 的样本空间为 Ω, 对于每一个样本点 $\omega \in \Omega$, 都有确定的两个实数 $X(\omega), Y(\omega)$ 与之对应, 则称有序数对 $(X(\omega), Y(\omega))$ 为**二维随机变量**(或**二维随机向量**). 简记为 (X, Y). 并称 X, Y 是二维随机变量 (X, Y) 的两个分量.

从定义中可以看出, 二维随机变量 (X, Y) 是定义在同一样本空间 Ω 上的两个随机变量. 正如一维随机变量 X 可视为数轴上的"随机点"一样, 二维随机变量 (X, Y) 可视为平面上的"随机点". 因此, 可将 (X, Y) 的取值看作平面上随机点的坐标.

二维随机变量 (X, Y) 的性质不仅和 X, Y 有关, 而且还依赖于这两个随机变量的相互关系, 因此, 逐个地来研究 X 或 Y 的性质是不够的, 还需将 (X, Y) 作为一个整体来研究.

下面将一维随机变量概率分布的有关概念推广到二维情形.

3.1.2 二维随机变量的分布函数

定义 3.1.2 设 (X, Y) 是二维随机变量, 对于任意的实数 x, y, 称二元函数

$$F(x,y) = P\{\{X \leqslant x\} \bigcap \{Y \leqslant y\}\} \xlongequal{\text{记为}} P\{X \leqslant x, Y \leqslant y\} \quad (-\infty < x, y < +\infty)$$

为二维随机变量 (X,Y) 的**联合分布函数**, 简称为 (X,Y) 的**分布函数**.

从定义 3.1.2 可以看出, 联合分布函数 $F(x,y)$ 在 (x,y) 处的概率就是二维随机点 (X,Y) 落在以点 (x,y) 为顶点而位于该点左下方的无穷矩形域内的概率, 如图 3.1 所示.

根据定义 3.1.2, 借助于图 3.2 容易算出, 二维随机变量 (X,Y) 落在矩形域

$$G = \{(x,y) \mid x_1 < x \leqslant x_2, y_1 < y \leqslant y_2\}$$

内的概率为

$$P\{x_1 < X \leqslant x_2, y_1 < Y \leqslant y_2\} = F(x_2, y_2) - F(x_1, y_2) - F(x_2, y_1) + F(x_1, y_1).$$

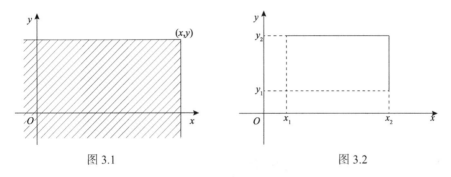

图 3.1　　　　　　　　　　　　　　　图 3.2

联合分布函数 $F(x,y)$ 具有以下的基本性质:

性质 1　$0 \leqslant F(x,y) \leqslant 1$, 且 $\lim\limits_{\substack{x \to -\infty \\ y \to -\infty}} F(x,y) = 0$, $\lim\limits_{\substack{x \to +\infty \\ y \to +\infty}} F(x,y) = 1$;

对于任意固定的 x, $\lim\limits_{y \to -\infty} F(x,y) = 0$;

对于任意固定的 y, $\lim\limits_{x \to -\infty} F(x,y) = 0$.

性质 2　$F(x,y)$ 关于 x, y 是单调不减的, 即

对于任意固定的 y, 当 $x_1 < x_2$ 时, $F(x_1, y) \leqslant F(x_2, y)$;

对于任意固定的 x, 当 $y_1 < y_2$ 时, $F(x, y_1) \leqslant F(x, y_2)$.

性质 3　$F(x,y)$ 关于 x, y 均为右连续函数. 即

$$F(x+0, y) = F(x,y), \quad F(x, y+0) = F(x,y).$$

反之, 若一个二元函数具有上述三条性质, 则该函数一定是某个二维随机变量的联合分布函数.

例 3.1.1　设二维随机变量 (X,Y) 的联合分布函数为

$$F(x,y) = A(B + \arctan x)(C + \arctan y) \quad (-\infty < x,y < +\infty),$$

试求常数 A, B, C.

解 由联合分布函数 $F(x,y)$ 的性质可得

$$\lim_{\substack{x \to -\infty \\ y \to -\infty}} F(x,y) = \lim_{\substack{x \to -\infty \\ y \to -\infty}} A(B + \arctan x)(C + \arctan y) = A\left(B - \frac{\pi}{2}\right)\left(C - \frac{\pi}{2}\right) = 0,$$

$$\lim_{\substack{x \to +\infty \\ y \to +\infty}} F(x,y) = \lim_{\substack{x \to +\infty \\ y \to +\infty}} A(B + \arctan x)(C + \arctan y) = A\left(B + \frac{\pi}{2}\right)\left(C + \frac{\pi}{2}\right) = 1,$$

$$\lim_{x \to -\infty} F(x,y) = \lim_{x \to -\infty} A(B + \arctan x)(C + \arctan y) = A\left(B - \frac{\pi}{2}\right)(C + \arctan y) = 0,$$

$$\lim_{y \to -\infty} F(x,y) = \lim_{y \to -\infty} A(B + \arctan x)(C + \arctan y) = A(B + \arctan x)\left(C - \frac{\pi}{2}\right) = 0,$$

解得 $B = \dfrac{\pi}{2}$, $C = \dfrac{\pi}{2}$, $A = \dfrac{1}{\pi^2}$.

3.2 二维离散型随机变量及其概率分布

3.2.1 二维离散型随机变量的概念

定义 3.2.1 如果二维随机变量 (X,Y) 所有可能取值是有限对或可列无限多对，则称 (X,Y) 为**二维离散型随机变量**.

设二维随机变量 (X,Y) 所有可能取值为 (x_i, y_j) $(i,j = 1,2,\cdots)$，则

$$\{X = x_i\} \bigcap \{Y = y_j\} \stackrel{\text{记为}}{=\!=\!=\!=} \{X = x_i, Y = y_j\} \quad (i,j = 1,2,\cdots)$$

表示一些事件. 对于二维离散型随机变量 (X,Y)，我们不仅关心 (X,Y) 的所有可能取值，更关心 (X,Y) 取各个可能值的概率. 因此，为了全面描述二维离散型随机变量 (X,Y) 取值的概率分布规律，我们引入联合分布律的定义.

3.2.2 二维离散型随机变量的概率分布

定义 3.2.2 如果二维随机变量 (X,Y) 所有可能取值为 (x_i, y_j) $(i,j = 1,2,\cdots)$，且 (X,Y) 取各可能值的概率为

$$P\{X = x_i, Y = y_j\} = p_{ij} \quad (i, j = 1, 2, \cdots),\tag{3.2.1}$$

则称式 (3.2.1) 为二维离散型随机变量 (X, Y) 的**联合概率分布律**, 简称为 (X, Y) 的**联合分布律**.

也可用表格的形式表示 (X, Y) 的联合分布律:

X \ Y	y_1	y_2	$\cdots$	y_j	$\cdots$
x_1	p_{11}	p_{12}	$\cdots$	p_{1j}	$\cdots$
x_2	p_{21}	p_{22}	$\cdots$	p_{2j}	$\cdots$
$\vdots$	$\vdots$	$\vdots$		$\vdots$	
x_i	p_{i1}	p_{i2}	$\cdots$	p_{ij}	$\cdots$
$\vdots$	$\vdots$	$\vdots$		$\vdots$	

$$\tag{3.2.2}$$

由概率的性质, 可得联合分布律具有以下性质:

性质 1 $0 \leqslant p_{ij} \leqslant 1 \quad (i, j = 1, 2, \cdots)$;

性质 2 $\displaystyle\sum_{i=1}^{\infty}\sum_{j=1}^{\infty} p_{ij} = 1$.

例 3.2.1 一箱中装有 5 件产品, 其中 4 件正品, 1 件次品, 每次从中任取 1 件产品, 取后不放回, 连取两次, 令

$$X = \begin{cases} 1, & \text{第1次取正品}, \\ 0, & \text{第1次取次品}, \end{cases} \qquad Y = \begin{cases} 1, & \text{第2次取正品}, \\ 0, & \text{第2次取次品}. \end{cases}$$

试求: (1) (X, Y) 的联合分布律; (2) $P\{X \geqslant Y\}$.

解 (1) (X, Y) 的所有可能取值为 $(0, 0), (0, 1), (1, 0), (1, 1)$, 由概率的乘法公式可得

$$P\{X = 0, Y = 0\} = P\{X = 0\} \cdot P\{Y = 0 \mid X = 0\} = \frac{1}{5} \times 0 = 0,$$

类似地,

$$P\{X = 0, Y = 1\} = \frac{1 \times C_4^1}{C_5^1 \times C_4^1} = \frac{1}{5},$$

$$P\{X = 1, Y = 0\} = \frac{C_4^1 \times C_1^1}{C_5^1 \times C_4^1} = \frac{1}{5},$$

$$P\{X=1, Y=1\} = \frac{C_4^1 \times C_3^1}{C_5^1 \times C_4^1} = \frac{3}{5},$$

所以, (X,Y) 的联合分布律为

X \ Y	0	1
0	0	$\frac{1}{5}$
1	$\frac{1}{5}$	$\frac{3}{5}$

(2) 由于事件

$$\{X \geqslant Y\} = \{X=0, Y=0\} \bigcup \{X=1, Y=0\} \bigcup \{X=1, Y=1\},$$

因此, 利用概率的有限可加性有

$$P\{X \geqslant Y\} = P\{X=0, Y=0\} + P\{X=1, Y=0\} + P\{X=1, Y=1\}$$
$$= 0 + \frac{1}{5} + \frac{3}{5} = \frac{4}{5}.$$

例 3.2.2 设随机变量 X 在 1, 2, 3, 4 四个整数中等可能地取一个值, 另一个随机变量 Y 在 $1 \sim X$ 中等可能地取一整数值, 试求 (X,Y) 的联合分布律.

解 由题意知, $\{X=i, Y=j\}$ 的取值情况为 $i = 1, 2, 3, 4, \ j \leqslant i$.

$$P\{X=i, Y=j\} = P\{X=i\} \cdot P\{Y=j \mid X=i\} = \frac{1}{4} \times \frac{1}{i} = \frac{1}{4i}, \quad i = 1, 2, 3, 4, \quad j \leqslant i,$$

所以, (X,Y) 的联合分布律为

X \ Y	1	2	3	4
1	$\frac{1}{4}$	0	0	0
2	$\frac{1}{8}$	$\frac{1}{8}$	0	0
3	$\frac{1}{12}$	$\frac{1}{12}$	$\frac{1}{12}$	0
4	$\frac{1}{16}$	$\frac{1}{16}$	$\frac{1}{16}$	$\frac{1}{16}$

习题 3.2

习题 3.2 解答

(A)

1. 二维随机变量 (X,Y) 只能取下列数组中的值:

$$(0,0), \quad (-1,1), \quad \left(-1,\frac{1}{3}\right), \quad (2,0),$$

且取这些组值的概率依次为 $\frac{1}{6},\frac{1}{3},\frac{1}{12},\frac{5}{12}$. 求二维随机变量 (X,Y) 的联合分布律.

2. 箱子中装有 10 件产品, 其中有 2 件是次品, 每次从箱子中任取一件产品, 共取 2 次, 定义随机变量 X,Y 如下:

$$X = \begin{cases} 0, & \text{第一次取出正品,} \\ 1, & \text{第一次取出次品,} \end{cases} \qquad Y = \begin{cases} 0, & \text{第二次取出正品,} \\ 1, & \text{第二次取出次品,} \end{cases}$$

分别就下面两种情况求出二维随机变量 (X,Y) 的联合分布律:

(1) 放回抽样; (2) 不放回抽样.

3. 10 件产品中有 2 件一级品, 7 件二级品, 1 件次品. 从中任取 3 件, 用 X 表示其中的一级品数, 用 Y 表示其中的二级品数, 试求 (X,Y) 的联合分布律.

4. 设盒内有 3 个红球,1 个白球, 从中不放回地抽取二次, 每次抽一球, 设第一次抽到红球数为 X , 二次共抽到的红球数为 Y , 求 (X,Y) 的联合分布律.

5. 一口袋中有四个球, 它们依次标有数字 1,2,2,3 . 从这袋中任取一球后, 不放回袋中, 再从袋中任取一球. 设每次取球时, 袋中每个球被取到的可能性相同. 以 X,Y 分别记第一、二次取到的球上标有的数字, 求 (X,Y) 的联合分布律及 $P\{X=Y\}$.

6. 设事件 A,B 满足 $P(A) = \frac{1}{4}, P(A|B) = P(B|A) = \frac{1}{2}$, 令

$$X = \begin{cases} 0, & A \text{ 不发生,} \\ 1, & A \text{ 发生,} \end{cases} \qquad Y = \begin{cases} 0, & B \text{ 不发生,} \\ 1, & B \text{ 发生,} \end{cases}$$

求 (X,Y) 的联合分布律.

7. 设 (X,Y) 的联合分布律为

X \ Y	1	2	3
-1	$\frac{1}{3}$	$\frac{a}{6}$	$\frac{1}{4}$
1	0	$\frac{1}{4}$	a^2

求 a 的值.

(B)

1. 盒子里装有 3 只黑球、2 只红球、2 只白球, 在其中任取 4 只球. 以 X 表示取到黑球的只数, 以 Y 表示取到红球的只数. 求二维随机变量 (X,Y) 的联合分布律.

2. 将一枚硬币掷 3 次, 以 X 表示前 2 次中出现 H 的次数, 以 Y 表示 3 次中出现 H 的次数, 求 X 和 Y 的联合分布律.

3. 设袋中的球有 3 只正品, 2 只废品, 从中不放回地抽球, X 表示首次抽到废品需摸球次数, Y 表示第二次抽到废品需摸球的总次数, 求 (X,Y) 的联合分布律.

3.3　二维连续型随机变量及其概率密度

3.3.1　二维连续型随机变量的概念

与一维随机变量相似, 对于二维随机变量 (X,Y), 也需要考虑二维连续型的随机变量, 并引入联合概率密度来描述它的概率分布.

定义 3.3.1　设 $F(x,y)$ 是二维随机变量 (X,Y) 的联合分布函数, 如果存在一个非负可积的二元函数 $f(x,y)$, 使得对于任意的实数 x,y, 有

$$F(x,y) = \int_{-\infty}^{y} \int_{-\infty}^{x} f(u,v)\mathrm{d}u\mathrm{d}v \quad (-\infty < x, y < +\infty),$$

则称 (X,Y) 为**二维连续型随机变量**. 称 $f(x,y)$ 为二维随机变量 (X,Y) 的**联合概率密度函数**, 简称**联合密度函数**.

根据定义 3.3.1, 联合密度函数 $f(x,y)$ 具有以下性质.

性质 1　$f(x,y) \geqslant 0$;

性质 2　$\int_{-\infty}^{+\infty} \int_{-\infty}^{+\infty} f(x,y)\mathrm{d}x\mathrm{d}y = 1$;

反之, 如果某个二元函数满足上述两个条件, 则它必定是某二维随机变量的联合密度函数.

性质 3　设 G 是 xOy 平面上的区域, 则点 (X,Y) 落入区域 G 内的概率为

$$P\{(X,Y) \in G\} = \iint\limits_{G} f(x,y)\mathrm{d}x\mathrm{d}y;$$

性质 4　若 $f(x,y)$ 在点 (x,y) 连续, 则 $\dfrac{\partial^2 F(x,y)}{\partial x \partial y} = f(x,y)$.

在几何上, $z = f(x,y)$ 表示空间中的一个曲面, 称为**分布密度曲面**.

由性质 1 知, 分布密度曲面总位于 xOy 平面上方.

由性质 2 知, 介于分布密度曲面 $z = f(x,y)$ 和 xOy 平面之间的空间区域的体积为 1.

由性质 3 知, (X,Y) 落入平面区域 G 内的概率等于以 G 为底, 以曲面 $z = f(x,y)$ 为顶的曲顶柱体的体积.

由性质 4 知, 当 $\Delta x, \Delta y$ 充分小时,

$$P\{x < X \leqslant x + \Delta x, y < Y \leqslant y + \Delta y\} \approx f(x,y)\Delta x\Delta y.$$

即点 (X,Y) 落在小长方形 $(x, x + \Delta x] \times (y, y + \Delta y]$ 内的概率近似地等于 $f(x,y)\Delta x\Delta y$. 因此, 可以用 $f(x,y)$ 来描述 (X,Y) 在点 (x,y) 附近取值的概率的大小.

例 3.3.1　设二维随机变量 (X,Y) 的联合密度函数为

$$f(x,y) = \begin{cases} A\mathrm{e}^{-(2x+y)}, & x > 0, y > 0, \\ 0, & \text{其他.} \end{cases}$$

试求: (1) 常数 A; (2) $P\{-1 < X < 1, -1 < Y < 1\}$; (3) $P\{X + Y \leqslant 1\}$; (4) (X,Y) 的联合分布函数 $F(x,y)$.

解　(1) 由 $\displaystyle\int_{-\infty}^{+\infty}\int_{-\infty}^{+\infty} f(x,y)\mathrm{d}x\mathrm{d}y = 1$ 可得

$$\int_{-\infty}^{+\infty}\int_{-\infty}^{+\infty} f(x,y)\mathrm{d}x\mathrm{d}y = \int_{0}^{+\infty}\left[\int_{0}^{+\infty} A\mathrm{e}^{-(2x+y)}\mathrm{d}x\right]\mathrm{d}y = \int_{0}^{+\infty}\frac{A}{2}\mathrm{e}^{-y}\mathrm{d}y = -\frac{A}{2}\mathrm{e}^{-y}\Big|_{0}^{+\infty} = \frac{A}{2} = 1,$$

解得 $A = 2$.

(2) $\displaystyle P\{-1 < X < 1, -1 < Y < 1\} = \int_{-1}^{1}\left[\int_{-1}^{1} 2\mathrm{e}^{-(2x+y)}\mathrm{d}x\right]\mathrm{d}y = \int_{0}^{1}\left[\int_{0}^{1} 2\mathrm{e}^{-(2x+y)}\mathrm{d}x\right]\mathrm{d}y$

$$= 1 - \mathrm{e}^{-1} - \mathrm{e}^{-2} + \mathrm{e}^{-3}.$$

(3) $\displaystyle P\{X + Y \leqslant 1\} = \iint\limits_{x+y\leqslant 1} f(x,y)\mathrm{d}x\mathrm{d}y = \int_{-\infty}^{1}\left[\int_{-\infty}^{1-x} 2\mathrm{e}^{-(2x+y)}\mathrm{d}y\right]\mathrm{d}x$

$$= \int_{0}^{1}\left[\int_{0}^{1-x} 2\mathrm{e}^{-(2x+y)}\mathrm{d}y\right]\mathrm{d}x = 1 + \mathrm{e}^{-2} - 2\mathrm{e}^{-1}.$$

(4) 根据联合分布函数的定义, 当 $x > 0, y > 0$ 时,

$$F(x,y) = \int_{-\infty}^{x}\int_{-\infty}^{y} f(u,v)\mathrm{d}u\mathrm{d}v = \int_{0}^{y}\left[\int_{0}^{x} 2\mathrm{e}^{-(2u+v)}\mathrm{d}u\right]\mathrm{d}v = (1 - \mathrm{e}^{-2x})(1 - \mathrm{e}^{-y}),$$

其他情形下, $F(x,y) = 0$, 于是有

$$F(x,y) = \begin{cases} (1-\mathrm{e}^{-2x})(1-\mathrm{e}^{-y}), & x>0, y>0, \\ 0, & \text{其他.} \end{cases}$$

3.3.2　两种常用的二维连续型分布

1. 二维均匀分布

若二维随机变量 (X,Y) 的联合密度函数为

$$f(x,y) = \begin{cases} \dfrac{1}{G\text{的面积}}, & (x,y) \in G, \\ 0, & \text{其他.} \end{cases}$$

其中 G 是 xOy 平面上的某个区域, 则称 (X,Y) 服从区域 G 上的均匀分布.

在区域 G 上服从均匀分布的二维随机变量 (X,Y), 其取值可看作向平面 G 内随机地投掷一点, 此点落入 G 任何子区域内的概率与子区域的面积成正比, 而与子区域的位置和形状无关.

例 3.3.2　设二维随机变量 (X,Y) 在曲线 $y=x^2$ 及直线 $y=x$ 所围成的区域 G 上服从均匀分布, 试求 (X,Y) 的联合密度函数 $f(x,y)$.

解　由题意知, 区域 $G = \{(x,y) \mid x^2 < y < x, 0 < x < 1\}$, 因此, G 的面积为

$$\int_0^1 (x-x^2)\mathrm{d}x = \frac{1}{6}.$$

所以, (X,Y) 的联合密度函数为

$$f(x,y) = \begin{cases} 6, & (x,y) \in G, \\ 0, & \text{其他.} \end{cases}$$

2. 二维正态分布

若二维随机变量 (X,Y) 的联合密度函数为

$$f(x,y) = \frac{1}{2\pi\sigma_1\sigma_2\sqrt{1-\rho^2}} \mathrm{e}^{-\frac{1}{2(1-\rho^2)}\left[\left(\frac{x-\mu_1}{\sigma_1}\right)^2 - 2\rho\left(\frac{x-\mu_1}{\sigma_1}\right)\left(\frac{y-\mu_2}{\sigma_2}\right) + \left(\frac{y-\mu_2}{\sigma_2}\right)^2\right]},$$

其中 $\mu_1, \mu_2, \sigma_1, \sigma_2, \rho$ 均为常数, 且 $\sigma_1 > 0, \sigma_2 > 0, |\rho| < 1$, 则称 (X,Y) 服从**二维正态分布**. 记作

$$(X,Y) \sim N(\mu_1, \mu_2, \sigma_1^2, \sigma_2^2, \rho).$$

习题 3.3

习题 3.3 解答

(A)

1. 设二维随机变量 (X,Y) 的联合密度函数为

$$f(x,y)=\begin{cases} Ae^{-(2x+4y)}, & x>0,y>0, \\ 0, & \text{其他}. \end{cases}$$

求: (1) 常数 A; (2) $P\{X\geqslant Y\}$.

2. 设二维随机变量 (X,Y) 服从区域 G 上的均匀分布, 其中 $G=\{(x,y)\mid |y|<x,0<x<1\}$, 试求 (X,Y) 的联合密度函数 $f(x,y)$.

3. 设二维随机变量 (X,Y) 的联合密度函数为

$$f(x,y)=\begin{cases} k(6-x-y), & 0<x<4,2<y<4, \\ 0, & \text{其他}. \end{cases}$$

求: (1) 常数 k; (2) $P\{X<1,Y<3\}$; (3) $P\{X<1.5\}$; (4) $P\{X+Y\leqslant 4\}$.

4. 设二维连续型随机变量 (X,Y) 的分布函数为

$$F(x,y)=\begin{cases} (1-e^{-2x})(1-e^{-3y}), & x>0,y>0, \\ 0, & \text{其他}. \end{cases}$$

求 (X,Y) 的联合密度函数 $f(x,y)$.

5. 设二维随机变量 (X,Y) 的联合密度函数为

$$f(x,y)=\begin{cases} x^2+cxy, & 0<x<1,0<y<2, \\ 0, & \text{其他}. \end{cases}$$

求: (1) 常数 c; (2) $P\{X+Y\geqslant 1\}$.

(B)

1. 设二维随机变量 (X,Y) 的联合密度函数为

$$f(x,y)=\begin{cases} 6x, & 0\leqslant x\leqslant y\leqslant 1, \\ 0, & \text{其他}. \end{cases}$$

试求 $P\{X+Y\leqslant 1\}$.

2. 设二维随机变量 (X,Y) 的联合密度函数为

$$f(x,y)=\begin{cases} \dfrac{1}{2}, & 0\leqslant x\leqslant 1,0\leqslant y\leqslant 2, \\ 0, & \text{其他}. \end{cases}$$

求 X 和 Y 中至少有一个小于 $\dfrac{1}{2}$ 的概率.

3. 设二维随机变量 (X, Y) 的联合密度函数为

$$f(x, y) = \begin{cases} 4xy, & 0 \leqslant x \leqslant 1, 0 \leqslant y \leqslant 1, \\ 0, & 其他. \end{cases}$$

试求 (X, Y) 的联合分布函数 $F(x, y)$.

4. 设二维随机变量 (X, Y) 的联合密度函数为

$$f(x, y) = \begin{cases} x^2 + \dfrac{1}{3}xy, & 0 < x < 1, 0 < y < 2, \\ 0, & 其他. \end{cases}$$

试求 (X, Y) 的联合分布函数 $F(x, y)$.

3.4 边 缘 分 布

二维随机变量 (X, Y) 作为一个整体, 具有联合分布函数 $F(x, y)$. 而两个分量 X, Y 都是随机变量, 各自也有分布函数, 称其为边缘分布函数. 下面将讨论如何从联合分布函数求出边缘分布函数.

3.4.1 边缘分布函数

定义 3.4.1 设 $F(x, y)$ 是二维随机变量 (X, Y) 的联合分布函数, 由定义

$$F(x, y) = P\{X \leqslant x, Y \leqslant y\} \quad (-\infty < x, y < +\infty),$$

分别记 X, Y 的分布函数为 $F_X(x), F_Y(y)$, 依次称为二维随机变量 (X, Y) **关于 X 和关于 Y 的边缘分布函数.** 即

$$F_X(x) = P\{X \leqslant x\} = P\{X \leqslant x, Y < +\infty\} = \lim_{y \to +\infty} F(x, y), \tag{3.4.1}$$

$$F_Y(y) = P\{Y \leqslant y\} = P\{X < +\infty, Y \leqslant y\} = \lim_{x \to +\infty} F(x, y). \tag{3.4.2}$$

3.4.2 二维离散型随机变量的边缘分布律

设二维离散型随机变量 (X, Y) 的联合分布律为

$$P\{X = x_i, Y = y_j\} = p_{ij} \quad (i, j = 1, 2, \cdots),$$

则由式 (3.4.1) 和 (3.4.2) 可得

$$F_X(x) = P\{X \leqslant x, Y < +\infty\} = \sum_{x_i \leqslant x} \sum_{j=1}^{\infty} p_{ij}.$$

因此, X 的分布律为

$$P\{X = x_i\} = \sum_{j=1}^{\infty} p_{ij} \quad (i = 1, 2, \cdots),$$

同理可得 Y 的分布律为

$$P\{Y = y_j\} = \sum_{i=1}^{\infty} p_{ij} \quad (j = 1, 2, \cdots),$$

分别称为二维离散型随机变量 (X, Y) **关于** X **和关于** Y **的边缘分布律**, 分别记为 $p_{i\cdot}, p_{\cdot j}$.

如果 (X, Y) 的联合分布律用表格形式表示, 则有

X ＼ Y	y_1	y_2	$\cdots$	y_j	$\cdots$	关于 X 的边缘分布律
x_1	p_{11}	p_{12}	$\cdots$	p_{1j}	$\cdots$	$p_{1\cdot}$
x_2	p_{21}	p_{22}	$\cdots$	p_{2j}	$\cdots$	$p_{2\cdot}$
$\vdots$	$\vdots$	$\vdots$		$\vdots$		$\vdots$
x_i	p_{i1}	p_{i2}	$\cdots$	p_{ij}	$\cdots$	$p_{i\cdot}$
$\vdots$	$\vdots$	$\vdots$		$\vdots$		$\vdots$
关于 Y 的边缘分布律	$p_{\cdot 1}$	$p_{\cdot 2}$	$\cdots$	$p_{\cdot j}$	$\cdots$	1

关于 X 的边缘分布律 $p_{i\cdot}$ 即为第 i 行的元素之和; 关于 Y 的边缘分布律 $p_{\cdot j}$ 即为第 j 列的元素之和.

常常将边缘分布律写在联合分布律表格的边缘上, 如上表所示, 这也是 "边缘分布律" 这个名词的来源.

例 3.4.1　把两封信随机地投入到编号为 1~3 的三个邮筒内, 设 X_1, X_2 分别表示投入第 1, 2 邮筒内信的数目. 试求

(1) (X_1, X_2) 的联合分布律及边缘分布律;

(2) $P\{X_1 = X_2\}$.

解　(1) 由题意知, (X_1, X_2) 可能取值为 (0, 0), (0, 1), (0, 2), (1, 0), (1, 1), (2, 0).

$$P\{X_1=0,X_2=0\}=\frac{1}{9}, \quad P\{X_1=0,X_2=1\}=\frac{2}{9},$$

$$P\{X_1=0,X_2=2\}=\frac{1}{9}, \quad P\{X_1=1,X_2=0\}=\frac{2}{9},$$

$$P\{X_1=1,X_2=1\}=\frac{2}{9}, \quad P\{X_1=2,X_2=0\}=\frac{1}{9}.$$

所以, (X_1,X_2) 的联合分布律及边缘分布律为

X_1 \ X_2	0	1	2	关于 X_1 的边缘分布律
0	$\frac{1}{9}$	$\frac{2}{9}$	$\frac{1}{9}$	$\frac{4}{9}$
1	$\frac{2}{9}$	$\frac{2}{9}$	0	$\frac{4}{9}$
2	$\frac{1}{9}$	0	0	$\frac{1}{9}$
关于 X_2 的边缘分布律	$\frac{4}{9}$	$\frac{4}{9}$	$\frac{1}{9}$	1

(2) 由于 $\{X_1=X_2\}=\{X_1=0,X_2=0\}\bigcup\{X_1=1,X_2=1\}\bigcup\{X_1=2,X_2=2\}$, 因此, 利用概率的有限可加性有

$$P\{X_1=X_2\}=P\{X_1=0,X_2=0\}+P\{X_1=1,X_2=1\}+P\{X_1=2,X_2=2\}=\frac{1}{9}+\frac{2}{9}+0=\frac{1}{3}.$$

3.4.3 二维连续型随机变量的边缘密度函数

设二维连续型随机变量 (X,Y) 的联合密度函数为 $f(x,y)$, 关于 X 的边缘分布函数为 $F_X(x)$, 则有

$$F_X(x)=P\{X\leqslant x,Y<+\infty\}=\int_{-\infty}^{x}\left[\int_{-\infty}^{+\infty}f(u,y)\mathrm{d}y\right]\mathrm{d}u \quad (-\infty<x<+\infty).$$

因此, X 是一个连续型随机变量, 其密度函数是

$$f_X(x)=\int_{-\infty}^{+\infty}f(x,y)\mathrm{d}y. \tag{3.4.3}$$

同理, Y 也是一个连续型随机变量, 其密度函数是

$$f_Y(y) = \int_{-\infty}^{+\infty} f(x,y)\mathrm{d}x. \tag{3.4.4}$$

分别称 $f_X(x)$ 和 $f_Y(y)$ 为 (X,Y) 关于 X 和关于 Y 的**边缘密度函数**.

例 3.4.2 设区域 G 是由 x 轴、y 轴及直线 $x+y=1$ 所围成的三角形区域(图 3.3).

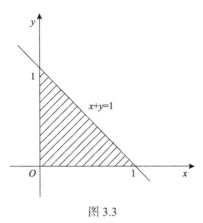

图 3.3

二维随机变量 (X,Y) 服从区域 G 上的均匀分布. 试求

(1) (X,Y) 的联合密度函数 $f(x,y)$;

(2) 关于 X 及关于 Y 的边缘密度函数 $f_X(x), f_Y(y)$.

解 (1) 如图 3.3 所示, G 的面积为 $\dfrac{1}{2}$. 所以, (X,Y) 的联合密度函数为

$$f(x,y) = \begin{cases} 2, & (x,y) \in G, \\ 0, & \text{其他.} \end{cases}$$

(2) 关于 X 的边缘密度函数为

$$f_X(x) = \int_{-\infty}^{+\infty} f(x,y)\mathrm{d}y = \begin{cases} \displaystyle\int_0^{1-x} 2\mathrm{d}y = 2(1-x), & 0 \leqslant x \leqslant 1, \\ 0, & \text{其他.} \end{cases}$$

关于 Y 的边缘密度函数为

$$f_Y(y) = \int_{-\infty}^{+\infty} f(x,y)\mathrm{d}x = \begin{cases} \displaystyle\int_0^{1-y} 2\mathrm{d}x = 2(1-y), & 0 \leqslant y \leqslant 1, \\ 0, & \text{其他.} \end{cases}$$

例 3.4.3 设二维随机变量 (X,Y) 服从二维正态分布, 其联合密度函数为

$$f(x,y) = \frac{1}{2\pi\sigma_1\sigma_2\sqrt{1-\rho^2}} e^{-\frac{1}{2(1-\rho^2)}\left[\frac{(x-\mu_1)^2}{\sigma_1^2} - \frac{2\rho(x-\mu_1)(y-\mu_2)}{\sigma_1\sigma_2} + \frac{(y-\mu_2)^2}{\sigma_2^2}\right]},$$

其中 $\mu_1, \mu_2, \sigma_1, \sigma_2, \rho$ 均为常数, 且 $\sigma_1 > 0, \sigma_2 > 0, |\rho| < 1$, 即 $(X, Y) \sim N(\mu_1, \mu_2, \sigma_1^2, \sigma_2^2, \rho)$. 试求关于 X 及关于 Y 的边缘密度函数 $f_X(x), f_Y(y)$.

解　关于 X 的边缘密度函数为

$$f_X(x) = \int_{-\infty}^{+\infty} f(x,y)\mathrm{d}y,$$

配方可得

$$\frac{(y-\mu_2)^2}{\sigma_2^2} - \frac{2\rho(x-\mu_1)(y-\mu_2)}{\sigma_1\sigma_2} = \left(\frac{y-\mu_2}{\sigma_2} - \rho\frac{x-\mu_1}{\sigma_1}\right)^2 - \rho^2\left(\frac{x-\mu_1}{\sigma_1}\right)^2,$$

于是

$$f_X(x) = \frac{1}{2\pi\sigma_1\sigma_2\sqrt{1-\rho^2}} e^{-\frac{(x-\mu_1)^2}{2\sigma_1^2}} \int_{-\infty}^{+\infty} e^{-\frac{1}{2(1-\rho^2)}\left(\frac{y-\mu_2}{\sigma_2} - \rho\frac{x-\mu_1}{\sigma_1}\right)^2} \mathrm{d}y,$$

令 $t = \frac{1}{\sqrt{1-\rho^2}}\left(\frac{y-\mu_2}{\sigma_2} - \rho\frac{x-\mu_1}{\sigma_1}\right)$, 则有

$$f_X(x) = \frac{1}{2\pi\sigma_1} e^{-\frac{(x-\mu_1)^2}{2\sigma_1^2}} \int_{-\infty}^{+\infty} e^{-\frac{t^2}{2}} \mathrm{d}t = \frac{1}{\sqrt{2\pi}\sigma_1} e^{-\frac{(x-\mu_1)^2}{2\sigma_1^2}}, \quad -\infty < x < +\infty.$$

同理可得

$$f_Y(y) = \frac{1}{\sqrt{2\pi}\sigma_2} e^{-\frac{(y-\mu_2)^2}{2\sigma_2^2}}, \quad -\infty < y < +\infty.$$

即 $X \sim N(\mu_1, \sigma_1^2)$, $Y \sim N(\mu_2, \sigma_2^2)$.

从例 3.4.3 的结果不难看出, 二维正态分布的两个边缘分布都是一维正态分布, 并且都不依赖于参数 ρ, 即对于给定的 $\mu_1, \mu_2, \sigma_1, \sigma_2$, 不同的 ρ 对应不同的二维正态分布, 它们的边缘分布却是一样的. 这一事实表明, 单由关于 X 和关于 Y 的边缘分布, 一般来说是不能确定随机变量 X 和 Y 的联合分布的.

习题 3.4

(A)

1. 设二维连续型随机变量 (X,Y) 的联合分布函数为

$$F(x,y)=\frac{1}{\pi^2}\left(\frac{\pi}{2}+\arctan\frac{x}{2}\right)\left(\frac{\pi}{2}+\arctan\frac{y}{3}\right),$$

试求：(1) (X,Y) 的联合密度函数；(2)关于 X 和关于 Y 的边缘分布函数；(3)关于 X 和关于 Y 的边缘密度函数.

2. 设二维随机变量 (X,Y) 的联合分布律为

X＼Y	−1	0	2
0	$\frac{1}{10}$	$\frac{1}{20}$	$\frac{1}{10}$
1	$\frac{1}{10}$	$\frac{1}{20}$	$\frac{1}{10}$
2	$\frac{1}{5}$	$\frac{1}{10}$	$\frac{1}{5}$

试求关于 X 和关于 Y 的边缘分布律.

3. 将 2 只红球和 2 只白球随机地投入编号为 1~3 的三个盒子中. 设 X 表示落入第 1 个盒子中红球的个数, Y 表示落入第 2 个盒子中白球的个数, 试求

(1) (X,Y) 的联合分布律; (2)关于 X 和关于 Y 的边缘分布律; (3) $P\{X<Y\}$.

4. 设二维随机变量 (X,Y) 的联合密度函数为

$$f(x,y)=\begin{cases}8xy, & 0<x<y,0<y<1,\\0, & \text{其他}.\end{cases}$$

求: (1)关于 X 和关于 Y 的边缘密度函数; (2) $P\{X+Y\leqslant1\}$.

5. 设二维随机变量 (X,Y) 的联合密度函数为

$$f(x,y)=\begin{cases}A\mathrm{e}^{-(2x+3y)}, & x>0,y>0,\\0, & \text{其他}.\end{cases}$$

求: (1)常数 A; (2)关于 X 的边缘密度; (3) $P\{X+Y\leqslant2\}$.

6. 袋中有两个白球和三个黑球, 现从中依次摸出两球, 设

$$X=\begin{cases}1, & \text{第一次摸出白球},\\0, & \text{第一次摸出黑球},\end{cases}\quad Y=\begin{cases}1, & \text{第二次摸出白球},\\0, & \text{第二次摸出黑球},\end{cases}$$

试采用无放回摸球方式, 求 (X,Y) 的联合分布律和边缘分布律.

7. 求在 D 上服从均匀分布的随机变量 (X,Y) 的密度函数及分布函数, 其中 D 为 x 轴、y 轴及直线 $y = 2x+1$ 围成的三角形区域.

8. 对于第 7 题中的二维随机变量 (X,Y) 的分布, 写出关于 X 及关于 Y 的边缘密度函数.

9. 设二维随机变量 (X,Y) 的联合密度函数为

$$f(x,y) = \begin{cases} 4.8y(2-x), & 0 < y < x < 1, \\ 0, & \text{其他}. \end{cases}$$

求关于 X 和关于 Y 的边缘密度函数.

(B)

1. 箱内有 6 个球, 其中红、白、黑的个数分别为 1, 2, 3 个, 现从箱中随机地取出 2 个球, 记 X 为取出红球的个数, Y 为取出白球的个数. 试求

(1) (X,Y) 的联合分布律;

(2)关于 X 和关于 Y 的边缘分布律.

2. 设平面区域 D 由曲线 $y = \dfrac{1}{x}$ 及直线 $y = 0, x = 1, x = \mathrm{e}^2$ 所围成, 随机变量 (X,Y) 在区域 D 上服从均匀分布. 试求

(1) (X,Y) 的联合密度函数;

(2)关于 X 的边缘密度函数;

(3)关于 X 的边缘密度函数在 $x = 2$ 处的值 $f_X(2)$.

3.5　随机变量的独立性

在第 1 章中给出了事件相互独立的定义:

设 A, B 为事件, 若 $P(AB) = P(A)P(B)$, 则称事件 A, B 相互独立.

引入随机变量后, 对随机事件的研究转化为对随机变量的研究, 因此, 本节我们将利用两个事件相互独立的概念引出两个随机变量的相互独立的概念.

3.5.1　两个随机变量相互独立的概念

定义 3.5.1　设二维随机变量 (X,Y) 的联合分布函数为 $F(x,y)$, 关于 X, Y 的边缘分布函数分别为 $F_X(x), F_Y(y)$, 若对任意的实数 x, y, 有

$$P\{X \leqslant x, Y \leqslant y\} = P\{X \leqslant x\} \cdot P\{Y \leqslant y\},$$

即

$$F(x,y) = F_X(x)F_Y(y),$$

则称随机变量 X 与 Y 相互独立, 简称 X 与 Y 独立.

3.5.2　离散型随机变量相互独立的充要条件

设二维离散型随机变量 (X,Y) 的联合分布律及关于 X 和关于 Y 的边缘分布律分别为

$$P\{X=x_i, Y=y_j\}=p_{ij} \quad (i,j=1,2,\cdots),$$

$$P\{X=x_i\}=\sum_{j=1}^{\infty}p_{ij}=p_{i.} \quad (i=1,2,\cdots),$$

$$P\{Y=y_j\}=\sum_{i=1}^{\infty}p_{ij}=p_{.j} \quad (j=1,2,\cdots),$$

则 X,Y 相互独立的充要条件是

$$P\{X=x_i, Y=y_j\}=P\{X=x_i\}\cdot P\{Y=y_j\}.$$

即 $p_{ij}=p_{i.}\cdot p_{.j}$ 对一切 (x_i,y_j) $(i,j=1,2,\cdots)$ 都成立.

例 3.5.1　设二维随机变量 (X,Y) 的联合分布律为

X \ Y	−1	0	1
−1	$\frac{1}{4}$	0	0
0	$\frac{1}{12}$	$\frac{1}{6}$	0
1	$\frac{1}{12}$	$\frac{1}{12}$	$\frac{1}{3}$

(1) 试求关于 X 和关于 Y 的边缘分布律;

(2) 判断随机变量 X 及 Y 是否独立.

解　(1) 关于 X 的边缘分布律为

X	−1	0	1
P	$\frac{1}{4}$	$\frac{1}{4}$	$\frac{1}{2}$

关于 Y 的边缘分布律为

Y	−1	0	1
P	$\frac{5}{12}$	$\frac{1}{4}$	$\frac{1}{3}$

(2) 取 (X,Y) 的可能取值 $(-1,-1)$，由于

$$P\{X=-1,Y=-1\}=\frac{1}{4},\quad P\{X=-1\}=\frac{1}{4},\quad P\{Y=-1\}=\frac{5}{12},$$

即

$$P\{X=-1,Y=-1\}\neq P\{X=-1\}\cdot P\{Y=-1\},$$

所以，X 与 Y 不独立.

例 3.5.2 设二维随机变量 (X,Y) 的联合分布律为

X \ Y	1	2	3
1	$\frac{1}{6}$	$\frac{1}{9}$	$\frac{1}{18}$
2	$\frac{1}{3}$	a	b

当 a,b 取何值时，随机变量 X 及 Y 相互独立.

解 关于 X 的边缘分布律为

X	1	2
P	$\frac{1}{3}$	$\frac{1}{3}+a+b$

关于 Y 的边缘分布律为

Y	1	2	3
P	$\frac{1}{2}$	$\frac{1}{9}+a$	$\frac{1}{18}+b$

若 X 与 Y 独立，则有

$$P\{X=1,Y=2\}=P\{X=1\}\cdot P\{Y=2\},$$

$$P\{X=1,Y=3\}=P\{X=1\}\cdot P\{Y=3\},$$

即 $\dfrac{1}{9}=\dfrac{1}{3}\left(\dfrac{1}{9}+a\right)$，$\dfrac{1}{18}=\dfrac{1}{3}\left(\dfrac{1}{18}+b\right)$，解得 $a=\dfrac{2}{9}$，$b=\dfrac{1}{9}$. 且当 $a=\dfrac{2}{9},b=\dfrac{1}{9}$ 时，经验证，对 $i=1,2,j=1,2,3$ 有 $p_{ij}=p_{i\cdot}\cdot p_{\cdot j}$，故 X 与 Y 独立.

3.5.3　连续型随机变量相互独立的充要条件

设二维连续型随机变量 (X,Y) 的联合密度函数为 $f(x,y)$, 关于 X 和关于 Y 的边缘密度函数分别为 $f_X(x), f_Y(y)$, 则连续型随机变量 X 与 Y 相互独立的充要条件是

$$f(x,y) = f_X(x) \cdot f_Y(y)$$

在 $f(x,y), f_X(x), f_Y(y)$ 的一切公共连续点都成立.

例 3.5.3　设二维随机变量 (X,Y) 的联合密度函数为

$$f(x,y) = \begin{cases} \mathrm{e}^{-y}, & 0 < x < y, \\ 0, & \text{其他.} \end{cases}$$

(1) 试求关于 X 及关于 Y 的边缘密度函数 $f_X(x), f_Y(y)$;

(2) 判断 X 与 Y 是否独立;

(3) 求 $P\{X+Y \leqslant 1\}$.

解　(1) 关于 X 的边缘密度函数为

$$f_X(x) = \int_{-\infty}^{+\infty} f(x,y)\mathrm{d}y = \begin{cases} \displaystyle\int_x^{+\infty} \mathrm{e}^{-y}\mathrm{d}y = \mathrm{e}^{-x}, & x > 0, \\ 0, & x \leqslant 0. \end{cases}$$

关于 Y 的边缘密度函数为

$$f_Y(y) = \int_{-\infty}^{+\infty} f(x,y)\mathrm{d}x = \begin{cases} \displaystyle\int_0^{y} \mathrm{e}^{-y}\mathrm{d}x = y\mathrm{e}^{-y}, & y > 0, \\ 0, & y \leqslant 0. \end{cases}$$

(2) 当 $0 < x < y$ 时, 显然有 $f(x,y) \neq f_X(x) \cdot f_Y(y)$, 所以, X 与 Y 不独立.

(3) $P\{X+Y \leqslant 1\} = \displaystyle\int_0^{\frac{1}{2}} \left[\int_x^{1-x} \mathrm{e}^{-y}\mathrm{d}y \right] \mathrm{d}x = 1 + \mathrm{e}^{-1} - 2\mathrm{e}^{-\frac{1}{2}}$.

例 3.5.4　设二维随机变量 $(X,Y) \sim N(\mu_1, \mu_2, \sigma_1^2, \sigma_2^2, \rho)$, 其联合密度函数为

$$f(x,y) = \frac{1}{2\pi\sigma_1\sigma_2\sqrt{1-\rho^2}} \mathrm{e}^{-\frac{1}{2(1-\rho^2)}\left[\frac{(x-\mu_1)^2}{\sigma_1^2} - \frac{2\rho(x-\mu_1)(y-\mu_2)}{\sigma_1\sigma_2} + \frac{(y-\mu_2)^2}{\sigma_2^2}\right]},$$

试证明: 二维正态变量中两个分量 X 与 Y 相互独立的充要条件是 $\rho = 0$.

证明　充分性　由例 3.4.3 知, 关于 X 与 Y 的边缘密度函数为

$$f_X(x) = \frac{1}{\sqrt{2\pi}\sigma_1}\mathrm{e}^{-\frac{(x-\mu_1)^2}{2\sigma_1^2}} \quad (-\infty < x < +\infty),$$

$$f_Y(y) = \frac{1}{\sqrt{2\pi}\sigma_2}\mathrm{e}^{-\frac{(y-\mu_2)^2}{2\sigma_2^2}} \quad (-\infty < y < +\infty),$$

因此,

$$f_X(x)f_Y(y) = \frac{1}{2\pi\sigma_1\sigma_2}\mathrm{e}^{-\frac{1}{2}\left[\frac{(x-\mu_1)^2}{\sigma_1^2}+\frac{(y-\mu_2)^2}{\sigma_2^2}\right]},$$

当 $\rho = 0$ 时, 对一切 x, y 都有 $f(x,y) = f_X(x)f_Y(y)$, 从而, X 与 Y 相互独立.

必要性　设 X 与 Y 相互独立, 对一切 x, y 都有 $f(x,y) = f_X(x)f_Y(y)$. 特别地, 取定 $x = \mu_1, y = \mu_2$, 此时

$$f(x,y) = \frac{1}{2\pi\sigma_1\sigma_2\sqrt{1-\rho^2}}, \quad f_X(x)f_Y(y) = \frac{1}{2\pi\sigma_1\sigma_2},$$

所以有

$$\frac{1}{2\pi\sigma_1\sigma_2\sqrt{1-\rho^2}} = \frac{1}{2\pi\sigma_1\sigma_2},$$

于是得出 $\rho = 0$.

3.5.4　n 维随机变量

关于二维随机变量的相应概念, 容易推广到 n 维随机变量的情况.

(1) n 维随机变量 $(X_1, X_2, \cdots, X_n)$ 的联合分布函数定义为

$$F(x_1, x_2, \cdots, x_n) = P\{X_1 \leqslant x_1, X_2 \leqslant x_2, \cdots, X_n \leqslant x_n\},$$

其中 $x_1, x_2, \cdots, x_n$ 为任意实数;

(2) n 维离散型随机变量 $(X_1, X_2, \cdots, X_n)$ 的联合分布律为

$$P\{X_1 = x_1, X_2 = x_2, \cdots, X_n = x_n\};$$

(3) 设 $(X_1, X_2, \cdots, X_n)$ 的联合分布函数为 $F(x_1, x_2, \cdots, x_n)$, 若存在 n 元非负可积函数 $f(x_1, x_2, \cdots, x_n)$, 使得对于任意的实数 $x_1, x_2, \cdots, x_n$ 都有

$$F(x_1, x_2, \cdots, x_n) = \int_{-\infty}^{x_n}\int_{-\infty}^{x_{n-1}}\cdots\int_{-\infty}^{x_1}f(t_1, t_2, \cdots, t_n)\mathrm{d}t_1\mathrm{d}t_2\cdots\mathrm{d}t_n,$$

则称 $(X_1, X_2, \cdots, X_n)$ 为 n 维连续型随机变量, 称 $f(x_1, x_2, \cdots, x_n)$ 为其联合密度函数;

(4) 若 $F(x_1, x_2, \cdots, x_n) = F_{X_1}(x_1) F_{X_2}(x_2) \cdots F_{X_n}(x_n)$, 则称 $X_1, X_2, \cdots, X_n$ 相互独立, 其中 $F_{X_i}(x_i)$ $(i = 1, 2, \cdots, n)$ 是关于 X_i 的边缘分布函数.

(5) 离散型随机变量 $X_1, X_2, \cdots, X_n$ 相互独立的充要条件是

$$P\{X_1 = x_1, X_2 = x_2, \cdots, X_n = x_n\} = P\{X_1 = x_1\} P\{X_2 = x_2\} \cdots P\{X_n = x_n\},$$

这里 $(X_1, X_2, \cdots, X_n)$ 取遍所有可能取值, 其中 $P\{X_i = x_i\}$ $(i = 1, 2, \cdots, n)$ 为关于 X_i 的边缘分布律.

(6) 连续型随机变量 $X_1, X_2, \cdots, X_n$ 相互独立的充要条件是

$$f(x_1, x_2, \cdots, x_n) = f_{X_1}(x_1) f_{X_2}(x_2) \cdots f_{X_n}(x_n),$$

在 $f(x_1, x_2, \cdots, x_n), f_{X_1}(x_1), f_{X_2}(x_2), \cdots, f_{X_n}(x_n)$ 的一切公共连续点上成立, 其中 $f_{X_i}(x_i)$ $(i = 1, 2, \cdots, n)$ 是关于 X_i 的边缘密度函数.

下面定理说明独立的随机变量的函数仍然是独立的.

定理 3.5.1　设 X 与 Y 是相互独立的随机变量, $h(x)$ 和 $g(y)$ 是 $(-\infty, +\infty)$ 上的连续函数, 则 $h(X)$ 和 $g(Y)$ 也是相互独立的随机变量.

习题 3.5

(A)

习题 3.5 解答

1. 设二维随机变量 (X, Y) 的联合分布律为

X＼Y	−1	0	2
0	0.1	0.2	0
1	0.3	0.05	0.1
2	0.15	0	0.1

(1) 试求关于 X 和关于 Y 的边缘分布律;

(2) 判断随机变量 X 及 Y 是否独立.

2. 设 X 与 Y 相互独立且分别具有下列的分布律:

X	−2	−1	0	0.5
P	$\frac{1}{4}$	$\frac{1}{3}$	$\frac{1}{12}$	$\frac{1}{3}$

Y	−0.5	1	3
P	$\frac{1}{2}$	$\frac{1}{4}$	$\frac{1}{4}$

试求出 (X, Y) 的联合分布律.

3. 设 X 与 Y 是相互独立的随机变量, X 服从 $(0,0.2)$ 上的均匀分布, Y 服从参数为 5 的指数分布, 求 (X,Y) 的联合密度函数及 $P\{X \geqslant Y\}$.

4. 设二维随机变量 (X,Y) 的联合密度函数为

$$f(x,y) = \begin{cases} k e^{-(3x+4y)}, & x > 0, y > 0, \\ 0, & \text{其他.} \end{cases}$$

(1) 求常数 k; (2) 求 $P\{0 \leqslant X \leqslant 1, 0 \leqslant Y \leqslant 2\}$; (3) 证明 X 与 Y 相互独立.

5. 设二维随机变量 (X,Y) 的联合密度函数为

$$f(x,y) = \begin{cases} k(1-x)y, & 0 < y < x, 0 < x < 1, \\ 0, & \text{其他.} \end{cases}$$

(1) 求常数 k; (2) 分别求出关于 X 和关于 Y 的边缘密度函数; (3) 判断 X 与 Y 是否相互独立.

6. 设 X 和 Y 相互独立且分别具有下列的分布律:

X	-2	-1	0	0.5
P	$\dfrac{1}{4}$	$\dfrac{1}{3}$	$\dfrac{1}{12}$	$\dfrac{1}{3}$

Y	-0.5	1	3
P	$\dfrac{1}{2}$	$\dfrac{1}{4}$	$\dfrac{1}{4}$

求 (X,Y) 的联合分布律.

7. 设随机变量 $X \sim U(0,0.2)$, 随机变量 $Y \sim E(5)$, 且 X 和 Y 相互独立, 求

(1) (X,Y) 的联合密度函数; (2) $P(X > Y)$.

8. 设 (X,Y) 服从区域 G 上的均匀分布, 其中 G 由 x 轴、y 轴及直线 $2x+y=2$ 所围成,

(1) 求出关于 X 和关于 Y 的边缘密度函数; (2) 证明 X 与 Y 相互独立; (3) 求 $P\{Y \leqslant X\}$.

(B)

1. 甲、乙两人独立地各进行两次射击, 假设甲的命中率为 0.2, 乙的命中率为 0.5, 以 X 和 Y 分别表示甲和乙的命中次数, 试求

(1) X 与 Y 的分布律; (2) (X,Y) 的联合分布律.

2. 一个电子仪器由两个部件构成, 以 X 和 Y 分别表示两个部件的寿命(单位: 千小时). 已知 X 和 Y 的联合分布函数为

$$F(x,y) = \begin{cases} 1 - e^{-0.5x} - e^{-0.5y} + e^{-0.5(x+y)}, & x > 0, y > 0, \\ 0, & \text{其他.} \end{cases}$$

(1) 问 X 和 Y 是否独立; (2) 求两个部件的寿命都超过 100 小时的概率.

3. 设二维随机变量 (X,Y) 在区域 $G : 0 \leqslant y^2 \leqslant x, 0 \leqslant x \leqslant 1$ 内服从均匀分布, 求

(1) (X,Y) 的联合密度函数;

(2) 关于 X 和关于 Y 的边缘密度函数, 并判断 X 和 Y 是否独立;

(3) $P\left\{X < \dfrac{1}{4}\right\}, P\left\{Y < \dfrac{1}{2}\right\}$ 及 $P\left\{X < \dfrac{1}{4}, Y < \dfrac{1}{2}\right\}$.

3.6 条 件 分 布

对于二维随机变量 (X,Y)，一般情况下，X 和 Y 并不独立，它们之间存在着相互联系. 在本节中将要讨论的问题是: 已知其中一个随机变量取值的条件下，求另一个随机变量取值的概率分布，称此分布为条件分布. 由条件概率很自然地引出条件概率分布的概念.

3.6.1 离散型随机变量的条件分布

设二维离散型随机变量 (X,Y) 的联合分布律为

$$P\{X = x_i, Y = y_j\} = p_{ij} \quad (i, j = 1, 2, \cdots),$$

(X,Y) 关于 X 和关于 Y 的边缘分布律分别为

$$P\{X = x_i\} = \sum_{j=1}^{\infty} p_{ij} = p_{i.} \quad (i = 1, 2, \cdots),$$

和

$$P\{Y = y_j\} = \sum_{i=1}^{\infty} p_{ij} = p_{.j} \quad (j = 1, 2, \cdots),$$

设对于某个 y_j，有 $P\{Y = y_j\} > 0$，考虑在事件 $\{Y = y_j\}$ 已经发生的条件下，事件 $\{X = x_i\}$ 发生的概率，即求事件 $\{X = x_i \mid Y = y_j\}$ $(i = 1, 2, \cdots)$ 的概率.

由条件概率公式可得

$$P\{X = x_i \mid Y = y_j\} = \frac{P\{X = x_i, Y = y_j\}}{P\{Y = y_j\}} = \frac{p_{ij}}{p_{.j}} \quad (i = 1, 2, \cdots),$$

易知上述条件概率具有分布律的性质:

性质 1 $P\{X = x_i \mid Y = y_j\} \geqslant 0 \quad (i = 1, 2, \cdots);$

性质 2 $\sum_{i=1}^{\infty} P\{X = x_i \mid Y = y_j\} = 1.$

由此给出条件分布的定义.

定义 3.6.1 设 (X,Y) 是二维离散型随机变量，对于固定的 y_j，若 $P\{Y = y_j\} > 0$，则称

$$P\{X=x_i \mid Y=y_j\} = \frac{P\{X=x_i, Y=y_j\}}{P\{Y=y_j\}} = \frac{p_{ij}}{p_{\cdot j}} \quad (i=1,2,\cdots) \tag{3.6.1}$$

为在 $Y=y_j$ 条件下随机变量 X 的**条件分布律**，或写成表格的形式

$X \mid Y=y_j$	x_1	x_2	$\cdots$	x_i	$\cdots$
P	$\dfrac{p_{1j}}{p_{\cdot j}}$	$\dfrac{p_{2j}}{p_{\cdot j}}$	$\cdots$	$\dfrac{p_{ij}}{p_{\cdot j}}$	$\cdots$

同样，对于固定的 x_i，若 $P\{X=x_i\}>0$，则称

$$P\{Y=y_j \mid X=x_i\} = \frac{P\{X=x_i, Y=y_j\}}{P\{X=x_i\}} = \frac{p_{ij}}{p_{i\cdot}} \quad (j=1,2,\cdots) \tag{3.6.2}$$

为在 $X=x_i$ 的条件下随机变量 Y 的**条件分布律**，或写成表格形式

$Y \mid X=x_i$	y_1	y_2	$\cdots$	y_j	$\cdots$
P	$\dfrac{p_{i1}}{p_{i\cdot}}$	$\dfrac{p_{i2}}{p_{i\cdot}}$	$\cdots$	$\dfrac{p_{ij}}{p_{i\cdot}}$	$\cdots$

例 3.6.1　在一汽车工厂中，一辆汽车有两道工序是由机器人完成的. 其一是紧固 3 只螺栓，其二是焊接 2 处焊点. 以 X 表示由机器人紧固的螺栓紧固的不良的数目，以 Y 表示由机器人焊接的不良焊点的数目. 据积累的资料知 (X,Y) 的分布律为

X \ Y	0	1	2	关于 X 的边缘分布律
0	0.840	0.060	0.010	0.910
1	0.030	0.010	0.005	0.045
2	0.020	0.008	0.004	0.032
3	0.010	0.002	0.001	0.013
关于 Y 的边缘分布律	0.900	0.080	0.020	1

求：(1) 在 $Y=0$ 的条件下，X 的条件分布律；

(2) 在 $X=1$ 的条件下，Y 的条件分布律.

解　先求出 X 和 Y 的边缘分布律，见上表.

(1) 在 $Y=0$ 的条件下，X 的条件分布律为

$$P\{X=0\,|\,Y=0\}=\frac{P\{X=0,Y=0\}}{P\{Y=0\}}=\frac{0.840}{0.900}=\frac{84}{90},$$

$$P\{X=1\,|\,Y=0\}=\frac{P\{X=1,Y=0\}}{P\{Y=0\}}=\frac{0.030}{0.900}=\frac{3}{90},$$

$$P\{X=2\,|\,Y=0\}=\frac{P\{X=2,Y=0\}}{P\{Y=0\}}=\frac{0.020}{0.900}=\frac{2}{90},$$

$$P\{X=3\,|\,Y=0\}=\frac{P\{X=3,Y=0\}}{P\{Y=0\}}=\frac{0.010}{0.900}=\frac{1}{90},$$

或写成表格的形式

$X\,|\,Y=0$	0	1	2	3
P	$\frac{84}{90}$	$\frac{3}{90}$	$\frac{2}{90}$	$\frac{1}{90}$

(2) 在 $X=1$ 的条件下, Y 的条件分布律为

$$P\{Y=0\,|\,X=1\}=\frac{P\{X=1,Y=0\}}{P\{X=1\}}=\frac{0.030}{0.045}=\frac{6}{9},$$

$$P\{Y=1\,|\,X=1\}=\frac{P\{X=1,Y=1\}}{P\{X=1\}}=\frac{0.010}{0.045}=\frac{2}{9},$$

$$P\{Y=2\,|\,X=1\}=\frac{P\{X=1,Y=2\}}{P\{X=1\}}=\frac{0.005}{0.045}=\frac{1}{9},$$

或写成表格的形式

$Y\,|\,X=1$	0	1	2
P	$\frac{6}{9}$	$\frac{2}{9}$	$\frac{1}{9}$

例 3.6.2　设某班车起点站有乘客人数 X, 且 X 服从参数为 6 的泊松分布, 每位乘客在中途下车的概率为 p, 且中途下车与否相互独立. 以 Y 表示中途下车的人数, 试求: (1) 该班车在起点站有 10 位乘客的条件下, 中途有 m 位下车的概率; (2) (X,Y) 的联合分布律.

解　(1) 由题意知, 所求概率为

$$P\{Y=m\,|\,X=10\}=C_{10}^{m}p^{m}(1-p)^{10-m},\quad m=0,1,2,\cdots,10.$$

(2) 设起点站有 n 个人上车, 中途有 m 个人下车, 则 (X,Y) 的联合分布律为

$$P\{X=n, Y=m\} = P\{X=n\} \cdot P\{Y=m \mid X=n\}$$

$$= \frac{6^n \mathrm{e}^{-6}}{n!} \cdot \mathrm{C}_n^m p^m (1-p)^{n-m}, \quad n=0,1,2,\cdots; m=0,1,2,\cdots,n.$$

3.6.2　连续型随机变量的条件分布

设 (X,Y) 是二维连续型随机变量, 此时, 由于对于任意的 x, y, 有

$$P\{X=x\} = 0, \quad P\{Y=y\} = 0,$$

因此, 不能直接用条件概率公式来处理连续型随机变量的条件分布. 下面我们将采用其他方法引入 "条件概率密度" 和 "条件分布函数" 的概念.

设 (X,Y) 的联合密度为 $f(x,y)$, 关于 Y 的边缘密度函数为 $f_Y(y)$. 对于给定的 y 及任意的正数 $\varepsilon > 0$, 当 $P\{y < Y \leqslant y+\varepsilon\} > 0$ 时, 对于任意实数 x, 考虑条件概率

$$P\{X \leqslant x \mid y < Y \leqslant y+\varepsilon\} = \frac{P\{X \leqslant x, y < Y \leqslant y+\varepsilon\}}{P\{y < Y \leqslant y+\varepsilon\}}$$

$$= \frac{\displaystyle\int_{-\infty}^{x} \int_{y}^{y+\varepsilon} f(s,t)\mathrm{d}t\mathrm{d}s}{\displaystyle\int_{y}^{y+\varepsilon} f_Y(t)\mathrm{d}t},$$

利用积分中值定理, 当 ε 很小时,

$$P\{X \leqslant x \mid y < Y \leqslant y+\varepsilon\} \approx \frac{\varepsilon \cdot \displaystyle\int_{-\infty}^{x} f(s,y)\mathrm{d}s}{\varepsilon \cdot f_Y(y)} = \int_{-\infty}^{x} \frac{f(s,y)}{f_Y(y)}\mathrm{d}s.$$

由一维随机变量概率密度函数的定义, 给出如下定义.

定义 3.6.2　设二维随机变量 (X,Y) 的联合密度函数为 $f(x,y)$, 关于 Y 的边缘密度函数为 $f_Y(y)$. 若对于固定的 y, $f_Y(y) > 0$, 则称

$$f_{X|Y}(x \mid y) = \frac{f(x,y)}{f_Y(y)} \tag{3.6.3}$$

为在 $Y=y$ 的条件下 X 的**条件概率密度**, 称

$$\int_{-\infty}^{x} f_{X|Y}(s \mid y)\mathrm{d}s = \int_{-\infty}^{x} \frac{f(s,y)}{f_Y(y)}\mathrm{d}s \tag{3.6.4}$$

为在 $Y = y$ 条件下 X 的**条件分布函数**. 记为 $P\{X \leqslant x \,|\, Y = y\}$ 或 $F_{X|Y}(x \,|\, y)$. 即

$$P\{X \leqslant x \,|\, Y = y\} = F_{X|Y}(x \,|\, y) = \int_{-\infty}^{x} \frac{f(s,y)}{f_Y(y)} \mathrm{d}s.$$

类似地, 对于固定的 x, $f_X(x) > 0$, 则称

$$f_{Y|X}(y \,|\, x) = \frac{f(x,y)}{f_X(x)} \tag{3.6.5}$$

为在 $X = x$ 的条件下 Y 的**条件概率密度**, 称

$$\int_{-\infty}^{y} f_{Y|X}(t \,|\, x)\mathrm{d}t = \int_{-\infty}^{y} \frac{f(x,t)}{f_X(x)} \mathrm{d}t \tag{3.6.6}$$

为在 $X = x$ 的条件下 Y 的**条件分布函数**. 记为 $P\{Y \leqslant y \,|\, X = x\}$ 或 $F_{Y|X}(y \,|\, x)$. 即

$$P\{Y \leqslant y \,|\, X = x\} = F_{Y|X}(y \,|\, x) = \int_{-\infty}^{y} \frac{f(x,t)}{f_X(x)} \mathrm{d}t.$$

不难验证, 条件概率密度 $f_{X|Y}(x \,|\, y)$ 满足如下条件:

(1) $f_{X|Y}(x \,|\, y) \geqslant 0 \quad (-\infty < x < +\infty)$;

(2) $\int_{-\infty}^{+\infty} f_{X|Y}(x \,|\, y)\mathrm{d}x = 1$.

类似地, $f_{Y|X}(y \,|\, x)$ 也满足上述条件.

例 3.6.3　设二维随机变量 (X,Y) 的联合密度函数为

$$f(x,y) = \begin{cases} \dfrac{6}{(x+y+1)^4}, & x > 0, y > 0, \\ 0, & \text{其他.} \end{cases}$$

试求: (1) 条件概率密度 $f_{X|Y}(x \,|\, y)$, 其中 $y > 0$;

(2) $P\{0 \leqslant X \leqslant 1 \,|\, Y = 1\}$.

解　(1) 当 $y > 0$ 时,

$$f_Y(y) = \int_{-\infty}^{+\infty} f(x,y)\mathrm{d}x = \int_{0}^{+\infty} \frac{6}{(x+y+1)^4} \mathrm{d}x = \frac{2}{(y+1)^3},$$

因此,

$$f_{X|Y}(x \mid y) = \frac{f(x,y)}{f_Y(y)} = \begin{cases} \dfrac{3(y+1)^3}{(x+y+1)^4}, & x > 0, \\ 0, & x \leqslant 0. \end{cases}$$

(2) $P\{0 \leqslant X \leqslant 1 \mid Y = 1\} = \displaystyle\int_0^1 f_{X|Y}(x \mid y = 1)\mathrm{d}x = \int_0^1 \dfrac{3(1+1)^3}{(x+1+1)^4}\mathrm{d}x = \dfrac{19}{27}$.

习题 3.6

(A)

习题 3.6 解答

1. 一口袋中有四个球, 依次标有 $1, 2, 2, 3$. 从这袋中任取一球后, 不放回袋中, 再从袋中任取一球. 设每次取球时, 袋中每个球被取到的可能性相同. 以 X, Y 分别记第一次、第二次取得的球上标有的数字. 试求: (1) (X, Y) 的联合分布律; (2) $P\{X = Y\}$; (3) 当 $Y = 2$ 时, X 的条件分布律.

2. 设随机变量 X 和 Y 的联合分布律为

X \ Y	0	1
0	$\dfrac{2}{25}$	b
1	a	$\dfrac{3}{25}$
2	$\dfrac{1}{25}$	$\dfrac{2}{25}$

且 $P\{Y = 1 \mid X = 0\} = \dfrac{3}{5}$. (1)求常数 a, b 的值; (2)当 a, b 取 (1) 中的值时, X 与 Y 是否独立? 为什么?

3. 设 (X, Y) 在单位圆上服从均匀分布, 试求条件概率密度 $f_{X|Y}(x \mid y)$ 及 $f_{Y|X}(y \mid x)$.

4. 设 (X, Y) 的联合密度函数为

$$f(x, y) = \begin{cases} cx^2 y, & x^2 \leqslant y \leqslant 1, \\ 0, & 其他. \end{cases}$$

试求: (1)常数 c ;

(2)关于 X 与 Y 的边缘密度函数;

(3) $f_{X|Y}(x \mid y)$ 及 $Y = \dfrac{1}{2}$ 时 X 的条件概率密度;

(4) $f_{Y|X}(y \mid x)$ 及 $X = \dfrac{1}{2}$ 时 Y 的条件概率密度;

(5)条件概率 $P\left\{Y\geqslant\dfrac{1}{4}\Big|X=\dfrac{1}{2}\right\}$ 及 $P\left\{Y\geqslant\dfrac{3}{4}\Big|X=\dfrac{1}{2}\right\}$.

5. 设袋中有标记为 1~4 的四张卡片,从中不放回地抽取两张, X 表示首次抽到的卡片上的数字, Y 表示抽到的两张卡片上数字差的绝对值.

(1)求 (X,Y) 的联合分布律;

(2)给出 X,Y 的边缘分布律;

(3)求在 $X=4$ 下 Y 的条件分布律和 $Y=3$ 下 X 的条件分布律.

6.设 (X,Y) 服从区域 $D:\left\{(x,y)\big|0\leqslant y\leqslant 1-x^{2}\right\}$ 上的均匀分布,设区域 $B:\left\{(x,y)\big|y\geqslant x^{2}\right\}$:

(1)写出 (X,Y) 的联合概率密度函数;

(2)求 X,Y 的边缘概率密度函数;

(3)求 $X=-\dfrac{1}{2}$ 时 Y 的条件概率密度函数和 $Y=\dfrac{1}{2}$ 时 X 的条件概率密度函数;

(4)求概率 $P\{(X,Y)\in B\}$.

7.设平面区域 D 由曲线 $y=\dfrac{1}{x}$ 及直线 $y=0,x=1,x=\mathrm{e}^{2}$ 所围成,二维随机变量 (X,Y) 在区域 D 上服从均匀分布,求 (X,Y) 关于 X 的边缘概率密度在 $x=2$ 的值.

8.设随机变量 (X,Y) 的联合概率密度函数为

$$f(x,y)=\begin{cases}1, & |y|<x,0<x<1,\\ 0, & 其他,\end{cases}$$

求条件概率密度 $f_{X|Y}(x,y)$ 及 $f_{Y|X}(y|x)$.

(B)

1. 设数 X 在区间 $(0,1)$ 上随机地取值,当观察到 $X=x$ $(0<x<1)$ 时,数 Y 在区间 $(x,1)$ 上随机地取值.求 Y 的概率密度 $f_{Y}(y)$.

2. 袋中有 1 个红球, 2 个黑球, 3 个白球. 现从中有放回地从袋中取两次, 每次取一球, 以 X,Y,Z 分别表示两次所取得的红、黑、白球的个数. 试求: (1) $P\{X=1|Z=0\}$; (2) (X,Y) 的联合分布律.

3. 设二维随机变量 (X,Y) 的联合密度函数为

$$f(x,y)=\begin{cases}\mathrm{e}^{-x}, & 0<y<x,\\ 0, & 其他.\end{cases}$$

试求: (1)条件概率密度 $f_{Y|X}(y|x)$; (2)条件概率 $P\{X\leqslant 1|Y\leqslant 1\}$.

3.7　两个随机变量函数的分布

在 2.4 节中已经讨论过一个随机变量的函数的分布,本节将讨论两个随机变量的函数的分布. 设 (X,Y) 是二维随机变量, 则 (X,Y) 的函数 $Z=g(X,Y)$ 是一维

随机变量. 本节将讨论由二维随机变量 (X,Y) 的联合分布求随机变量函数 $Z = g(X,Y)$ 的概率分布问题.

3.7.1 二维离散型随机变量的情形

例 3.7.1 设二维离散型随机变量 (X,Y) 的联合分布律为

X \ Y	−1	0	1
1	0.1	0	0.2
2	0.2	0.4	0.1

试求: $X+Y, X-Y, X \cdot Y$ 的分布律.

解

P	0.1	0	0.2	0.2	0.4	0.1
(X,Y)	$(1,-1)$	$(1,0)$	$(1,1)$	$(2,-1)$	$(2,0)$	$(2,1)$
$X+Y$	0	1	2	1	2	3
$X-Y$	2	1	0	3	2	1
$X \cdot Y$	−1	0	1	−2	0	2

所以, $X+Y$ 的分布律为

$X+Y$	0	1	2	3
P	0.1	0.2	0.6	0.1

$X-Y$ 的分布律为

$X-Y$	0	1	2	3
P	0.2	0.1	0.5	0.2

$X \cdot Y$ 的分布律为

$X \cdot Y$	−2	−1	0	1	2
P	0.2	0.1	0.4	0.2	0.1

3.7.2 二维连续型随机变量的情形

设二维连续型随机变量 (X,Y) 的联合密度函数为 $f(x,y)$, 求 $Z = g(X,Y)$ 的密度函数 $f_Z(z)$ 的具体做法如下:

(1) 求出 $Z = g(X,Y)$ 的分布函数 $F_Z(z)$. 由分布函数的定义, 对任意实数 z, 有

$$F_Z(z) = P\{Z \leqslant z\} = P\{g(X,Y) \leqslant z\} = P\{(X,Y) \in G\} = \iint\limits_{G} f(x,y)\mathrm{d}x\mathrm{d}y,$$

其中 $G = \{(x,y)\,|\,g(x,y) \leqslant z\}$;

(2) 对分布函数 $F_Z(z)$ 求导, 得到密度函数 $f_Z(z)$:

$$F'_Z(z) = f_Z(z).$$

下面就几个具体的函数来讨论.

1. $Z = X + Y$

设二维连续型随机变量 (X,Y) 的联合密度函数为 $f(x,y)$, 则

(1) 求 $Z = X + Y$ 的分布函数 $F_Z(z)$.

$$F_Z(z) = P\{Z \leqslant z\} = P\{X + Y \leqslant z\} = \iint\limits_{x+y \leqslant z} f(x,y)\mathrm{d}x\mathrm{d}y$$

$$= \int_{-\infty}^{+\infty}\mathrm{d}x \int_{-\infty}^{z-x} f(x,y)\mathrm{d}y \quad (\diamondsuit\, y = u - x)$$

$$= \int_{-\infty}^{+\infty}\mathrm{d}x \int_{-\infty}^{z} f(x,u-x)\mathrm{d}u = \int_{-\infty}^{z}\left[\int_{-\infty}^{+\infty} f(x,u-x)\mathrm{d}x\right]\mathrm{d}u,$$

(2) 对 $F_Z(z)$ 求导得密度函数: $F'_Z(z) = f_Z(z)$, 所以有

$$f_Z(z) = \int_{-\infty}^{+\infty} f(x,z-x)\mathrm{d}x. \tag{3.7.1}$$

由对称性, $f_Z(z)$ 又可写成

$$f_Z(z) = \int_{-\infty}^{+\infty} f(z-y,y)\mathrm{d}y. \tag{3.7.2}$$

特别地, 当 X 与 Y 相互独立时, $f(x,y) = f_X(x)f_Y(y)$, 此时

$$f_Z(z) = \int_{-\infty}^{+\infty} f_X(x)f_Y(z-x)\mathrm{d}x = \int_{-\infty}^{+\infty} f_X(z-y)f_Y(y)\mathrm{d}y. \tag{3.7.3}$$

称公式 (3.7.3) 为**卷积公式**, 并记作

$$f_X * f_Y = \int_{-\infty}^{+\infty} f_X(x)f_Y(z-x)\mathrm{d}x = \int_{-\infty}^{+\infty} f_X(z-y)f_Y(y)\mathrm{d}y.$$

例 3.7.2 设 X 和 Y 是两个相互独立的随机变量, 均服从 $N(0,1)$ 分布, 其密度函数分别为

$$f_X(x) = \frac{1}{\sqrt{2\pi}} \mathrm{e}^{-\frac{x^2}{2}} \quad (-\infty < x < +\infty),$$

$$f_Y(y) = \frac{1}{\sqrt{2\pi}} \mathrm{e}^{-\frac{y^2}{2}} \quad (-\infty < y < +\infty),$$

试求 $Z = X + Y$ 的密度函数 $f_Z(z)$.

解 由卷积公式可得

$$f_Z(z) = \int_{-\infty}^{+\infty} f_X(x) f_Y(z-x) \mathrm{d}x = \frac{1}{2\pi} \int_{-\infty}^{+\infty} \mathrm{e}^{-\frac{x^2}{2}} \cdot \mathrm{e}^{-\frac{(z-x)^2}{2}} \mathrm{d}x$$

$$= \frac{1}{2\pi} \mathrm{e}^{-\frac{z^2}{4}} \int_{-\infty}^{+\infty} \mathrm{e}^{-\left(x-\frac{z}{2}\right)^2} \mathrm{d}x.$$

令 $t = x - \dfrac{z}{2}$, 则有

$$f_Z(z) = \frac{1}{2\pi} \mathrm{e}^{-\frac{z^2}{4}} \int_{-\infty}^{+\infty} \mathrm{e}^{-t^2} \mathrm{d}t = \frac{1}{2\pi} \mathrm{e}^{-\frac{z^2}{4}} \sqrt{\pi} = \frac{1}{2\sqrt{\pi}} \mathrm{e}^{-\frac{z^2}{4}},$$

从而 $Z \sim N(0,2)$.

一般地, 设随机变量 X 与 Y 相互独立, 且 $X \sim N(\mu_1, \sigma_1^2), Y \sim N(\mu_2, \sigma_2^2)$, 则

$$X + Y \sim N(\mu_1 + \mu_2, \sigma_1^2 + \sigma_2^2).$$

这个结论还可以推广到 n 个相互独立正态随机变量之和的情况:

设 $X_1, X_2, \cdots, X_n$ 相互独立, 且 $X_i \sim N(\mu_i, \sigma_i^2)$ $(i = 1, 2, \cdots, n)$, 则

$$\sum_{i=1}^{n} X_i \sim N\left(\sum_{i=1}^{n} \mu_i, \sum_{i=1}^{n} \sigma_i^2\right).$$

更一般地, 可以证明: 有限个相互独立的正态随机变量的线性组合仍然服从正态分布.

例 3.7.3 设二维随机变量 (X, Y) 的联合密度函数为

$$f(x, y) = \begin{cases} \mathrm{e}^{-(x+y)}, & x > 0, y > 0, \\ 0, & \text{其他}. \end{cases}$$

试求 $Z = X + Y$ 的密度函数 $f_Z(z)$.

解 对任意的实数 z 有

$$F_Z(z) = P\{Z \leqslant z\} = P\{X + Y \leqslant z\} = \iint\limits_{x+y \leqslant z} f(x,y) \mathrm{d}x \mathrm{d}y.$$

当 $z \leqslant 0$ 时，

$$f(x,y) = 0, \quad F_Z(z) = 0;$$

当 $z > 0$ 时，

$$F_Z(z) = P\{X + Y \leqslant z\} = \iint\limits_{x+y \leqslant z} \mathrm{e}^{-(x+y)} \mathrm{d}x \mathrm{d}y = \int_0^z \mathrm{d}x \int_0^{z-x} \mathrm{e}^{-(x+y)} \mathrm{d}y$$

$$= \int_0^z (\mathrm{e}^{-x} - \mathrm{e}^{-z}) \mathrm{d}x = 1 - \mathrm{e}^{-z} - z\mathrm{e}^{-z}.$$

所以, Z 的分布函数为

$$F_Z(z) = \begin{cases} 1 - \mathrm{e}^{-z} - z\mathrm{e}^{-z}, & z > 0, \\ 0, & z \leqslant 0. \end{cases}$$

对 $F_Z(z)$ 求导可得 Z 的密度函数为

$$f_Z(z) = \begin{cases} z\mathrm{e}^{-z}, & z > 0, \\ 0, & z \leqslant 0. \end{cases}$$

2. $M = \max(X,Y)$ 及 $N = \min(X,Y)$ 的分布

设随机变量 X 与 Y 相互独立，其分布函数分别为 $F_X(x)$ 和 $F_Y(y)$. 求随机变量 M 和 N 的分布函数 $F_{\max}(z)$ 和 $F_{\min}(z)$.

(1) 由于 $M = \max(X,Y)$ 不大于 z 等价于 X 和 Y 都不大于 z，故有

$$P\{M \leqslant z\} = P\{X \leqslant z, Y \leqslant z\}.$$

又由于 X 与 Y 相互独立, 所以, M 的分布函数为

$$F_{\max}(z) = P\{M \leqslant z\} = P\{X \leqslant z, Y \leqslant z\} = P\{X \leqslant z\}P\{Y \leqslant z\}.$$

即

$$F_{\max}(z) = F_X(z) \cdot F_Y(z). \tag{3.7.4}$$

(2)类似地, $N = \min(X,Y)$ 不小于 z 等价于 X 和 Y 都不小于 z, 故有

$$P\{N > z\} = P\{X > z, Y > z\}.$$

又由于 X 与 Y 相互独立, 所以, N 的分布函数为

$$F_{\min}(z) = P\{N \leqslant z\} = 1 - P\{N > z\} = 1 - P\{X > z, Y > z\} = 1 - P\{X > z\}P\{Y > z\}.$$

即

$$F_{\min}(z) = 1 - [1 - F_X(z)] \cdot [1 - F_Y(z)]. \tag{3.7.5}$$

(3)公式(3.7.4)和(3.7.5)容易推广至 n 个相互独立的随机变量的情况.

设 $X_1, X_2, \cdots, X_n$ 相互独立, X_i ($i = 1, 2, \cdots, n$) 的分布函数为 $F_{X_i}(x_i)$, 则 $M = \max(X_1, X_2, \cdots, X_n)$ 和 $N = \min(X_1, X_2, \cdots, X_n)$ 的分布函数分别为

$$F_{\max}(z) = F_{X_1}(z) F_{X_2}(z) \cdots F_{X_n}(z) = \prod_{i=1}^{n} F_{X_i}(z), \tag{3.7.6}$$

$$F_{\min}(z) = 1 - \prod_{i=1}^{n} [1 - F_{X_i}(z)]. \tag{3.7.7}$$

特别地, 当 $X_1, X_2, \cdots, X_n$ 相互独立且具有相同的分布函数 $F(x)$ 时, 有

$$F_{\max}(z) = [F(z)]^n,$$

$$F_{\min}(z) = 1 - [1 - F(z)]^n.$$

例 3.7.4 设二维随机变量 (X,Y), X 与 Y 相互独立且同分布, X 的分布律为

X	0	1
P	0.5	0.5

试求 $Z = \max(X,Y)$ 的分布律.

解 二维随机变量 (X,Y) 的所有可能取值为 $(0,0),(0,1),(1,0),(1,1)$. 因此, $Z = \max(X,Y)$ 的可能取值为 0, 1, 计算可得

$$P\{z = 0\} = P\{\max(X,Y) = 0\} = P\{X = 0, Y = 0\} = P\{X = 0\}P\{Y = 0\} = 0.25.$$

$$P\{z = 1\} = P\{\max(X,Y) = 1\} = P\{X = 0, Y = 1\} + P\{X = 1, Y = 0\} + P\{X = 1, Y = 1\}$$
$$= 0.25 + 0.25 + 0.25 = 0.75.$$

或者 $P\{z = 1\} = 1 - P\{z = 0\} = 0.75$. 因此, $Z = \max(X,Y)$ 的分布律为

Z	0	1
P	0.25	0.75

例 3.7.5 设随机变量 X 与 Y 相互独立, 且均服从区间 $(0,3)$ 上的均匀分布, 试求: (1) X 及 Y 的密度函数; (2) (X,Y) 的联合密度函数 $f(x,y)$; (3) $P\{\max(X,Y)\leqslant 1\}$.

解 (1) X 的密度函数为

$$f_X(x)=\begin{cases}\dfrac{1}{3}, & 0<x<3, \\ 0, & \text{其他}.\end{cases}$$

Y 的密度函数为

$$f_Y(y)=\begin{cases}\dfrac{1}{3}, & 0<y<3, \\ 0, & \text{其他}.\end{cases}$$

(2) 由 X 与 Y 相互独立得 (X,Y) 的联合密度函数为

$$f(x,y)=f_X(x)f_Y(y)=\begin{cases}\dfrac{1}{9}, & 0<x<3,0<y<3, \\ 0, & \text{其他}.\end{cases}$$

(3) $P\{\max(X,Y)\leqslant 1\}=P\{X\leqslant 1,Y\leqslant 1\}=P\{X\leqslant 1\}\cdot P\{Y\leqslant 1\}$

$$=\int_0^1\frac{1}{3}\mathrm{d}x\int_0^1\frac{1}{3}\mathrm{d}y=\frac{1}{9}.$$

例 3.7.6 设系统 L 由两个相互独立的子系统 L_1,L_2 连接而成, 连接的方式分别为 (1) 串联, (2) 并联 (图 3.4). 设 L_1,L_2 的寿命分别为 X,Y, 并且它们的密度函数分别为

$$f_X(x)=\begin{cases}2\mathrm{e}^{-2x}, & x>0, \\ 0, & x\leqslant 0.\end{cases}$$

$$f_Y(y)=\begin{cases}\mathrm{e}^{-y}, & y>0, \\ 0, & y\leqslant 0.\end{cases}$$

试分别就以上两种连接方式求出系统 L 的寿命 Z 的分布函数 $F_Z(z)$ 及密度函数 $f_Z(z)$.

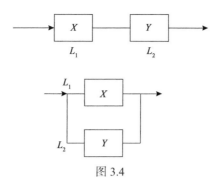

图 3.4

解 (1) 串联方式:

由于当子系统 L_1, L_2 中有一个损坏时, 系统 L 就停止工作, 所以 L 的寿命 Z 为 $Z = \min(X, Y)$. 由公式(3.7.5),

$$F_{\min}(z) = 1 - [1 - F_X(z)] \cdot [1 - F_Y(z)].$$

而 X 与 Y 的分布函数分别为

$$F_X(x) = \begin{cases} 1 - e^{-2x}, & x > 0, \\ 0, & x \leqslant 0. \end{cases}$$

$$F_Y(y) = \begin{cases} 1 - e^{-y}, & y > 0, \\ 0, & y \leqslant 0. \end{cases}$$

因此, Z 的分布函数和密度函数分别为

$$F_{\min}(z) = \begin{cases} 1 - e^{-3z}, & z > 0, \\ 0, & z \leqslant 0. \end{cases}$$

$$f_{\min}(z) = \begin{cases} 3e^{-3z}, & z > 0, \\ 0, & z \leqslant 0. \end{cases}$$

(2) 并联方式:

由于当子系统 L_1, L_2 中都损坏时, 系统 L 才停止工作, 所以 L 的寿命 Z 为 $Z = \max(X, Y)$. 由公式(3.7.4),

$$F_{\max}(z) = F_X(z) \cdot F_Y(z).$$

Z 的分布函数和密度函数分别为

$$F_{\max}(z) = F_X(z) \cdot F_Y(z) = \begin{cases} (1 - e^{-2z})(1 - e^{-z}), & z > 0, \\ 0, & z \leqslant 0. \end{cases}$$

$$f_{\max}(z) = \begin{cases} e^{-z} + 2e^{-2z} - 3e^{-3z}, & z > 0, \\ 0, & z \leqslant 0. \end{cases}$$

习题 3.7

（A）

习题 3.7 解答

1. 设随机变量 X 与 Y 相互独立, 其分布律分别为

X	1	3
P	0.3	0.7

Y	2	4
P	0.6	0.4

试求 $Z = X + Y$ 的分布律.

2. 设二维随机变量 (X,Y) 的分布律为

X \ Y	1	2	3
1	$\frac{1}{4}$	$\frac{1}{4}$	$\frac{1}{8}$
2	$\frac{1}{8}$	0	0
3	$\frac{1}{8}$	$\frac{1}{8}$	0

求以下随机变量的分布律: （1）$X + Y$; （2）$X - Y$; （3）$2X$; （4）$X \cdot Y$.

3. 设 X 服从参数为 $\frac{1}{2}$ 的指数分布, Y 服从参数为 $\frac{1}{3}$ 的指数分布, 且 X 与 Y 相互独立. 求随机变量 $Z = X + Y$ 的概率密度 $f_Z(z)$.

4. 设 X 与 Y 是两个相互独立的随机变量, 其概率密度分别为

$$f_X(x) = \begin{cases} 1, & 0 \leqslant x \leqslant 1, \\ 0, & \text{其他}. \end{cases}$$

$$f_Y(y) = \begin{cases} \mathrm{e}^{-y}, & y > 0, \\ 0, & \text{其他}. \end{cases}$$

求随机变量 $Z = X + Y$ 的概率密度 $f_Z(z)$.

5. 设随机变量 X 与 Y 独立同分布, 且 X 的分布函数为 $F(x)$, 求 $Z = \max(X,Y)$ 的分布函数 $F_Z(z)$.

6. 设二维随机变量 (X,Y) 服从区域 $G = \{(x,y) \mid 0 \leqslant x \leqslant 1, 0 \leqslant y \leqslant 2\}$ 上的均匀分布, 求 $P\left\{\max(X,Y) > \frac{1}{2}\right\}$.

7. 设随机变量 X 与 Y 相互独立, 且均服从区间 $(0,3)$ 上的均匀分布, 求 $P\{\max(X,Y) \leqslant 1\}$.

8. 设某种型号的电子元件的寿命(以小时计)服从正态分布 $N(160, 20^2)$. 随机地选取 4 只, 求其中没有一只寿命小于 180 小时的概率.

9. 设二维随机变量 (X,Y) 的分布律为

X \ Y	1	2	3
1	$\frac{1}{9}$	0	0
2	$\frac{2}{9}$	$\frac{1}{9}$	0
3	$\frac{2}{9}$	$\frac{2}{9}$	$\frac{1}{9}$

求：(1) $U = \max(X,Y)$ 的分布律；(2) $V = \min(X,Y)$ 的分布律.

10. 设二维随机变量 (X,Y) 的分布律为

X \ Y	1	2	3
1	$\frac{1}{6}$	$\frac{1}{9}$	$\frac{1}{18}$
2	$\frac{1}{3}$	$\frac{2}{9}$	$\frac{1}{9}$

求：(1) $U = \max(X,Y)$ 的分布律；(2) $V = \min(X,Y)$ 的分布律；(3) $Z = X + Y$ 的分布律.

11. 设随机变量 (X,Y) 的联合密度函数为

$$f(x,y) = \begin{cases} x\mathrm{e}^{-y}, & 0 < x < y, \\ 0, & \text{其他.} \end{cases}$$

求：(1) $Z = X + Y$ 的概率密度 $f_Z(z)$；(2) $V = \min(X,Y)$ 的概率密度 $f_V(v)$.

(B)

1. 设随机变量 (X,Y) 的联合密度函数为

$$f(x,y) = \begin{cases} b\mathrm{e}^{-(x+y)}, & 0 < x < 1, 0 < y < +\infty, \\ 0, & \text{其他.} \end{cases}$$

(1)试确定常数 b；(2)求边缘密度函数 $f_X(x), f_Y(y)$；(3)求函数 $U = \max(X,Y)$ 的分布函数.

2. 设二维随机变量 (X,Y) 的分布律：

X \ Y	0	1
0	0.4	a
1	b	0.1

若事件 $\{X=0\}$ 与 $\{X+Y=1\}$ 相互独立, 试确定 a,b 的值.

3. 设随机变量 (X,Y) 的联合密度函数为

$$f(x,y)=\begin{cases}2-x-y, & 0<x<1,0<y<1,\\ 0, & \text{其他}.\end{cases}$$

求: (1) $P\{X>2Y\}$; (2)随机变量 $Z=X+Y$ 的概率密度 $f_Z(z)$.

4. 设随机变量 X 与 Y 相互独立, 其中 X 的分布律为

X	1	2
P	0.3	0.7

而 Y 的密度函数为 $f_Y(y)$, 求随机变量 $U=X+Y$ 的密度函数 $g(u)$.

5. 设随机变量 X 与 Y 相互独立, 其中 X 的分布律为 $P\{X=i\}=\dfrac{1}{3}$ ($i=-1,0,1$), Y 的密度函数为

$$f_Y(y)=\begin{cases}1, & 0<y<1,\\ 0, & \text{其他}.\end{cases}$$

求随机变量 $Z=X+Y$ 的概率密度 $f_Z(z)$.

6. 设 U, V 是相互独立且服从同一分布的两个随机变量, 已知 U 的分布律为 $P\{U=i\}=\dfrac{1}{3}$ ($i=1,2,3$), 又设 $X=\max(U,V),Y=\min(U,V)$, 试求 (X,Y) 的联合分布律.

第 4 章　随机变量的数字特征

在前面两章, 我们介绍了随机变量的分布函数、离散型随机变量的分布律及连续型随机变量的密度函数, 它们都能完整地描述随机变量. 但在实际问题中, 人们感兴趣于某些描述随机变量某一种特征的常数.

例如,

(1) 一篮球队上场比赛的运动员的身高是一个随机变量, 人们常常关心上场运动员的平均身高.

(2) 一个城市一户家庭拥有汽车的辆数是一个随机变量, 在考察城市交通时, 人们关心户均拥有汽车的辆数.

(3) 评价棉花的质量时, 既需要注意纤维的平均长度, 又需要注意纤维长度与平均长度的偏离程度, 平均长度较大, 偏离程度较小, 质量就较好.

这种由随机变量的分布所确定的, 能刻画随机变量某一方面特征的常数统称为**数字特征**. 这些数字特征在理论上和实际中都有十分重要的意义.

本章将介绍随机变量常用的数字特征: 数学期望、方差、协方差、相关系数和矩.

4.1　数　学　期　望

平均值是人们日常生活中最常用的一个数字特征, 它对评价某些事物并做出决策具有十分重要的作用. 例如, 平均分数、平均身高、平均收益等.

对于随机变量, 我们也希望能有这样的一个数字特征, 用来反映随机变量取值的平均程度, 在概率论中, 称这样的一个数字特征为随机变量的数学期望, 或称为随机变量的均值, 是随机变量最基本而重要的数字特征.

下面我们分别讨论离散型随机变量和连续型随机变量的数学期望.

4.1.1　离散型随机变量的数学期望

先看一个例子.

例 4.1.1　对某课程进行一次测验, 采取 5 分制评分. 10 名学生的测试成绩如下:

$$3, 5, 3, 4, 2, 5, 4, 3, 4, 3.$$

问学生们的测试的平均成绩是多少?

解 设平均成绩为 μ, 则

$$\mu = \frac{2 \times 1 + 3 \times 4 + 4 \times 3 + 5 \times 2}{10}$$

$$= 2 \times \frac{1}{10} + 3 \times \frac{4}{10} + 4 \times \frac{3}{10} + 5 \times \frac{2}{10} = 3.6 (分).$$

引入随机变量, 用 X 表示学生的测试成绩, X 的可能取值: 2, 3, 4, 5, 则 X 的分布律为

X	2	3	4	5
P	$\frac{1}{10}$	$\frac{4}{10}$	$\frac{3}{10}$	$\frac{2}{10}$

不难看出, 学生测试的平均成绩, 即随机变量 X 的均值为

$$\mu = 2 \times P\{X = 2\} + 3 \times P\{X = 3\} + 4 \times P\{X = 4\} + 5 \times P\{X = 5\} = 3.6 \ (分).$$

一般地, 引入数学期望的定义.

定义 4.1.1 设离散型随机变量 X 的分布律为

X	x_1	x_2	$\cdots$	x_i	$\cdots$
P	p_1	p_2	$\cdots$	p_i	$\cdots$

若级数

$$\sum_i x_i p_i$$

绝对收敛, 则称级数 $\sum_i x_i p_i$ 的和为随机变量 X 的**数学期望**(或**均值**). 记作 $E(X)$, 即

$$E(X) = \sum_i x_i p_i .$$

其中 $\sum_i x_i p_i$ 的绝对收敛保证了 $E(X)$ 的值不因级数求和次序的改变而改变.

例 4.1.2 有甲、乙两名射手进行比赛, 所得分数(单位: 环)分别记为 X, Y, 其分布律如下:

X	8	9	10
P	0.3	0.1	0.6

Y	8	9	10
P	0.2	0.5	0.3

试评定他们成绩的好坏.

解　由题意知,

$$E(X) = 8 \times 0.3 + 9 \times 0.1 + 10 \times 0.6 = 9.3 \ (环),$$

$$E(Y) = 8 \times 0.2 + 9 \times 0.5 + 10 \times 0.3 = 9.1 \ (环).$$

因此, 从平均成绩来看, 甲比乙成绩好.

下面给出两个常用的离散型随机变量的数学期望.

1. 两点分布

设 $X \sim B(1, p)$, 其分布律为

X	0	1
P	$1-p$	p

其中 $0 < p < 1$, 则

$$E(X) = 0 \times (1-p) + 1 \times p = p.$$

2. 泊松分布

设 $X \sim P(\lambda)\,(\lambda > 0)$, 其分布律为

$$P\{X = k\} = \frac{\lambda^k e^{-\lambda}}{k!}, \quad k = 0, 1, 2, \cdots.$$

则 $E(X) = \sum_{k=0}^{\infty} k \cdot \frac{\lambda^k e^{-\lambda}}{k!} = \sum_{k=1}^{\infty} k \cdot \frac{\lambda^k e^{-\lambda}}{k!} = \lambda \cdot e^{-\lambda} \sum_{k=1}^{\infty} \frac{\lambda^{k-1}}{(k-1)!} = \lambda.$

4.1.2　连续型随机变量的数学期望

定义 4.1.2　设连续型随机变量 X 的密度函数为 $f(x)$, 若反常积分

$$\int_{-\infty}^{+\infty} x \cdot f(x) \mathrm{d}x$$

绝对收敛, 则称该反常积分的值为随机变量 X 的**数学期望**, 记作 $E(X)$, 即

$$E(X) = \int_{-\infty}^{+\infty} x \cdot f(x) \mathrm{d}x.$$

由数学期望的定义可知, 并非所有的随机变量都有数学期望.

下面给出三个常用的连续型随机变量的数学期望.

1. 均匀分布

设 $X \sim U(a,b)\,(a<b)$, 其密度函数为

$$f(x) = \begin{cases} \dfrac{1}{b-a}, & a<x<b, \\ 0, & \text{其他.} \end{cases}$$

则

$$E(X) = \int_{-\infty}^{+\infty} x \cdot f(x) \mathrm{d}x = \int_a^b \frac{x}{b-a} \mathrm{d}x = \frac{a+b}{2}.$$

2. 指数分布

设 $X \sim E(\lambda)\,(\lambda>0)$, 其密度函数为

$$f(x) = \begin{cases} \lambda \mathrm{e}^{-\lambda x}, & x>0, \\ 0, & x \leqslant 0. \end{cases}$$

则

$$E(X) = \int_{-\infty}^{+\infty} x \cdot f(x) \mathrm{d}x = \int_0^{+\infty} x \cdot \lambda \mathrm{e}^{-\lambda x} \mathrm{d}x = -\left[\left(x \mathrm{e}^{-\lambda x} \right) \Big|_0^{+\infty} - \int_0^{+\infty} \mathrm{e}^{-\lambda x} \mathrm{d}x \right] = \frac{1}{\lambda}.$$

3. 正态分布

设 $X \sim N(\mu, \sigma^2)\,(\sigma>0)$, 其密度函数为

$$f(x) = \frac{1}{\sqrt{2\pi}\sigma} \mathrm{e}^{\frac{(x-\mu)^2}{2\sigma^2}} \quad (-\infty < x < +\infty),$$

则

$$E(X) = \int_{-\infty}^{+\infty} x \cdot f(x) \mathrm{d}x = \int_{-\infty}^{+\infty} x \cdot \frac{1}{\sqrt{2\pi}\sigma} \mathrm{e}^{\frac{(x-\mu)^2}{2\sigma^2}} \mathrm{d}x,$$

令 $t = \dfrac{x-\mu}{\sigma}$，则 $x = \mu + \sigma t$，因此，

$$E(X) = \frac{1}{\sqrt{2\pi}} \int_{-\infty}^{+\infty} (\mu + \sigma t) \cdot \mathrm{e}^{-\frac{t^2}{2}} \mathrm{d}t$$

$$= \frac{\mu}{\sqrt{2\pi}} \int_{-\infty}^{+\infty} \mathrm{e}^{-\frac{t^2}{2}} \mathrm{d}t + \frac{\sigma}{\sqrt{2\pi}} \int_{-\infty}^{+\infty} t \cdot \mathrm{e}^{-\frac{t^2}{2}} \mathrm{d}t = \mu + 0 = \mu.$$

4.1.3　随机变量函数的数学期望

1. 一个随机变量函数的数学期望

设 X 是随机变量，$g(x)$ 是函数，则 $Y = g(X)$ 也是随机变量，因此，有时还需要考虑随机变量 $Y = g(X)$ 的数学期望. 虽然可以通过 X 的分布求出 $Y = g(X)$ 的分布，然后再按定义求出 $Y = g(X)$ 的数学期望 $E[g(X)]$，但这种做法比较复杂也没有必要. 下面不加证明地给出计算随机变量 X 的函数 $Y = g(X)$ 的数学期望的方法.

定理 4.1.1　设离散型随机变量 X 的分布律为 $P\{X = x_i\} = p_i (i = 1, 2, \cdots)$，则 $Y = g(X)$ 的数学期望为

$$E(Y) = E[g(X)] = \sum_i g(x_i) P\{X = x_i\} = \sum_i g(x_i) p_i,$$

其中级数 $\sum_i g(x_i) p_i$ 绝对收敛.

定理 4.1.2　设连续型随机变量 X 的密度函数为 $f(x)$，则 $Y = g(X)$ 的数学期望为

$$E(Y) = E[g(X)] = \int_{-\infty}^{+\infty} g(x) \cdot f(x) \mathrm{d}x,$$

其中反常积分 $\displaystyle\int_{-\infty}^{+\infty} g(x) \cdot f(x) \mathrm{d}x$ 绝对收敛.

定理的重要性在于，求 $E[g(X)]$ 时，不必知道 $Y = g(X)$ 的分布，只需知道 X 的分布即可. 这给求随机变量函数的数学期望带来极大的方便.

例 4.1.3　设随机变量 X 的分布律为

X	-1	0	1	2
P	0.3	0.4	0.1	0.2

试求数学期望 $E(X^2-1)$.

解 根据定理 4.1.1, 直接计算数学期望 $E(X^2-1)$:

$$E(X^2-1) = [(-1)^2-1] \times 0.3 + (0^2-1) \times 0.4 + (1^2-1) \times 0.1 + (2^2-1) \times 0.2 = 0.2.$$

或者也可先求出 X^2-1 的分布, 再求 $E(X^2-1)$:

P	0.3	0.4	0.1	0.2
X	-1	0	1	2
X^2-1	0	-1	0	3

所以, $E(X^2-1) = 0 \times 0.3 + (-1) \times 0.4 + 0 \times 0.1 + 3 \times 0.2 = 0.2$.

两种做法的结果是一致的.

例 4.1.4 设随机变量 X 服从参数为 $\lambda\,(\lambda>0)$ 的泊松分布, 试求数学期望 $E(X^2)$.

解 由 $X \sim P(\lambda)$ 知, X 的分布律为

$$P\{X=k\} = \frac{\lambda^k \mathrm{e}^{-\lambda}}{k!}, \quad k=0,1,2,\cdots.$$

所以有

$$\begin{aligned}
E(X^2) &= \sum_{k=0}^{\infty} k^2 \cdot \frac{\lambda^k \mathrm{e}^{-\lambda}}{k!} = \sum_{k=0}^{\infty} (k-1+1)k \cdot \frac{\lambda^k \mathrm{e}^{-\lambda}}{k!} \\
&= \sum_{k=0}^{\infty} (k-1)k \cdot \frac{\lambda^k \mathrm{e}^{-\lambda}}{k!} + \sum_{k=0}^{\infty} k \cdot \frac{\lambda^k \mathrm{e}^{-\lambda}}{k!} \\
&= \lambda^2 \mathrm{e}^{-\lambda} \sum_{k=2}^{\infty} \frac{\lambda^{k-2}}{(k-2)!} + \lambda \cdot \mathrm{e}^{-\lambda} \sum_{k=1}^{\infty} \frac{\lambda^{k-1}}{(k-1)!} \\
&= \lambda^2 \mathrm{e}^{-\lambda} \mathrm{e}^{\lambda} + \lambda \cdot \mathrm{e}^{-\lambda} \cdot \mathrm{e}^{\lambda} = \lambda^2 + \lambda.
\end{aligned}$$

例 4.1.5 设随机变量 X 服从参数为 $\lambda\,(\lambda>0)$ 的指数分布, 试求数学期望 $E(X^2)$.

解 由 $X \sim E(\lambda)$ 知, X 的密度函数为

$$f(x) = \begin{cases} \lambda \mathrm{e}^{-\lambda x}, & x>0, \\ 0, & x \leqslant 0, \end{cases}$$

所以有

$$E(X^2) = \int_{-\infty}^{+\infty} x^2 f(x)\mathrm{d}x = \int_0^{+\infty} x^2 \cdot \lambda \mathrm{e}^{-\lambda x}\mathrm{d}x$$

$$= -\left[\left. (x^2\mathrm{e}^{-\lambda x})\right|_0^{+\infty} - \int_0^{+\infty} \mathrm{e}^{-\lambda x} \cdot 2x\mathrm{d}x \right]$$

$$= -\frac{2}{\lambda}\int_0^{+\infty} x\mathrm{d}\mathrm{e}^{-\lambda x} = \frac{2}{\lambda^2}.$$

例 4.1.6 设随机变量 X 服从区间 (a,b) 上的均匀分布, 试求数学期望 $E(X^2)$.

解 由 $X \sim U(a,b)$ 知, X 的密度函数为

$$f(x) = \begin{cases} \dfrac{1}{b-a}, & a < x < b, \\ 0, & \text{其他}, \end{cases}$$

所以有

$$E(X^2) = \int_{-\infty}^{+\infty} x^2 f(x)\mathrm{d}x = \int_a^b \frac{x^2}{b-a}\mathrm{d}x = \frac{a^2 + ab + b^2}{3}.$$

2. 两个随机变量函数的数学期望

定理 4.1.1 和定理 4.1.2 可推广至二维随机变量的情形.

定理 4.1.3 设二维离散型随机变量 (X,Y) 的联合分布律为

$$P\{X = x_i, Y = y_j\} = p_{ij} \quad (i, j = 1, 2, \cdots),$$

则 $Z = g(X,Y)$ 的数学期望为

$$E(Z) = E[g(X,Y)] = \sum_i \sum_j g(x_i, y_j)p_{ij},$$

其中级数 $\sum_i \sum_j g(x_i, y_j)p_{ij}$ 绝对收敛.

定理 4.1.4 设二维连续型随机变量 (X,Y) 的联合密度函数为 $f(x,y)$, 则 $Z = g(X,Y)$ 的数学期望为

$$E(Z) = E[g(X,Y)] = \int_{-\infty}^{+\infty}\int_{-\infty}^{+\infty} g(x,y) \cdot f(x,y)\mathrm{d}x\mathrm{d}y,$$

其中反常积分 $\int_{-\infty}^{+\infty}\int_{-\infty}^{+\infty} g(x,y) \cdot f(x,y)\mathrm{d}x\mathrm{d}y$ 绝对收敛.

特别地, 有

$$E(X) = \int_{-\infty}^{+\infty} \int_{-\infty}^{+\infty} xf(x,y)\mathrm{d}x\mathrm{d}y ,$$

$$E(Y) = \int_{-\infty}^{+\infty} \int_{-\infty}^{+\infty} yf(x,y)\mathrm{d}x\mathrm{d}y .$$

例 4.1.7 设二维离散型随机变量 (X,Y) 的联合分布律为

X \ Y	0	1	2	3
1	0	$\frac{3}{8}$	$\frac{3}{8}$	0
3	$\frac{1}{8}$	0	0	$\frac{1}{8}$

试求数学期望 $E(X), E(Y), E(XY)$.

解 X 的边缘分布律为

X	1	3
P	$\frac{6}{8}$	$\frac{2}{8}$

所以, $E(X) = 1 \times \frac{6}{8} + 3 \times \frac{2}{8} = \frac{3}{2}$.

Y 的边缘分布律为

Y	0	1	2	3
P	$\frac{1}{8}$	$\frac{3}{8}$	$\frac{3}{8}$	$\frac{1}{8}$

所以,

$$E(Y) = 0 \times \frac{1}{8} + 1 \times \frac{3}{8} + 2 \times \frac{3}{8} + 3 \times \frac{1}{8} = \frac{3}{2}.$$

$$E(XY) = (1 \times 0) \times 0 + (1 \times 1) \times \frac{3}{8} + (1 \times 2) \times \frac{3}{8} + (1 \times 3) \times 0$$

$$+ (3 \times 0) \times \frac{1}{8} + (3 \times 1) \times 0 + (3 \times 2) \times 0 + (3 \times 3) \times \frac{1}{8} = \frac{9}{4}.$$

例 4.1.8　设二维连续型随机变量 (X,Y) 的联合密度函数为

$$f(x,y) = \begin{cases} 2, & 0 < y < x, 0 < x < 1, \\ 0, & \text{其他}. \end{cases}$$

试求数学期望 $E(X), E(Y), E(XY)$.

解
$$E(X) = \int_{-\infty}^{+\infty}\int_{-\infty}^{+\infty} xf(x,y)\mathrm{d}x\mathrm{d}y = \int_0^1\left[\int_0^x x \cdot 2\mathrm{d}y\right]\mathrm{d}x = \frac{2}{3}.$$

$$E(Y) = \int_{-\infty}^{+\infty}\int_{-\infty}^{+\infty} yf(x,y)\mathrm{d}x\mathrm{d}y = \int_0^1\left[\int_0^x y \cdot 2\mathrm{d}y\right]\mathrm{d}x = \frac{1}{3}.$$

$$E(XY) = \int_{-\infty}^{+\infty}\int_{-\infty}^{+\infty} xyf(x,y)\mathrm{d}x\mathrm{d}y = \int_0^1\left[\int_0^x xy \cdot 2\mathrm{d}y\right]\mathrm{d}x = \frac{1}{4}.$$

4.1.4　数学期望的性质

设 $X, Y, X_1, X_2, \cdots, X_n$ 是随机变量, C 为常数, 则数学期望具有以下性质.

性质 1　$E(C) = C$.

性质 2　$E(CX) = CE(X)$.

性质 3　$E(X + Y) = E(X) + E(Y)$.

此性质可推广至有限多个的情形:

$$E(X_1 + X_2 + \cdots + X_n) = E(X_1) + E(X_2) + \cdots + E(X_n).$$

性质 4　若 X, Y 相互独立, 则 $E(XY) = E(X)E(Y)$.

此性质可推广至有限多个的情形: 若 $X_1, X_2, \cdots, X_n$ 相互独立, 则

$$E(X_1 X_2 \cdots X_n) = E(X_1)E(X_2)\cdots E(X_n).$$

证明　性质 1 和性质 2 容易证得. 只证连续型随机变量情形下的性质 3, 性质 4 同理可证.

设 X, Y 为连续型随机变量, 其联合密度函数为 $f(x,y)$, 则

$$\begin{aligned}
E(X + Y) &= \int_{-\infty}^{+\infty}\int_{-\infty}^{+\infty}(x + y) \cdot f(x,y)\mathrm{d}x\mathrm{d}y \\
&= \int_{-\infty}^{+\infty}\int_{-\infty}^{+\infty} xf(x,y)\mathrm{d}x\mathrm{d}y + \int_{-\infty}^{+\infty}\int_{-\infty}^{+\infty} yf(x,y)\mathrm{d}x\mathrm{d}y \\
&= E(X) + E(Y).
\end{aligned}$$

性质 3 得证.

习题 4.1

习题 4.1 解答

(A)

1. 一批零件中有 9 件合格品和 3 件废品, 安装机器时从这批零件中任取一件, 如果取出的是废品不再放回去, 求在取到合格品以前已取出的废品数的数学期望.

2. 设随机变量 X 的分布律为

X	-2	0	2
P	0.4	0.3	0.3

求: (1) $E(X)$; (2) $E(X^2)$; (3) $E(3X^2+5)$.

3. 设随机变量 X 的分布律为

X	-1	0	$\dfrac{1}{2}$	1	2
P	$\dfrac{1}{3}$	$\dfrac{1}{6}$	$\dfrac{1}{6}$	$\dfrac{1}{12}$	$\dfrac{1}{4}$

求: (1) $E(X)$; (2) $E(-X+1)$; (3) $E(X^2)$.

4. 设随机变量 (X,Y) 的联合分布律为

X＼Y	0	1
0	0.3	0.2
1	0.4	0.1

求: (1) $E(X)$; (2) $E(Y)$; (3) $E(X-2Y)$.

5. 已知随机变量 $X \sim P(2)$, 求随机变量 $Y = 3X - 2$ 的数学期望.

6. 设随机变量 X 的密度函数为

$$f(x) = \begin{cases} e^{-x}, & x > 0, \\ 0, & x \leqslant 0. \end{cases}$$

求: (1) $E(X)$; (2) $E(2X)$; (3) $E(X + e^{-2X})$.

7. 设随机变量 (X,Y) 的联合密度函数为

$$f(x,y) = \begin{cases} 12y^2, & 0 \leqslant y \leqslant x \leqslant 1, \\ 0, & \text{其他}. \end{cases}$$

求: (1) $E(X)$; (2) $E(Y)$; (3) $E(XY)$; (4) $E(X^2+Y^2)$.

8. 设随机变量 (X,Y) 服从在区域 A 上的均匀分布, 其中 A 为 x 轴, y 轴及直线 $x+y+1=0$ 所围成的区域. 求: (1) $E(X)$; (2) $E(-3X+2Y)$; (3) $E(XY)$.

9. 设随机变量 (X,Y) 的联合密度函数为

$$f(x,y) = \begin{cases} \mathrm{e}^{-(x+y)}, & x > 0, y > 0, \\ 0, & \text{其他}. \end{cases}$$

求: (1) $P\{X < Y\}$; (2) $E(XY)$.

10. 从学校乘汽车到火车站途中有 3 个交通岗, 假设在各个交通岗遇到红灯的事件是相互独立的, 并且概率都是 $\dfrac{2}{5}$. 设 X 表示途中遇到红灯的次数. 试求: (1)随机变量 X 的分布律; (2)分布函数 $F(X)$; (3)数学期望 $E(X)$.

11. 设 X 的密度函数为 $f(x) = \dfrac{1}{2}\mathrm{e}^{-|x|}$, 求: (1) $E(X)$; (2) $E(X^2)$.

(B)

1. 设随机变量 X 取非负整数 $n \geqslant 0$ 的概率为 $P_n = \dfrac{AB^n}{n!}$. 已知 $E(X) = a$. 试确定 A 与 B 的值.

2. 一民航送客车载有 20 位旅客自机场开出, 旅客有 10 个车站可以下车. 如到达一个车站没有旅客下车就不停车. 以 X 表示停车的次数, 求 $E(X)$ (设每位旅客在各个车站下车是等可能的, 并设各旅客是否下车相互独立).

3. 设有 n 个球和 n 个能装球的盒子, 它们各自编有序号 $1, 2, \cdots, n$. 今随机地将球分放在盒子中, 每个盒中放一个, 求两个序号恰好一致的数对的个数的数学期望 $E(X)$.

4. 设随机变量 X 的密度函数为 $f(x) = \dfrac{1}{\pi(1+x^2)}$, 求 $E[\min(|X|, 1)]$.

5. 设随机变量 X 和 Y 同分布, X 的密度函数为

$$f(x) = \begin{cases} \dfrac{3}{8}x^2, & 0 < x < 2, \\ 0, & \text{其他}, \end{cases}$$

且事件 $A = \{X > a\}$ 和事件 $B = \{Y > a\}$ 独立, $P(A \cup B) = \dfrac{3}{4}$. 试求: (1) 常数 a; (2) $E\left(\dfrac{1}{X^2}\right)$.

6. 国际市场每年对我国某种出口商品的需求量 X 是一个随机变量, 它在 (2000, 4000) (单位: 吨)上服从均匀分布. 若每售出一吨, 可得外汇 3 万美元, 若销售不出而积压, 则每吨需保养费 1 万美元. 问应组织多少货源, 才能使平均收益最大?

4.2 方 差

4.2.1 方差的定义

数学期望是反映随机变量取值的平均程度的数字特征, 但在实际问题中, 仅仅知道均值是不够的, 我们还需要知道随机变量取值相对于均值的集中或分散的

程度, 随机变量取值的稳定性是判断随机现象性质的另一个重要指标. 这就是本节将要讨论的随机变量的另一个数字特征: 方差.

例如, 有一批灯泡, 平均寿命是 $E(X) = 1000$ (小时), 仅由这一指标我们还不能判定这批灯泡质量的好坏. 事实上, 有可能其中绝大部分灯泡的寿命都在 960~1050 小时; 也有可能其中约有一半是高质量的, 它们的寿命大约有 1300 小时, 另一半却是质量很差的, 其寿命大约只有 700 小时, 为了评定这批灯泡的质量的好坏, 还需进一步考察灯泡的寿命 X 与其均值 $E(X)$ 的偏离程度. 若偏离程度较小, 表示灯泡的质量比较稳定, 从这个意义上来说, 我们认为质量较好. 由此可见, 研究随机变量与其均值的偏离程度是十分必要的, 如何去度量这个偏离程度?

描述随机变量 X 与其均值 $E(X)$ 的偏离程度可以用 $|X - E(X)|$ 表示, 然而, 由于含有绝对值, 运算不方便. 注意到 $[X - E(X)]^2$ 与 $|X - E(X)|$ 同时增大或同时减小, 因此 $[X - E(X)]^2$ 也能度量随机变量与其均值的偏离程度, 且不含绝对值. 可以用 $[X - E(X)]^2$ 来代替 $|X - E(X)|$ 进行讨论. 又由于 $[X - E(X)]^2$ 仍然是一个随机变量, 因此, 我们用它的平均值 $E\{[X - E(X)]^2\}$ 作为描述随机变量相对于均值 $E(X)$ 的偏离程度的数字特征, 于是就有了方差的定义.

定义 4.2.1　设 X 为随机变量, 若 $E\{[X - E(X)]^2\}$ 存在, 则称 $E\{[X - E(X)]^2\}$ 为随机变量 X 的**方差**. 记作 $D(X)$. 即

$$D(X) = E\{[X - E(X)]^2\}.$$

称 $\sigma(X) = \sqrt{D(X)}$ 为 X 的**标准差**或**均方差**.

由方差的定义知, 方差实际上就是随机变量 X 的函数 $g(X) = [X - E(X)]^2$ 的数学期望.

由方差的定义及数学期望的性质可得

$$D(X) = E\{[X - E(X)]^2\} = E\{X^2 - 2X \cdot E(X) + [E(X)]^2\}$$
$$= E(X^2) - 2E(X) \cdot E(X) + [E(X)]^2 = E(X^2) - [E(X)]^2.$$

即

$$D(X) = E(X^2) - [E(X)]^2,$$

这是计算方差时常用的公式.

方差的实际意义: 方差 $D(X)$ 描述了随机变量 X 的取值相对于均值 $E(X)$ 的集中 (或偏离) 程度. 方差越大, X 的取值越分散; 方差越小, X 的取值越集中于均值 $E(X)$ 的附近. 方差的大小反映了随机变量取值的稳定性.

例 4.2.1　甲、乙两厂生产同一型号的灯泡, 产品的使用寿命 (单位: h) 分别用

X 和 Y 表示, 分布律为

X	900	1000	1100
P	40%	20%	40%

Y	500	1000	1500
P	40%	20%	40%

试求数学期望 $E(X), E(Y)$ 及方差 $D(X), D(Y)$.

解 由数学期望及方差的定义可得

$$E(X) = 900 \times 0.4 + 1000 \times 0.2 + 1100 \times 0.4 = 1000.$$
$$E(Y) = 500 \times 0.4 + 1000 \times 0.2 + 1500 \times 0.4 = 1000.$$

所以,

$$D(X) = E(X^2) - [E(X)]^2$$
$$= 900^2 \times 0.4 + 1000^2 \times 0.2 + 1100^2 \times 0.4 - 1000^2 = 8000.$$
$$D(Y) = E(Y^2) - [E(Y)]^2$$
$$= 500^2 \times 0.4 + 1000^2 \times 0.2 + 1500^2 \times 0.4 - 1000^2 = 200000.$$

显然, 甲厂生产的产品质量比较稳定.

4.2.2 几种常用分布的方差

1. 两点分布

设 $X \sim B(1, p)$, 其分布律为

X	0	1
P	$1-p$	p

其中 $0 < p < 1$, 则由 $E(X) = p$, $E(X^2) = p$ 可得

$$D(X) = E(X^2) - [E(X)]^2 = p - p^2 = p(1-p).$$

2. 泊松分布

设 $X \sim P(\lambda)\,(\lambda > 0)$, 其分布律为

$$P\{X = k\} = \frac{\lambda^k \mathrm{e}^{-\lambda}}{k!}, \quad k = 0, 1, 2, \cdots,$$

则由 $E(X) = \lambda$, $E(X^2) = \lambda^2 + \lambda$ 可得

$$D(X) = E(X^2) - [E(X)]^2 = \lambda .$$

由此可知, 泊松分布的数学期望与方差相等, 都等于参数 λ. 因泊松分布只有一个参数 λ, 所以, 只要知道它的数学期望或方差就能完全确定它的分布了.

3. 均匀分布

设 $X \sim U(a,b)\,(a < b)$, 其密度函数为

$$f(x) = \begin{cases} \dfrac{1}{b-a}, & a < x < b, \\ 0, & \text{其他.} \end{cases}$$

则由 $E(X) = \dfrac{a+b}{2}$, $E(X^2) = \dfrac{a^2 + ab + b^2}{3}$ 可得

$$D(X) = E(X^2) - [E(X)]^2 = \frac{a^2 + ab + b^2}{3} - \left(\frac{a+b}{2}\right)^2 = \frac{(b-a)^2}{12} .$$

4. 指数分布

设 $X \sim E(\lambda)\,(\lambda > 0)$, 其密度函数为

$$f(x) = \begin{cases} \lambda \mathrm{e}^{-\lambda x}, & x > 0, \\ 0, & x \leqslant 0. \end{cases}$$

则由 $E(X) = \dfrac{1}{\lambda}$, $E(X^2) = \dfrac{2}{\lambda^2}$ 可得

$$D(X) = E(X^2) - [E(X)]^2 = \frac{1}{\lambda^2} .$$

5. 正态分布

设 $X \sim N(\mu, \sigma^2)\,(\sigma > 0)$, 其密度函数为

$$f(x) = \frac{1}{\sqrt{2\pi}\sigma} \mathrm{e}^{-\frac{(x-\mu)^2}{2\sigma^2}} \quad (-\infty < x < +\infty),$$

则由 $E(X) = \mu$ 知,

$$D(X) = E\{[X - E(X)]^2\} = E\{[X - \mu]^2\}$$

$$= \int_{-\infty}^{+\infty} (x - \mu)^2 \cdot \frac{1}{\sqrt{2\pi}\sigma} \mathrm{e}^{-\frac{(x-\mu)^2}{2\sigma^2}} \mathrm{d}x$$

$$\xrightarrow{\,\diamondsuit\, t = \frac{x-\mu}{\sigma}\,} \sigma^2 \int_{-\infty}^{+\infty} \frac{t^2}{\sqrt{2\pi}} \mathrm{e}^{-\frac{t^2}{2}} \mathrm{d}t = \sigma^2.$$

因此, 正态分布的密度函数中的两个参数 μ 和 σ^2 分别为该分布的数学期望和方差, 因而只要知道一维正态随机变量 X 的数学期望和方差, 就能确定它的分布了.

4.2.3　方差的性质

设 $X, Y, X_1, X_2, \cdots, X_n$ 为随机变量, C 为常数, 则方差具有以下性质.

性质 1　$D(C) = 0$;

性质 2　$D(CX) = C^2 D(X)$;

性质 3　$D(X \pm Y) = D(X) + D(Y) \pm 2E\{[X - E(X)] \cdot [Y - E(Y)]\}$,
　　　　　$D(X + C) = D(X)$;

性质 4　若 X, Y 相互独立, 则 $D(X \pm Y) = D(X) + D(Y)$.

此性质可推广至有限多个的情形: 设 $X_1, X_2, \cdots, X_n$ 相互独立, $k_1, k_2, \cdots, k_n$ 是一组不全为零的数 $(n \geqslant 2)$, 则

$$D(k_1 X_1 + k_2 X_2 + \cdots + k_n X_n) = k_1^2 D(X_1) + k_2^2 D(X_2) + \cdots + k_n^2 D(X_n) = \sum_{i=1}^{n} k_i^2 D(X_i).$$

证明　性质 1、性质 2 容易证得. 下面给出性质 3 及性质 4 的证明. 仅证明 $D(X + Y)$ 的情况.

由方差的定义可得

$$D(X + Y) = E\{[(X + Y) - E(X + Y)]^2\}$$

$$= E\{[(X - E(X)) + (Y - E(Y))]^2\}$$

$$= E\{[X - E(X)]^2 + [Y - E(Y)]^2 + 2[X - E(X)][Y - E(Y)]\}$$

$$= D(X) + D(Y) + 2E\{[X - E(X)][Y - E(Y)]\}.$$

性质 3 得证.

若 X, Y 相互独立, 则

$$E\{[X - E(X)][Y - E(Y)]\} = E(XY) - E(X)E(Y) = 0,$$

从而

$$D(X+Y)=D(X)+D(Y).$$

性质 4 得证.

特别地, 若 $X_i \sim N(\mu_i, \sigma_i^2)$ $(i=1,2,\cdots,n)$, 且 $X_1, X_2, \cdots, X_n$ 相互独立, 则它们的线性组合

$$k_1 X_1 + k_2 X_2 + \cdots + k_n X_n = \sum_{i=1}^{n} k_i X_i$$

仍然服从正态分布, 其中 $k_1, k_2, \cdots, k_n$ 是一组不全为零的系数, 且有

$$\sum_{i=1}^{n} k_i X_i \sim N\left(\sum_{i=1}^{n} k_i \mu_i, \sum_{i=1}^{n} k_i^2 \sigma_i^2 \right).$$

例 4.2.2　设随机变量 X, Y 相互独立, 且 $X \sim N(1,3), Y \sim N(2,4)$, 试求 $Z = 2X - 3Y$ 的数学期望和方差, 并指出随机变量 Z 服从的分布.

解　由于 $Z = 2X - 3Y$ 是正态变量的线性组合, 且 X, Y 相互独立, 因此, Z 仍然服从正态分布, 且有

$$E(Z) = E(2X - 3Y) = 2E(X) - 3E(Y) = -4,$$
$$D(Z) = D(2X - 3Y) = 2^2 D(X) + (-3)^2 D(Y) = 48,$$

所以, $Z \sim N(-4, 48)$.

例 4.2.3　设 $X \sim B(n, p)$ $(0 < p < 1)$, 试求 $E(X), D(X)$.

解　由二项分布的定义知, X 表示 n 重伯努利试验中事件 A 发生的次数, 且在每次试验中, $P(A) = p$.

引入随机变量, 令

$$X_i = \begin{cases} 1, & 事件 A 在第 i 次试验中发生, \\ 0, & 事件 A 在第 i 次试验中不发生, \end{cases} \quad (i = 1, 2, \cdots, n)$$

则 $X_1, X_2, \cdots, X_n$ 相互独立, $X_i \sim B(1, p)$, 且有

$$X = \sum_{i=1}^{n} X_i.$$

所以,

$$E(X_i) = p, \quad D(X_i) = p(1-p), \quad i = 1, 2, \cdots, n.$$

从而,

$$E(X) = E\left(\sum_{i=1}^{n} X_i\right) = \sum_{i=1}^{n} E(X_i) = np,$$

$$D(X) = D\left(\sum_{i=1}^{n} X_i\right) = \sum_{i=1}^{n} D(X_i) = np(1-p).$$

此例表明, 以 n, p 为参数的二项分布, 可以分解成 n 个相互独立且都服从以 p 为参数的 $(0\text{-}1)$ 分布的随机变量之和.

习题 4.2

习题 4.2 解答

(A)

1. 设随机变量 X_1, X_2, X_3 相互独立, 其中 $X_1 \sim U(0,6)$, $X_2 \sim N(0,4)$, $X_3 \sim P(3)$, 记 $Y = X_1 - 2X_2 + 3X_3$, 求 $E(Y)$ 及 $D(Y)$.

2. 已知随机变量 X 服从二项分布, 且 $E(X) = 2.4$, $D(X) = 1.68$. 试确定二项分布的参数 n, p 的值.

3. 设 X 表示 10 次独立重复射击命中目标的次数, 每次命中目标的概率为 0.4, 试求 X^2 的数学期望 $E(X^2)$.

4. 设随机变量 X 与 Y 相互独立, $X \sim N(1,1), Y \sim N(-2,1)$, 求 $E(2X+Y), D(2X+Y)$.

5. 设随机变量 X 与 Y 相互独立, 它们的密度函数分别为

$$f_X(x) = \begin{cases} 2\mathrm{e}^{-2x}, & x > 0, \\ 0, & x \leqslant 0. \end{cases} \quad f_Y(y) = \begin{cases} 4\mathrm{e}^{-4y}, & y > 0, \\ 0, & y \leqslant 0. \end{cases}$$

求 $D(X+Y)$.

6. 设 (X,Y) 在区域 $G = \{(x,y) \mid |y| \leqslant x, 0 < x < 1\}$ 上服从均匀分布, 试求:

(1) 关于 X 的边缘密度函数;

(2) $Z = 2X+1$ 的方差 $D(Z)$.

7. 设 X 的分布函数为

$$F(x) = \begin{cases} \dfrac{1}{2}\mathrm{e}^x, & x < 0, \\[2mm] \dfrac{1}{2}, & 0 \leqslant x < 1, \\[2mm] 1 - \dfrac{1}{2}\mathrm{e}^{-(x-1)}, & x \geqslant 1. \end{cases}$$

求 $E(X)$ 及 $D(X)$.

8. 设随机变量 X 在区间 $(-1,2)$ 上服从均匀分布, 随机变量

$$Y = \begin{cases} 1, & X > 0, \\ 0, & X = 0, \\ -1, & X < 0. \end{cases}$$

试求方差 $D(Y)$.

9. 设随机变量 X 与 Y 相互独立, 且 $E(X) = E(Y) = 1, D(X) = 2, D(Y) = 3$, 求 $D(XY)$.

10. 某商店经销商品的利润率 X 的密度函数为 $f(x) = \begin{cases} 2(1-x), & 0 < x < 1, \\ 0, & \text{其他,} \end{cases}$ 求 $E(X)$, $D(X)$.

（B）

1. 已知随机变量 X 服从参数为 1 的泊松分布, 试求 $P\{X = E(X^2)\}$.

2. 设随机变量 U 在区间 $(-2,2)$ 上服从均匀分布, 随机变量

$$X = \begin{cases} -1, & U \leqslant -1, \\ 1, & U > -1, \end{cases} \quad Y = \begin{cases} -1, & U \leqslant 1, \\ 1, & U > 1, \end{cases}$$

试求: (1) X 和 Y 的联合概率分布; (2) $D(X + Y)$.

3. 一台设备由三大部件构成, 在设备运转过程中各部件需要调整的概率相应为 0.1, 0.2, 0.3. 假设各部件的状态相互独立, 以 X 表示同时需要调整的部件数, 试求 X 的数学期望 $E(X)$ 和方差 $D(X)$.

4. 设随机变量 X 的密度函数为

$$f(x) = \begin{cases} \dfrac{1}{2}\cos\dfrac{x}{2}, & 0 \leqslant x \leqslant \pi, \\ 0, & \text{其他.} \end{cases}$$

对 X 独立地重复观察 4 次, 用 Y 表示观察值大于 $\dfrac{\pi}{3}$ 的次数, 求 Y^2 的数学期望.

5. 设随机变量 X 服从参数为 $\lambda(\lambda > 0)$ 的泊松分布, 且已知 $E\left[(X-2)(X-3)\right] = 3$, 求 λ 的值.

6. 设随机变量 X 与 Y 相互独立, 方差有限, 证明:

$$D(XY) = D(X)D(Y) + [E(X)]^2 D(Y) + [E(Y)]^2 D(X),$$

并由此证明 $D(XY) \geqslant D(X)D(Y)$.

7. 设随机变量 X 的概率密度为

$$f(x) = \begin{cases} \dfrac{1}{\pi\sqrt{1-x^2}}, & |x| < 1, \\ 0, & |x| \geqslant 1, \end{cases}$$

试求数学期望 $E(X)$ 和方差 $D(X)$.

8. 设随机变量 X 的数学期望为 $E(X)$, 方差为 $D(X) > 0$, 引入新的随机变量 X^* ,

$$X^* = \frac{X - E(X)}{\sqrt{D(X)}},$$

试求数学期望 $E(X^*)$ 和方差 $D(X^*)$.

4.3　协方差与相关系数

对于二维随机变量 (X,Y), 除了讨论 X,Y 的数学期望和方差以外, 还需讨论描述 X,Y 之间相互关系的数字特征. 由 4.2 节知, 当随机变量 X,Y 相互独立时, 有

$$E\{[X-E(X)]\cdot[Y-E(Y)]\}=0.$$

这就意味着, 当 $E\{[X-E(X)]\cdot[Y-E(Y)]\}\neq 0$ 时, X,Y 一定不相互独立, 而是存在着一定的关系. 本节就来讨论描述 X 与 Y 之间相关程度的两个数字特征: 协方差和相关系数.

4.3.1　协方差

定义 4.3.1　设 (X,Y) 为二维随机变量, 若

$$E\{[X-E(X)]\cdot[Y-E(Y)]\}$$

存在, 则称其为随机变量 X 与 Y 的**协方差**. 记作 $\mathrm{Cov}(X,Y)$, 即

$$\mathrm{Cov}(X,Y)=E\{[X-E(X)]\cdot[Y-E(Y)]\}. \tag{4.3.1}$$

利用数学期望的性质可得

$$\mathrm{Cov}(X,Y)=E(XY)-E(X)E(Y). \tag{4.3.2}$$

协方差具有以下性质: 设 X,Y,X_1,X_2 为随机变量, a,b,c,d 为常数, 则

性质 1　$\mathrm{Cov}(X,X)=D(X)$;

性质 2　$\mathrm{Cov}(X,Y)=\mathrm{Cov}(Y,X)$;

性质 3　$\mathrm{Cov}(aX,bY)=ab\mathrm{Cov}(X,Y)$;

性质 4　$\mathrm{Cov}(aX+b,cY+d)=ac\mathrm{Cov}(X,Y)$;

性质 5　$\mathrm{Cov}(X_1+X_2,Y)=\mathrm{Cov}(X_1,Y)+\mathrm{Cov}(X_2,Y)$.

以上性质均可由协方差的定义及期望的性质来证明.

协方差 $\mathrm{Cov}(X,Y)$ 是描述 X 与 Y 之间在一定程度上存在着相关程度的数字特征. 从平均意义上讲, 当 $\mathrm{Cov}(X,Y)>0$ 时, 随机变量 X 与 Y 相对于各自的均值变化趋势一致, 即当 X 相对于 $E(X)$ 变大时, Y 也相对于 $E(Y)$ 变大, 反之亦然. 当 $\mathrm{Cov}(X,Y)<0$ 时, 随机变量 X 与 Y 相对于各自的均值变化趋势刚好相反.

由协方差的定义 $\mathrm{Cov}(X,Y)=E\{[X-E(X)]\cdot[Y-E(Y)]\}$ 知, 协方差的单位是

随机变量 X 和 Y 的单位的乘积. 当 X 与 Y 使用不同的量纲时, 其意义不很明确, 引入变量

$$X' = \frac{X}{\sqrt{D(X)}}, \quad Y' = \frac{Y}{\sqrt{D(Y)}},$$

则 X', Y' 均为纯量, 由协方差的性质知

$$\mathrm{Cov}(X', Y') = \frac{\mathrm{Cov}(X, Y)}{\sqrt{D(X)} \cdot \sqrt{D(Y)}}.$$

由此引入相关系数的定义.

4.3.2　相关系数

定义 4.3.2　设随机变量 X 与 Y 的协方差存在, 且 $D(X) > 0, D(Y) > 0$, 则称

$$\rho_{XY} = \frac{\mathrm{Cov}(X, Y)}{\sqrt{D(X)} \cdot \sqrt{D(Y)}}$$

为随机变量 X 与 Y 的**相关系数**.

相关系数具有以下性质:

性质 1　$\rho_{XY} = \rho_{YX}$;

性质 2　$|\rho_{XY}| \leqslant 1$;

性质 3　$|\rho_{XY}| = 1$ 的充要条件是存在常数 a, b, 使得 $P\{Y = aX + b\} = 1$.

证明　只证性质 2.

设 $X^* = \dfrac{X - E(X)}{\sqrt{D(X)}}, Y^* = \dfrac{Y - E(Y)}{\sqrt{D(Y)}}$, 易知

$$E(X^*) = 0, \quad E(Y^*) = 0, \quad D(X^*) = 1, \quad D(Y^*) = 1,$$

于是

$$\begin{aligned}
D(X^* \pm Y^*) &= D(X^*) + D(Y^*) \pm 2\mathrm{Cov}(X^*, Y^*) \\
&= 2[1 \pm \mathrm{Cov}(X^*, Y^*)] \\
&= 2(1 \pm \rho_{XY}).
\end{aligned}$$

又 $D(X^* \pm Y^*) \geqslant 0$, 故 $1 \pm \rho_{XY} \geqslant 0$, 从而可得 $-1 \leqslant \rho_{XY} \leqslant 1$, 即 $|\rho_{XY}| \leqslant 1$.

性质 2 得证.

相关系数 ρ_{XY} 是描述 X 与 Y 之间线性相关程度的数字特征, $|\rho_{XY}|$ 的值越大, 表明 X 与 Y 之间的线性相关程度越高; 当 $|\rho_{XY}| = 1$ 时, X 与 Y 以概率 1 存在线性

关系. 当 $|\rho_{XY}| = 0$ 时, X 与 Y 之间不存在线性关系, 此时称 X 与 Y 不相关, 从而有如下定义.

定义 4.3.3 若随机变量 X 与 Y 的相关系数

$$\rho_{XY} = 0,$$

则称随机变量 X 与 Y **不相关**.

由相关系数 ρ_{XY} 的定义知, $\rho_{XY} = 0$ 的充要条件是 $\mathrm{Cov}(X,Y) = 0$, 因此, 有定义 4.3.3 的等价形式:

定义 4.3.3′ 若随机变量 X 与 Y 的协方差

$$\mathrm{Cov}(X,Y) = 0,$$

则称随机变量 X 与 Y **不相关**.

需要指出的是: 当 X 与 Y 相互独立时, 一定有 X 与 Y 不相关; 但 X 与 Y 不相关, 不一定有 X 与 Y 相互独立. 这一现象从 "相互独立" 和 "不相关" 的含义来看是明显的: "不相关" 只是就线性关系来说的, 而 "相互独立" 是就一般关系而言的.

例 4.3.1 设 (X,Y) 的联合分布律为

X \ Y	1	4
−2	0	$\frac{1}{4}$
−1	$\frac{1}{4}$	0
1	$\frac{1}{4}$	0
2	0	$\frac{1}{4}$

(1) 验证 X 与 Y 不相关; (2) 判断 X 与 Y 是否独立.

解 (1) 易知 $E(X) = 0$, $E(Y) = \frac{5}{2}$, $E(XY) = 0$. 从而

$$\mathrm{Cov}(X,Y) = E(XY) - E(X)E(Y) = 0,$$

因此, X 与 Y 不相关.

(2) 又由于 $P\{X = -2, Y = 1\} \neq P\{X = -2\} \cdot P\{Y = 1\}$, 因此, X 与 Y 不独立.

这说明虽然 X 与 Y 之间不存在线性关系, 但它们并不独立, X 与 Y 之间可能

有其他函数关系.

　　例 4.3.2　设二维随机变量 $(X,Y) \sim N(\mu_1, \mu_2, \sigma_1^2, \sigma_2^2, \rho)$，试求 X 与 Y 的相关系数 ρ_{XY}.

　　解　由 $E(X) = \mu_1, D(X) = \sigma_1^2, E(Y) = \mu_2, D(Y) = \sigma_2^2$ 可得

$$\mathrm{Cov}(X,Y) = E\{[X - E(X)] \cdot [Y - E(Y)]\}$$

$$= \int_{-\infty}^{+\infty} \int_{-\infty}^{+\infty} (x - \mu_1) \cdot (y - \mu_2) f(x,y) \mathrm{d}x \mathrm{d}y,$$

令 $u = \dfrac{x - \mu_1}{\sigma_1}, v = \dfrac{y - \mu_2}{\sigma_2}$，代入上式则有

$$\mathrm{Cov}(X,Y) = \frac{1}{2\pi \sigma_1 \sigma_2 \sqrt{1 - \rho^2}} \int_{-\infty}^{+\infty} \int_{-\infty}^{+\infty} \sigma_1 \sigma_2 uv \cdot \mathrm{e}^{-\frac{1}{2(1-\rho^2)}(u^2 - 2\rho uv + v^2)} \cdot \sigma_1 \sigma_2 \mathrm{d}u \mathrm{d}v$$

$$= \frac{\sigma_1 \sigma_2}{2\pi \sqrt{1 - \rho^2}} \int_{-\infty}^{+\infty} \int_{-\infty}^{+\infty} uv \cdot \mathrm{e}^{-\frac{1}{2(1-\rho^2)}[(v - \rho u)^2 + (1 - \rho^2)u^2]} \mathrm{d}u \mathrm{d}v$$

$$= \frac{\sigma_1 \sigma_2}{\sqrt{2\pi}} \int_{-\infty}^{+\infty} u \mathrm{e}^{-\frac{u^2}{2}} \left[\int_{-\infty}^{+\infty} \frac{v}{\sqrt{2\pi} \cdot \sqrt{1 - \rho^2}} \cdot \mathrm{e}^{-\frac{1}{2(\sqrt{1-\rho^2})^2}(v - \rho u)^2} \mathrm{d}v \right] \mathrm{d}u$$

$$= \rho \sigma_1 \sigma_2 \int_{-\infty}^{+\infty} \frac{u^2}{\sqrt{2\pi}} \mathrm{e}^{-\frac{u^2}{2}} \mathrm{d}u = \rho \sigma_1 \sigma_2.$$

于是

$$\rho_{XY} = \frac{\mathrm{Cov}(X,Y)}{\sqrt{D(X)} \cdot \sqrt{D(Y)}} = \rho.$$

　　由例 4.3.2 知，二维正态变量 (X,Y) 的分布完全由 X 与 Y 的各自的数学期望、方差以及它们的相关系数所决定. 由例 3.5.4，可得如下结论:

　　对于二维正态变量 (X,Y)，X 与 Y 相互独立和 X 与 Y 不相关是等价的.

4.3.3　矩的概念

　　定义 4.3.4　设 X 和 Y 为随机变量, k,l 为正整数,

　　(1) 称 $E(X^k)$ $(k = 1, 2, \cdots)$ 为 X 的 k 阶**原点矩**, 简称为 k **阶矩**.

　　(2) 称 $E\{[X - E(X)]^k\}$ $(k = 2, 3, \cdots)$ 为 X 的 k 阶**中心矩**.

　　(3) 称 $E\{[X - E(X)]^k [Y - E(Y)]^l\}$ $(k = 1, 2, \cdots; l = 1, 2, \cdots)$ 为 X 和 Y 的 $k + l$ 阶**混合中心矩**.

由矩的定义可知,

(1)随机变量 X 的数学期望 $E(X)$ 是 X 的一阶原点矩;

(2)随机变量 X 的方差 $D(X)$ 是 X 的二阶中心矩;

(3)协方差 $\mathrm{Cov}(X,Y)$ 是 X 和 Y 的二阶混合中心矩.

4.3.4　协方差矩阵

定义 4.3.5　设二维随机变量 (X_1, X_2) 的四个二阶中心矩都存在, 分别记为

$$c_{11} = E\{[X_1 - E(X_1)]^2\}, \quad c_{12} = E\{[X_1 - E(X_1)][X_2 - E(X_2)]\},$$
$$c_{21} = E\{[X_2 - E(X_2)][X_1 - E(X_1)]\}, \quad c_{22} = E\{[X_2 - E(X_2)]^2\},$$

则称矩阵

$$\begin{pmatrix} c_{11} & c_{12} \\ c_{21} & c_{22} \end{pmatrix}$$

为随机变量 (X_1, X_2) 的**协方差矩阵**.

习题 4.3

(A)

习题 4.3 解答

1. 设随机变量 (X,Y) 的联合分布律为

X \ Y	0	1
0	0.3	0.2
1	0.4	0.1

求: (1) $D(X)$; (2) $D(Y)$; (3) $\mathrm{Cov}(X,Y)$; (4)求 ρ_{XY}.

2. 设 $D(X) = 25, D(Y) = 36$, $\rho_{XY} = 0.4$, 求: (1) $D(X+Y)$; (2) $D(X-Y)$.

3. 已知随机变量 X, Y 相互独立, $D(X) = 4D(Y)$, 试求 $2X+3Y$ 和 $2X-3Y$ 的相关系数.

4. 设 X 和 Y 是两个随机变量, 且 $E(X) = -2, E(Y) = 4$, $D(X) = 4, D(Y) = 9$, $\rho_{XY} = -0.5$. 求随机变量 $Z = 3X^2 - 2XY + Y^2 - 3$ 的期望.

5. 设 (X,Y) 服从二维正态分布, 并且 $X \sim N(1,9)$, $Y \sim N(0,16)$, X 和 Y 的相关系数 $\rho_{XY} = -\dfrac{1}{2}$, 设 $Z = \dfrac{1}{3}X + \dfrac{1}{2}Y$. 试求: (1) Z 的期望和方差; (2) X 与 Z 的相关系数 ρ_{XZ}.

6. 设二维随机变量 (X,Y) 的联合密度函数为

$$f(x,y) = \begin{cases} \dfrac{1}{\pi}, & x^2 + y^2 \leqslant 1, \\ 0, & \text{其他.} \end{cases}$$

试验证 X 与 Y 是不相关的, 但 X 与 Y 不是相互独立的.

7. 假设随机变量 X 和 Y 在圆形域 $\{x^2 + y^2 \leqslant r^2\}$ 上服从二维均匀分布,

(1) 求 (X,Y) 的联合概率密度函数 $f(x,y)$ 及边缘概率密度 $f_X(x), f_Y(y)$;

(2) 验证 X 与 Y 是不相关的, 但 X 与 Y 不是相互独立的.

8. 设二维随机变量 (X,Y) 的联合分布律为

X \ Y	−1	0	1
−1	$\frac{1}{8}$	$\frac{1}{8}$	$\frac{1}{8}$
0	$\frac{1}{8}$	0	$\frac{1}{8}$
1	$\frac{1}{8}$	$\frac{1}{8}$	$\frac{1}{8}$

试验证 X 与 Y 是不相关的, 但 X 与 Y 不是相互独立的.

9. 设 (X,Y) 服从二维正态分布, 且 $X \sim N(0,3)$, $Y \sim N(0,4)$, X 和 Y 的相关系数 $\rho_{XY} = -\frac{1}{4}$, 试写出 X 和 Y 的联合密度函数.

(B)

1. 设随机变量 X 和 Y 的相关系数 $\rho_{XY} = 0.9$, 若 $Z = X - 0.4$, 试求 Y 与 Z 的相关系数 ρ_{YZ}.

2. 设随机变量 (X,Y) 服从二维正态分布, 且 X 与 Y 不相关, $f_X(x), f_Y(y)$ 分别表示 X, Y 的密度函数, 试求在 $Y = y$ 的条件下, X 的条件概率密度 $f_{X|Y}(x\,|\,y)$.

3. 设二维随机变量 (X,Y) 的联合密度函数为

$$f(x,y) = \frac{1}{2}[\varphi_1(x,y) + \varphi_2(x,y)],$$

其中 $\varphi_1(x,y)$ 和 $\varphi_2(x,y)$ 都是二维正态密度函数, 且它们对应的二维随机变量的相关系数为 $\frac{1}{3}$ 和 $-\frac{1}{3}$, 它们的边缘密度函数所对应的随机变量的期望都是 0, 方差都是 1. (1) 求随机变量 X 和 Y 的密度函数 $f_1(x)$ 和 $f_2(y)$ 及相关系数 ρ_{XY}; (2) X 和 Y 是否相互独立? 为什么?

4. 某箱装有 100 件产品, 其中一、二、三等品分别为 80, 10, 10 件, 现从中随机抽取一件. 记

$$X_i = \begin{cases} 1, & 抽到 i 等品, \\ 0, & 没有抽到 i 等品, \end{cases} \quad i = 1,2,3.$$

试求: (1) 随机变量 X_1 与 X_2 的联合分布律; (2) 随机变量 X_1 与 X_2 的相关系数 $\rho_{X_1 X_2}$.

5. 设 A,B 为两个随机变量, 且 $P(A) = \frac{1}{4}, P(B\,|\,A) = \frac{1}{3}, P(A\,|\,B) = \frac{1}{2}$, 令

$$X = \begin{cases} 1, & A\text{发生}, \\ 0, & A\text{不发生}, \end{cases} \qquad Y = \begin{cases} 1, & B\text{发生}, \\ 0, & B\text{不发生}, \end{cases}$$

试求: (1) (X,Y) 的联合分布律; (2) X 和 Y 的相关系数 ρ_{XY}; (3) $Z = X^2 + Y^2$ 的概率分布律.

6. 设随机变量 X, Y 相互独立, 且 $E(X) = E(Y) = 1, D(X) = 2, D(Y) = 3$, 求 $D(XY)$.

7. 设随机变量 X, Y 相互独立, $X \sim N(1,1)$, $Y \sim N(-2,1)$, 求 $E(2X+Y)$, $D(2X+Y)$.

8. 设 A 和 B 是随机试验 E 的两个事件, 定义随机变量 X, Y 如下:

$$X = \begin{cases} 1, & A\text{发生}, \\ 0, & A\text{不发生}, \end{cases} \qquad Y = \begin{cases} 1, & B\text{发生}, \\ 0, & B\text{不发生}, \end{cases}$$

证明: 若 $\rho_{XY} = 0$, 则 X 和 Y 必定相互独立.

4.4　数学模型与实验

实验目的和意义

(1) 理解数学期望与方差的意义.

(2) 会用 MATLAB 软件求随机变量的数学期望、方差、协方差和相关系数.

(3) 通过报童策略模型了解数学期望与方差的具体应用.

随机变量的数字特征是概率论研究的一个基本内容, 概率论的产生其中一个重要的推动力就是对数字特征中的数学期望的探究. 随机变量主要的数字特征有数学期望、方差及相关系数等. 本节通过具体的例子, 介绍用 MATLAB 数学软件求数字特征的一些常用命令. 通过报童策略模型, 加深读者对数学期望和方差具体应用的理解.

例 4.4.1　已知圆的半径 $R \sim U(0,10)$, 求 $E(R), D(R)$.

解　在 MATLAB 命令窗口运行命令:

```
>> [Er,Dr]=unifstat(0,10)
```

运行结果:

```
Er =
    5
Dr =
    8.3333
```

例 4.4.2　设 (X,Y) 的联合分布律为

X \\ Y	0	1
0	0.3	0.2
1	0.4	0.1

求: $E(X), E(Y), D(X), D(Y), \text{Cov}(X,Y), \rho_{XY}$.

　　解　编制 MATLAB 程序如下:

```
%计算两个离散型随机变量 x,y 的协方差和相关系数
function [cxy,rxy]= xycov(x,y,pxy)
%定义函数 xycov, 输入参数 x,y,pxy,其中 x 是随机变量 x 的取值, y 是随机
变量 y 的取值, pxy 是随机变量 x,y 的联合分布律
px=sum(pxy,2);py=sum(pxy);         %计算 x,y 的边缘分布律
Ex=sum(px'.*x)                     %计算 x 的数学期望
Ey=sum(py.*y)                      %计算 y 的数学期望
Ex2=sum(px'.*x.^2);                %计算 x^2 的数学期望
Ey2=sum(py.*y.^2);                 %计算 y^2 的数学期望
Dx=Ex2-Ex^2                        %计算 x 的方差
Dy=Ey2-Ey^2                        %计算 y 的方差
Exy=0;
for i=1:length(x)                  %计算 xy 的数学期望
    for j=1:length(y)
        Exy=Exy+x(i)*pxy(i,j)*y(j);
    end
end
sigx=sqrt(Dx);sigy=sqrt(Dy);
cxy=Exy-Ex*Ey
rxy=cxy/(sigx*sigy)
end
```

　　在 MATLAB 命令窗口运行命令:

```
>> x=[0 1];
>> y=[0 1];
>> pxy=[0.3 0.2;0.4 0.1];
>> xycov(x,y,pxy)
```

　　运行结果:

```
Ex =
    0.5000
Ey =
    0.3000
Dx =
    0.2500
```

```
Dy =
    0.2100
cxy =
   -0.0500
rxy =
   -0.2182
```

例 4.4.3 (报童的策略问题)　报童每天清晨从报社购进报纸零售, 晚上将没有卖掉的报纸退回. 每份报纸的进价为 $b = 0.3$, 零售价为 $a = 0.5$, 退回价为 $c = 0.15$. 设每天卖出报纸的份数 $r \sim N(50, 10^2)$, 试为报童筹划每天购进报纸的数量使他的收益最大.

解　设报童每天报纸的购进量为 n 份, 每天报纸的需求量为 r 的概率为 $f(r)$, 则他的收入为

$$G(n) = \int_0^n [r(a-b) - (n-r)(b-c)] f(r) \mathrm{d}r + \int_n^{+\infty} n(a-b) f(r) \mathrm{d}r.$$

为了求 $G(n)$ 的最大值, 令 $\dfrac{\mathrm{d}G(n)}{\mathrm{d}n} = 0$, 即

$$n(a-b)f(n) - \int_0^n (b-c) f(r) \mathrm{d}r - n(a-b)f(n) + \int_n^{+\infty} (a-b) f(r) \mathrm{d}r = 0.$$

即有

$$\frac{\displaystyle\int_0^n f(r) \mathrm{d}r}{\displaystyle\int_n^{+\infty} f(r) \mathrm{d}r} = \frac{a-b}{b-c}.$$

$\displaystyle\int_0^n f(r) \mathrm{d}r$ 表示需求量 r 不超过购进量 n 的概率(即购进 n 份报纸卖不完的概率),

$\displaystyle\int_n^{+\infty} f(r) \mathrm{d}r$ 是需求量 r 超过购进量 n 的概率(即购进 n 份报纸卖完的概率). 因此, 报童的最佳决策应为: 报童购进报纸的份数 n 应该使卖不完的概率与卖完的概率之比恰好等于卖出一份报纸赚的钱 $a-b$ 与退回一份报纸赔的钱 $b-c$ 之比.

根据以上分析, 编制 MATLAB 程序:

```
%报童的策略问题
function [n,Ex]= newsp(a,b,c)
%定义函数newsp, 输入参数a,b,c其中a是报纸的零售价, b是报纸的购进价
```

c 是报纸的退回价

```
syms n r x
sig=10;u=50;
fr=1/(sqrt(2*pi)*sig)*exp(-(r-u).^2/(2*sig^2));
gnr1=r*(a-b)-(n-r)*(b-c);
gnr2=n*(a-b);
gn=int(gnr1*fr,r,0,n)+int((gnr2*fr),r,n,inf);
n=solve(diff(gn,n),n);
n=round(n);
Ex=eval(subs(gn));
end
```

在 MATLAB 命令窗口运行命令:

```
>>  [n,Ex]=newsp(0.5,0.3,0.15)
```

运行结果:

```
n =
52
 Ex =
    8.6259
```

即报童在此条件下, 每天购进 52 份报纸的收益最大.

第5章 大数定律和中心极限定理

极限定理是概率论的基本理论, 其中最重要的是称为"大数定律"和"中心极限定理"的一些定理. 大数定律是用来阐明大量随机变量的平均值的稳定性的一系列定理, 叙述了随机变量序列的前一些项的算术平均值在某种条件下收敛到这些项的均值的算术平均值; 中心极限定理则是用来描述随机变量之和的概率分布的极限, 确定在什么条件下, 大量随机变量之和的分布逼近于正态分布. 这一章我们就来介绍几个大数定律和中心极限定理.

5.1 切比雪夫不等式和大数定律

在第 1 章讨论概率定义时曾经指出: 大量试验证实, 当重复试验的次数 n 增大时, 随机事件 A 发生的频率 $\dfrac{n_A}{n}$ 呈现出稳定性, 逐渐稳定于某个常数, 即事件发生的频率在某种意义上收敛于事件发生的概率. 这就是最早的一个大数定律——伯努利大数定律. 频率的稳定性是概率定义的客观基础. 这一节, 我们将对频率的稳定性做出理论的说明.

5.1.1 切比雪夫不等式

定理 5.1.1 设随机变量 X 具有数学期望 $E(X)$ 和方差 $D(X)$, 则对于任意的正数 $\varepsilon > 0$, 不等式

$$P\{|X - E(X)| \geqslant \varepsilon\} \leqslant \frac{D(X)}{\varepsilon^2} \tag{5.1.1}$$

成立.

称不等式 (5.1.1) 为**切比雪夫 (Chebyshev) 不等式**.

证明 只证 X 是连续型随机变量的情形.

设 X 的密度函数为 $f(x)$, 则有

$$P\{|X - E(X)| \geqslant \varepsilon\} = \int_{|x - E(X)| \geqslant \varepsilon} f(x)\mathrm{d}x$$

$$\leqslant \int_{|x - E(X)| \geqslant \varepsilon} \frac{|x - E(X)|^2}{\varepsilon^2} f(x)\mathrm{d}x$$

$$\leqslant \frac{1}{\varepsilon^2} \int_{-\infty}^{+\infty} [x - E(X)]^2 f(x) \mathrm{d}x$$

$$= \frac{D(X)}{\varepsilon^2},$$

定理得证.

切比雪夫不等式的等价形式为

$$P\{|X - E(X)| < \varepsilon\} \geqslant 1 - \frac{D(X)}{\varepsilon^2}.$$

切比雪夫不等式 (5.1.1) 给出了在随机变量 X 的分布未知,而只知道数学期望 $E(X)$ 和方差 $D(X)$ 的情况下, 事件 $\{|X - E(X)| \geqslant \varepsilon\}$ 或 $\{|X - E(X)| < \varepsilon\}$ 的概率的估算方法. 同时, 切比雪夫不等式也表明, 随机变量 X 的方差 $D(X)$ 越小, 则事件 $\{|X - E(X)| < \varepsilon\}$ 发生的概率越大, 即 X 的取值基本上集中在它的期望 $E(X)$ 附近. 由此可见, 方差确实刻画了随机变量取值与均值的偏离程度.

5.1.2　大数定律

定义 5.1.1　如果对于任何的 $n > 1$, $X_1, X_2, \cdots, X_n$ 是相互独立的, 则称随机变量序列 $X_1, X_2, \cdots, X_n, \cdots$ 是相互独立的. 此时, 若所有的 $X_i (i = 1, 2, \cdots)$ 都服从相同的分布, 则称 $X_1, X_2, \cdots, X_n, \cdots$ 是**相互独立且同分布**的随机变量序列, 简称 $X_1, X_2, \cdots, X_n, \cdots$ 是"**独立同分布**"的.

定义 5.1.2　设 $X_1, X_2, \cdots, X_n, \cdots$ 是随机变量序列, a 为常数, 若对于任意的正数 $\varepsilon > 0$, 有

$$\lim_{n \to \infty} P\{|X_n - a| < \varepsilon\} = 1 \quad \text{或} \quad \lim_{n \to \infty} P\{|X_n - a| \geqslant \varepsilon\} = 0,$$

则称当 n 充分大时, 随机变量序列 $\{X_n\}$ **依概率收敛于常数** a. 记作

$$X_n \xrightarrow{P} a \quad (n \to \infty).$$

定理 5.1.2（伯努利大数定律）　设 n_A 是 n 次独立重复试验中事件 A 发生的次数, 并且事件 A 在每次试验中发生的概率为 $P(A) = p \ (0 < p < 1)$. 则对于任意的正数 $\varepsilon > 0$, 有

$$\lim_{n \to \infty} P\left\{\left|\frac{n_A}{n} - p\right| < \varepsilon\right\} = 1.$$

证明　引入随机变量

$$X_i = \begin{cases} 1 & \text{在第}i\text{次试验中事件}A\text{发生}, \\ 0 & \text{在第}i\text{次试验中事件}A\text{不发生}, \end{cases} \quad i = 1, 2, \cdots, n.$$

则

$$n_A = X_1 + X_2 + \cdots + X_n,$$

其中 $X_1, X_2, \cdots, X_n$ 相互独立, 且均服从 $(0\text{-}1)$ 分布. 因此,

$$E(X_i) = p, \quad D(X_i) = p(1-p), \quad i = 1, 2, \cdots, n,$$

而 $\dfrac{n_A}{n} = \dfrac{1}{n}\sum_{i=1}^{n} X_i$ 为事件 A 发生的频率, 利用数学期望和方差的性质有

$$E\left(\frac{n_A}{n}\right) = E\left(\frac{1}{n}\sum_{i=1}^{n} X_i\right) = \frac{1}{n}\sum_{i=1}^{n} E(X_i) = p,$$

$$D\left(\frac{n_A}{n}\right) = D\left(\frac{1}{n}\sum_{i=1}^{n} X_i\right) = \frac{1}{n^2}\sum_{i=1}^{n} D(X_i) = \frac{p(1-p)}{n},$$

因此, 由切比雪夫不等式(5.1.1)可知, 对于任意的正数 $\varepsilon > 0$, 有

$$P\left\{\left|\frac{n_A}{n} - p\right| < \varepsilon\right\} \geqslant 1 - \frac{1}{\varepsilon^2}D\left(\frac{n_A}{n}\right) = 1 - \frac{p(1-p)}{n\varepsilon^2} \to 1 \quad (n \to \infty).$$

即

$$\lim_{n\to\infty} P\left\{\left|\frac{n_A}{n} - p\right| < \varepsilon\right\} = 1.$$

定理 5.1.2 得证.

伯努利大数定律的结果表明, 对于给定的任意小的正数 ε, 当 n 充分大时, 事件 $\left\{\left|\dfrac{n_A}{n} - p\right| < \varepsilon\right\}$ 几乎是必定要发生的, 即事件"频率 $\dfrac{n_A}{n}$ 与概率 p 的偏差小于 ε"实际上几乎是必定发生的. 或者说, 当 n 充分大时, 事件 A 发生的频率 $\dfrac{n_A}{n}$ 依概率收敛于 A 发生的概率 p, 伯努利大数定律以严格的数学形式表达了频率的稳定性. 由实际推断原理, 在实际应用中, 当试验次数很大时, 便可以用事件发生的频率近似代替事件的概率.

另外, 如果事件 A 的概率很小, 则由伯努利大数定律知, 事件 A 发生的频率

也很小. 因此, 概率很小的随机事件在个别试验中几乎不会发生, 这一原理称为**小概率原理**. 但应注意, 小概率事件不是不可能事件, 在多次试验中, 小概率事件也可能发生.

定理 5.1.3（切比雪夫大数定律的特殊情况）　设随机变量 $X_1, X_2, \cdots, X_n, \cdots$ 相互独立, 且具有相同的数学期望和方差:

$$E(X_i) = \mu, \quad D(X_i) = \sigma^2 \quad (i = 1, 2, \cdots).$$

令 $\bar{X} = \dfrac{1}{n} \sum_{i=1}^{n} X_i$, 则对于任意正数 $\varepsilon > 0$, 有

$$\lim_{n \to \infty} P\left\{ \left| \frac{1}{n} \sum_{i=1}^{n} X_i - \mu \right| < \varepsilon \right\} = 1.$$

证明　利用数学期望和方差的性质有

$$E(\bar{X}) = E\left(\frac{1}{n} \sum_{i=1}^{n} X_i \right) = \frac{1}{n} \sum_{i=1}^{n} E(X_i) = \frac{1}{n} \cdot n\mu = \mu,$$

$$D(\bar{X}) = D\left(\frac{1}{n} \sum_{i=1}^{n} X_i \right) = \frac{1}{n^2} \sum_{i=1}^{n} D(X_i) = \frac{1}{n^2} \cdot n\sigma^2 = \frac{\sigma^2}{n}.$$

由切比雪夫不等式 (5.1.1), 对于任意正数 $\varepsilon > 0$, 有

$$P\{ |\bar{X} - E(\bar{X})| < \varepsilon \} \geqslant 1 - \frac{D(\bar{X})}{\varepsilon^2},$$

即

$$P\left\{ \left| \frac{1}{n} \sum_{i=1}^{n} X_i - \mu \right| < \varepsilon \right\} \geqslant 1 - \frac{\sigma^2}{n\varepsilon^2},$$

从而

$$\lim_{n \to \infty} P\left\{ \left| \frac{1}{n} \sum_{i=1}^{n} X_i - \mu \right| < \varepsilon \right\} = 1.$$

定理 5.1.3 得证.

从定理 5.1.3 可以看出, n 个相互独立的随机变量的平均值具有稳定性. 即当 $n \to \infty$ 时, $\dfrac{1}{n} \sum_{i=1}^{n} X_i \overset{P}{\longrightarrow} \mu$.

定理 5.1.4（辛钦大数定律）　设随机变量 $X_1, X_2, \cdots, X_n, \cdots$ 独立同分布, 且具有数学期望

$$E(X_i) = \mu \quad (i = 1, 2, \cdots),$$

则对于任意正数 $\varepsilon > 0$, 有

$$\lim_{n \to \infty} P\left\{ \left| \frac{1}{n} \sum_{i=1}^{n} X_i - \mu \right| < \varepsilon \right\} = 1.$$

习题 5.1

习题 5.1 解答

（A）

1. 设随机变量 X 的方差为 2, 估计 $P\{|X - E(X)| \geqslant 2\}$ 的值.

2. 设 $E(X) = \mu, D(X) = \sigma^2$, 估计 $P\{|X - \mu| \geqslant 3\sigma\}$ 的值.

3. 设随机变量 $X \sim P(\lambda)$, 若由切比雪夫不等式知 $P\{|X - 1| < \varepsilon\} \geqslant \dfrac{8}{9}$, 求 λ 和 ε.

（B）

1. 设随机变量 X 和 Y 的数学期望为 -2 和 2, 方差分别为 1 和 4, 而相关系数为 -0.5, 请根据切比雪夫不等式估计 $P\{|X + Y| \geqslant 6\}$ 的值.

2. 设随机变量 X 和 Y 的数学期望均为 2, 方差分别为 1 和 4, 而相关系数为 0.5, 请根据切比雪夫不等式估计 $P\{|X - Y| \geqslant 6\}$ 的值.

3. 设随机变量 $X_1, X_2, \cdots, X_n$ 独立同分布, 且 $E(X_i) = \mu, D(X_i) = 8$ $(i = 1, 2, \cdots, n)$, 设 $\bar{X} = \dfrac{1}{n} \sum_{i=1}^{n} X_i$, 试写出所满足的切比雪夫不等式, 并估计概率 $P\{|\bar{X} - \mu| < 4\}$ 的值.

4. 在每次试验中, 事件 A 发生的概率为 0.5, 利用切比雪夫不等式估计: 在 1000 次独立重复试验中, 事件 A 发生的次数在 $400 \sim 600$ 的概率.

5. 设电站供电网有 10000 盏灯, 夜晚每一盏灯开灯的概率都是 0.7, 假设所有电灯开或关是彼此独立的, 试用切比雪夫不等式估计夜晚同时开着的灯数在 6800 到 7200 之间的概率.

6. 已知正常男性成人血液中, 每一毫升白细胞数平均为 7300, 均方差为 700, 利用切比雪夫不等式估计每毫升含白细胞数在 $5200 \sim 9400$ 的概率.

5.2　中心极限定理

在客观实际中, 有许多随机变量是由大量的相互独立的随机因素的综合影响形成的. 而其中每一个因素在总的影响中所起的作用都是微小的. 这种随机变量往往服从或近似地服从正态分布. 这种现象就是中心极限定理的客观背景, 即"多因素、小影响, 综合为正态", 中心极限定理从理论上说明了这一点.

由辛钦大数定律可知, 随机变量序列 $\{X_n\}$ 只要满足独立同分布且有相同的数

学期望 $E(X_i) = \mu$ ($i = 1, 2, \cdots$)，则对于任意正数 $\varepsilon > 0$，有

$$\lim_{n \to \infty} P \left\{ \left| \frac{1}{n} \sum_{i=1}^{n} X_i - \frac{1}{n} \sum_{i=1}^{n} E(X_i) \right| < \varepsilon \right\} = 1.$$

但对于固定的 n 和 ε，概率

$$P \left\{ \left| \frac{1}{n} \sum_{i=1}^{n} X_i - \frac{1}{n} \sum_{i=1}^{n} E(X_i) \right| < \varepsilon \right\}$$

或

$$P \left\{ \sum_{i=1}^{n} E(X_i) - n\varepsilon < \sum_{i=1}^{n} X_i < \sum_{i=1}^{n} E(X_i) + n\varepsilon \right\}$$

究竟有多大？大数定律并不能回答这一问题．它涉及求 n 个随机变量的和的分布问题．显然直接解决这一问题相当困难．因此，我们这样来考虑：可以先不管 $\sum_{i=1}^{n} X_i$ 服从什么分布，如果能求出它的分布函数的极限分布，那么当 n 充分大时，可以用这一极限分布来近似表示 $\sum_{i=1}^{n} X_i$ 的分布函数，从而可求出上面提到的事件概率的近似值．

5.2.1 独立同分布的中心极限定理

定理 5.2.1 设随机变量 $X_1, X_2, \cdots, X_n, \cdots$ 相互独立，服从相同分布，且具有数学期望和方差：

$$E(X_i) = \mu, \quad D(X_i) = \sigma^2 \quad (i = 1, 2, \cdots).$$

将随机变量的和 $\sum_{i=1}^{n} X_i$ 标准化：

$$Y_n = \frac{\sum\limits_{i=1}^{n} X_i - E\left(\sum\limits_{i=1}^{n} X_i\right)}{\sqrt{D\left(\sum\limits_{i=1}^{n} X_i\right)}} = \frac{\sum\limits_{i=1}^{n} X_i - n\mu}{\sqrt{n}\sigma},$$

设 Y_n 的分布函数为 $F_n(x)$，则对于任意的实数 x，有

$$\lim_{n \to \infty} F_n(x) = \lim_{n \to \infty} P \left\{ \frac{\sum_{i=1}^{n} X_i - n\mu}{\sqrt{n}\sigma} \leqslant x \right\}$$

$$= \int_{-\infty}^{x} \frac{1}{\sqrt{2\pi}} e^{-\frac{t^2}{2}} dt = \Phi(x).$$

称定理 5.2.1 为**独立同分布的中心极限定理**, 也称为**列维-林德伯格中心极限定理**.

由定理 5.2.1 可知, 当 n 很大时, 随机变量 Y_n 近似服从标准正态分布, 即

$$Y_n = \frac{\sum_{i=1}^{n} X_i - n\mu}{\sqrt{n}\sigma} \overset{近似}{\sim} N(0,1).$$

因此, 当 n 很大时, 随机变量 $\sum_{i=1}^{n} X_i$ 近似服从正态分布. 另一方面,

$$E\left(\sum_{i=1}^{n} X_i\right) = \sum_{i=1}^{n} E(X_i) = n\mu, \quad D\left(\sum_{i=1}^{n} X_i\right) = \sum_{i=1}^{n} D(X_i) = n\sigma^2,$$

从而

$$\sum_{i=1}^{n} X_i \overset{近似}{\sim} N(n\mu, n\sigma^2).$$

在一般情况下, 通常很难求出 $\sum_{i=1}^{n} X_i$ 的分布函数, 由定理 5.2.1 可知, 当 n 很大时, 可用正态分布函数给出其近似分布, 这样通过查标准正态分布表就可以得到前面提到的有关事件概率计算的近似值. 即

$$P\left\{ \sum_{i=1}^{n} E(X_i) - n\varepsilon < \sum_{i=1}^{n} X_i < \sum_{i=1}^{n} E(X_i) + n\varepsilon \right\}$$

$$= P\left\{ n\mu - n\varepsilon < \sum_{i=1}^{n} X_i < n\mu + n\varepsilon \right\}$$

$$\approx \Phi\left(\frac{n\varepsilon}{\sqrt{n}\sigma}\right) - \Phi\left(-\frac{n\varepsilon}{\sqrt{n}\sigma}\right) = 2\Phi\left(\frac{\varepsilon\sqrt{n}}{\sigma}\right) - 1.$$

在实际问题中, 对于固定的 n, 只要随机变量 $X_1, X_2, \cdots, X_n$ 满足定理中的条

件, 则对于任意的常数 a, b, 有

(1) $P\left\{\sum_{i=1}^{n} X_i \leqslant a\right\} \approx \Phi\left(\dfrac{a - n\mu}{\sqrt{n}\sigma}\right)$;

(2) $P\left\{a \leqslant \sum_{i=1}^{n} X_i \leqslant b\right\} \approx \Phi\left(\dfrac{b - n\mu}{\sqrt{n}\sigma}\right) - \Phi\left(\dfrac{a - n\mu}{\sqrt{n}\sigma}\right)$.

例 5.2.1　为了测定一台机床的重量, 把它分解成 75 个部件来称量. 假定每个部件的称量误差服从区间 $(-1, 1)$ 上的均匀分布 (单位: kg), 且每个部件的称量误差相互独立, 试求机床重量的总误差的绝对值不超过 10kg 的概率.

解　设 X_i 表示第 i 个部件称量误差 $(i = 1, 2, \cdots, 75)$, 则 $X_1, X_2, \cdots, X_{75}$ 独立同分布, 且 $X_i \sim U(-1, 1)$,

$$E(X_i) = 0, \quad D(X_i) = \frac{1}{3} \quad (i = 1, 2, \cdots, 75).$$

设 X 表示机床重量的总误差, 则 $X = \sum_{i=1}^{75} X_i$, 且

$$E(X) = 75 \times 0 = 0, \quad D(X) = 75 \times \frac{1}{3} = 25.$$

所以, 由定理 5.2.1 可知,

$$X = \sum_{i=1}^{75} X_i \overset{\text{近似}}{\sim} N(0, 25).$$

因此,

$$P\{|X| \leqslant 10\} = P\left\{\left|\sum_{i=1}^{75} X_i\right| \leqslant 10\right\} = P\left\{-10 \leqslant \sum_{i=1}^{75} X_i \leqslant 10\right\}$$

$$\approx \Phi\left(\frac{10 - 0}{5}\right) - \Phi\left(\frac{-10 - 0}{5}\right)$$

$$= 2\Phi(2) - 1 = 0.9544.$$

下面介绍另一个中心极限定理, 它是第一个中心极限定理的特殊情况, 也是历史上最早的中心极限定理.

5.2.2　棣莫弗-拉普拉斯中心极限定理

定理 5.2.2　(棣莫弗-拉普拉斯 (De Moivre-Laplace) 中心极限定理)　设随机变量 X 服从参数为 n, p $(0 < p < 1)$ 的二项分布, 即 $X \sim B(n, p)$, 则对于任意的实数

x, 有

$$\lim_{n\to\infty} P\left\{\frac{X-np}{\sqrt{np(1-p)}} \leqslant x\right\} = \int_{-\infty}^{x} \frac{1}{\sqrt{2\pi}} e^{-\frac{t^2}{2}} dt = \Phi(x).$$

证明　由 $X \sim B(n,p)$ 可知, 设 $X = \sum_{i=1}^{n} X_i$, 其中 $X_1, X_2, \cdots, X_n$ 独立同分布, 且

$$X_i \sim B(1,p), \quad E(X_i) = p, \ D(X_i) = p(1-p) \quad (i = 1,2,\cdots,n),$$

则

$$E(X) = np, \quad D(X) = np(1-p).$$

由定理 5.2.1 可得

$$\lim_{n\to\infty} P\left\{\frac{X-np}{\sqrt{np(1-p)}} \leqslant x\right\} = \int_{-\infty}^{x} \frac{1}{\sqrt{2\pi}} e^{-\frac{t^2}{2}} dt = \Phi(x).$$

定理 5.2.2 表明, 二项分布以正态分布为极限分布, 给出了二项分布的一种近似计算:

当 n 很大时, 随机变量 Y_n 近似服从标准正态分布, 即

$$\frac{X-np}{\sqrt{np(1-p)}} \overset{近似}{\sim} N(0,1).$$

即

$$X \overset{近似}{\sim} N(np, np(1-p)).$$

因此, 当 n 充分大时, 我们可以来近似计算二项分布的概率

$$P\left\{\frac{X-np}{\sqrt{np(1-p)}} \leqslant x\right\} \approx \int_{-\infty}^{x} \frac{1}{\sqrt{2\pi}} e^{-\frac{t^2}{2}} dt = \Phi(x). \tag{5.2.1}$$

例 5.2.2　某高校今年有 200 位教师参加教师资格证书的考试, 按往年的经验, 考试的通过率为 0.8. 试求这 200 位教师至少有 150 人通过考试的概率.

解　令 $X_i = \begin{cases} 1, & 第i位教师通过考试, \\ 0, & 第i位教师未通过考试 \end{cases}$ $(i = 1,2,\cdots,200)$, 则 $X_1, X_2, \cdots, X_{200}$ 独立同分布, 且

$$X_i \sim B(1,0.8), \quad E(X_i) = 0.8, \quad D(X_i) = 0.8 \times (1-0.8) = 0.16, \quad i = 1,2,\cdots,200.$$

设 X 表示 200 位教师中通过考试的人数, 则

$$X = \sum_{i=1}^{200} X_i \sim B(200,0.8),$$

且

$$E(X) = 200 \times 0.8 = 160, \quad D(X) = 200 \times 0.8(1-0.8) = 32.$$

所以, $X = \sum_{i=1}^{200} X_i \overset{近似}{\sim} N(160,32)$. 从而由式 (5.2.1) 可得

$$P\{X \geqslant 150\} = P\left\{\sum_{i=1}^{200} X_i \geqslant 150\right\} = 1 - P\left\{\sum_{i=1}^{200} X_i < 150\right\}$$

$$\approx 1 - \Phi\left(\frac{150-160}{\sqrt{32}}\right) \approx 1 - \Phi(-1.77) = \Phi(1.77) = 0.96.$$

例 5.2.3 某学校有 1600 名住校生, 每个人都以 80% 的概率去图书馆自习. 试问图书馆至少应设多少个座位, 才能以 99% 的概率保证去上自习的同学都有座位.

解 设 X 表示同时去图书馆上自习的人数, 则 $X \sim B(1600,0.8)$, 且

$$E(X) = 1600 \times 0.8 = 1280, \quad D(X) = 1600 \times 0.8(1-0.8) = 256.$$

设图书馆至少有 m 个座位, 则

$$P\{X \leqslant m\} = P\left\{\frac{X-1280}{\sqrt{256}} \leqslant \frac{m-1280}{\sqrt{256}}\right\} \approx \Phi\left(\frac{m-1280}{16}\right) \geqslant 0.99.$$

查表得 $\dfrac{m-1280}{16} \geqslant 2.33$, 即 $m \geqslant 1318$. 因此, 图书馆至少应设 1318 个座位.

习题 5.2

(A)

习题 5.2 解答

1. 根据以往的经验, 某种电子元件的寿命服从均值 100 小时的指数分布, 从中随机地取 16 只, 设它们的寿命是相互独立的, 试求这 16 只元件的寿命总和大于 1920 小时的概率.

2. 有一批钢材, 其中 80% 的长度不小于 3m, 现从中随机地取出 100 根, 试用中心极限定理求小于 3m 的钢材不超过 30 根的概率.

3. 在人寿保险公司里有 3000 个同龄的人参加人寿保险, 在 1 年内每人的死亡率为 0.1%, 参加保险的人在 1 年的每一天交保费 10 元, 死亡时家属可以从保险公司领取 2000 元. 试用中心极限定理求保险公司亏本的概率.

4. 某人参加外语考试, 有 100 道单选题, 每道题有 4 个备选答案, 且其中只有一个答案是正确的, 规定: 选正确得 1 分, 选错误得 0 分, 假设这个人什么题都不会做, 每做一题都是从 4 个备选答案中随机选答, 并且没有不选的情况下, 求他能够超过 35 分的概率.

5. 设某个准备参加团体竞技项目的团队共 100 人, 在参加之前, 投入到集训之中, 在集训过程中, 每个人都有 0.1 的概率被淘汰, 如果在竞技开始时, 团队人数少于 85 人, 则不能参加竞技, 求这个团队最后能参加此竞技的概率.

6. 计算器在进行加法时, 将每个加数舍入最靠近它的整数, 设所有舍入误差是独立的且在 $(-0.5, 0.5)$ 上服从均匀分布, 若将 1500 个数相加, 求误差总和的绝对值超过 15 的概率.

(B)

1. 一生产线生产的产品成箱包装, 每箱的重量是随机的, 假设每箱平均重 50kg, 标准差 5kg, 若用最大载重量为 5t 的汽车去承运, 试用中心极限定理说明每辆汽车最多可以装多少箱, 才能保证不超载的概率大于 0.977? ($\Phi(2) = 0.977$)

2. 设随机变量 $X_1, X_2, \cdots, X_n, \cdots$ 相互独立, 同服从 $(-0.5, 0.5)$ 上的均匀分布, 记 $Y_n = \sum_{i=1}^{n} X_i$, 则为使 $P\{|Y_n| < 10\} \geqslant 0.9$, 求 n 的最大值应小于的自然数.

5.3 数学模型与实验

实验目的和意义

(1) 掌握大量独立同分布随机变量之和的分布的计算机模拟方法.
(2) 通过随机试验理解中心极限定理的思想.
(3) 了解大数定律的应用.
(4) 会用 MATLAB 软件对大数定理和中心极限定理进行模拟.

中心极限定理是概率论中最著名的结果之一, 简单地说, 大量的独立同分布随机变量之和的分布近似为正态分布. 因此, 中心极限定理为计算独立同分布随机变量之和的有关概率提供了理论依据, 同时也解释了现实世界中许多实际的总体分布的频率曲线接近正态分布的钟形曲线的原因. 本节将通过具体的例子, 介绍用 MATLAB 软件解决大数定律和中心极限定理相关问题的常用命令和方法.

例 5.3.1　设正常成年男子的每毫升血液中, 白细胞数的平均值是 7300 个, 均方差是 700, 利用切比雪夫不等式估计成年男子每毫升血液中, 白细胞数在 5200~9400 的概率.

解　所求概率为 $P\{5200 < X < 9400\}$, 已知 $E(X) = 7300, D(X) = 700^2$, 由切比雪夫不等式有

$$P\{5200 < X < 9400\} = P\{5200 - 7300 < X - 7300 < 9400 - 7300\}$$

$$= P\{|X - 7300| < 2100\} \geqslant 1 - \frac{700^2}{2100^2} \approx 0.8889.$$

在 MATLAB 命令窗口运行命令:

```
>> Ex=7300;
>> Dx=700;
>> p=1-Dx^2/(9400-Ex)^2
```

运行结果:

```
p =
    0.8889
```

例 5.3.2　设随机变量 T 服从区间 $(0,1)$ 内的均匀分布, 期望 $\mu=\dfrac{1}{2}$, 方差 $\sigma^2=\dfrac{1}{12}$, 设 $t_1,t_2,\cdots,t_n$ 是取自总体 T 的 n 个独立随机数, 计算随机数

$$X=\frac{t_1+t_2+\cdots+t_n-0.5n}{\sqrt{\dfrac{n}{12}}}$$

的一次实验结果, 重复做 N 次实验, 将所得结果记为 X_i $(i=1,2,\cdots,N)$, 从所得结果观察随机变量 X 的分布, 画出其密度函数的图形, 并将其密度函数与标准正态分布的密度函数作比较.

解　取一个短的区间长 d, 对每个离 0 不太远的 x, 计算出落在 $\left[x-\dfrac{d}{2},x+\dfrac{d}{2}\right)$ 内的 X_i 的个数 N_x, 以 $\dfrac{N_x}{N\cdot d}$ 作为随机变量 X 在点 x 的概率密度 $f(x)$. 计算出足够多的 $f(x)$ 和 $\varphi(x)=\dfrac{1}{\sqrt{2\pi}}\mathrm{e}^{-\frac{x^2}{2}}$, 画出所得数据点 $(x,f(x))$, 连成曲线, 作为 $f(x)$ 的图形.

编制 MATLAB 实验程序:

```
%中心极限定理模拟实验
function f= gauss(N,n,d,x)
%定义函数gauss,输入参数N,n,d,x,其中N是实验次数,n是每次实验取出
[0,1]区间的随机数的个数,d是小区间长度,x是自变量数组
Nx=zeros(1,size(x,2));
%产生与x同大小的零数组,用于存放各小区间所含X的值的个数
rand('state',sum(100*clock));        %依据系统时钟产生种子数
for i=1:N
    t=rand(1,n);                     %从区间[0,1]产生n个随机数
    X(i)=(sum(t)-0.5*n)./sqrt(n./12);        %计算X的值
```

```
for j=1:size(x,2)
    if X(i)>=(x(j)-d/2)&X(i)<(x(j)+d/2)
%判断 X 的值是否属于小区间[x-d/2,x+d/2]
        Nx(j)= Nx(j)+1;
    end
end
end
    f=Nx./(N*d);                %随机变量 X 在 x 各点的近似密度
end


function gaussmain
%调用主程序 gauss.m
x=-4:0.01:4;
N=10^4,n=1000,d=0.1;
f=gauss(N,n,d,x);    %调用函数 gauss(N,n,d,x),用实验方法计算近似密度
fai=1./sqrt(2*pi)*exp(-x.^2./2);    %计算标准正态分布的密度
plot(x,f,x,fai)                %画图
end
```

实验结果如图 5.1 所示.

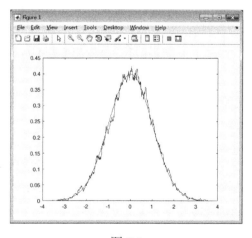

图 5.1

从图中不难看出：实验结果的密度函数 $f(x)$ 与标准正态分布的密度函数相当吻合.

用以下程序计算 X 及标准正态分布的概率分布：

%中心极限定理模拟实验 2

```
function p= gaussp(N,n,x)
```
%定义函数 gaussp, 输入参数 N, n, x, 其中 N 是实验次数, n 是每次实验取出 [0,1] 区间的随机数的个数, x 是自变量数组

```
Nx=zeros(1,size(x,2));
```
%产生与 x 同大小的零数组, 用于存放 X<x 的值的个数

```
rand('state',sum(100*clock));        %依据系统时钟产生种子数
for i=1:N
    t=rand(1,n);                      %从区间 [0,1] 产生 n 个随机数
    X(i)=(sum(t)-0.5*n)./sqrt(n./12);        %计算 X 的值
for j=1:size(x,2)
        if X(i)< x(j)                 %判断 X 的值是否小于 x
            Nx(j)= Nx(j)+1;
        end
    end
end
p=Nx./N;                             %随机变量 X 小于 x 的近似概率
end
```

```
function gausspmain
```
%计算概率分布的主程序

```
x=-3:0.6:3;
N=10^4,n=1000;
p1=gaussp(N,n,x)        %调用函数 gaussp(N,n,x),用实验方法计算近
                         似密度
p2=normcdf(x,0,1)       %计算标准正态分布的概率分布
end
```

实验结果如下表所示

x	−3	−2.4	−1.8	−1.2	−0.6	0	0.6	1.2	1.8	2.4	3
$P\{X < x\}$	0.001	0.008	0.036	0.114	0.271	0.504	0.724	0.887	0.965	0.993	0.999
标准正态分布	0.001	0.008	0.036	0.115	0.274	0.5	0.726	0.885	0.964	0.992	0.999

从上表不难看出, 实验结果验证了中心极限定理的结论.

例 5.3.3（中心极限定理在保险中的应用）　设某保险公司有 100000 个同阶层的人参加人寿保险, 每人每年付 1200 元保险费, 在一年内一个人死亡的概率为 0.006, 死亡时, 其家属可向保险公司领取 100000 元. 试问:

(1) 保险公司平均支付给每户赔偿金 590 元至 610 元的概率是多少?

(2) 保险公司亏本的概率是多少?

解　(1) 设 X_i 表示保险公司支付给第 i 个客户的赔偿金, 则

X_i	0	100000
P	0.994	0.006

所以, $E(X_i) = 600$, $D(X_i) = 5.964 \times 10^7$ $(i = 1, 2, \cdots, 100000)$.

设 $\bar{X} = \dfrac{1}{100000} \sum_{i=1}^{100000} X_i$ 表示保险公司平均对每个客户的赔偿金, 由于 X_i 相互独立, 所以有

$$E(\bar{X}) = 600, \quad D(\bar{X}) = 5.964 \times 10^2.$$

由中心极限定理知, $\bar{X} \sim N(600, 24.421^2)$,

$$P\{590 < \bar{X} < 610\} = \Phi\left(\frac{610 - 600}{24.421}\right) - \Phi\left(\frac{590 - 600}{24.421}\right)$$
$$= 2\Phi(0.4092) - 1 = 0.3178.$$

编制 MATLAB 程序:

```
%计算期望与方差
>> x=[0 100000];
>> p=[0.994 0.006];
>> Ex=sum(x.*p)
>> Ex2=sum(x.^2.*p);
>> Dx=Ex2-Ex^2
```

运行结果:

```
Ex =
   600
Dx =
   59640000
```

%计算保险公司平均支付给每户赔偿金 590 元至 610 元的概率

```
>>Exx=Ex;
>>Dxx=Dx/100000;
>>p1=normcdf((610-Exx)/sqrt(Dxx))-normcdf((590-Exx)/sqrt(D
xx))
```

运行结果：

```
p1 =
    0.3178
```

如果将投保人数提升至 1000000 人，则可得保险公司平均支付给每户赔偿金 590 元至 610 元的概率是

```
p1 =
    0.8046
```

(2) 保险公司亏本的概率，也就是赔偿金大于保险费的概率. 而保险费为

$$100000 \times 1200 = 12000 \,万元.$$

即死亡人数大于 1200 人的概率. 由于一年内死亡人数服从二项分布，在一年内一个人死亡的概率为 0.006. 设一年内死亡人数为 Y，则 $Y \sim B(100000, 0.006)$，此时，

$$E(Y) = 600, \quad D(Y) = 596.4.$$

由中心极限定理，Y 近似服从正态分布 $N(600, 24.4213^2)$.

因此，

$$P\{Y > 1200\} = 1 - P\{Y \leqslant 1200\} = 1 - \Phi(24.5687) = 0.$$

在 MATLAB 命令窗口运行命令：

```
>>n=100000;
>>fee=1200;
>>fp=100000;
>>yn=n*fee/fp;
>>[m,v]=binostat(n,0.006);
>>p2=1-normcdf(yn,m,sqrt(v))
```

运行结果：

```
p2 =
      0
```

这说明，保险公司亏本的概率几乎等于 0.

第 6 章　数理统计的基本概念

概率论是数理统计的理论基础. 数理统计是概率论的重要应用. 概率论与数理统计学有着密切的联系却又不是同一学科. 数理统计是一个具有广泛应用的数学分支. 数理统计以概率论为基础, 根据试验或观察得到数据来研究随机变量, 对研究对象的客观规律性做出合理的估计和判断, 即寻找与发现统计规律性.

数理统计的内容包括: 如何有效地收集、整理数据资料; 如何对所得的数据资料进行分析、研究, 从而对所研究的对象的性质、特点做出推断和预测.

在概率论中, 所研究的随机变量的分布都是假设已知的, 在此前提下去研究随机变量的性质、特点和规律性, 例如, 求出它的数字特征、讨论随机变量函数的分布、介绍常用的各种分布等. 在数理统计中, 研究的随机变量的分布是未知的, 或者是不完全知道的, 是通过对所研究的随机变量进行重复独立的观察, 得到许多观察值, 对这些数据进行分析, 从而对所研究的随机变量的分布做出种种推断.

本章介绍总体、随机样本及统计量等基本概念, 并介绍几个常用的统计量及抽样分布.

6.1　总体和样本

本节主要介绍数理统计的两个基本概念: 总体、样本.

6.1.1　总体与个体

定义 6.1.1　在数理统计中, 将所研究对象的全体称为**总体**, 组成总体的每一个研究对象称为**个体**.

按照总体中个体数量的不同, 可分为有限总体和无限总体.

例 6.1.1　某印刷厂要估计即将出厂的 1 亿张发票的次品率, 现从中随机抽取 1000 张发票, 检查其次品的个数, 并据此估计整批发票的次品率.

总体: 1 亿张发票;

个体: 每张发票.

例 6.1.2　某灯泡厂要对 10000 枚灯泡的使用寿命进行考察, 随机抽取 100 枚灯泡点燃直至烧毁, 测得其使用寿命, 并据此评估该批灯泡的平均寿命.

总体: 10000 枚灯泡;

个体: 每一枚灯泡.

研究总体, 就是对组成总体的个体进行研究, 我们所关心的不是实物本身, 而是它的某个具有某种特征属性的数量指标. 例如, 在例 6.1.1 中我们不关心某张发票的颜色和纸张的规格, 而是关心发票是否残缺; 在例 6.1.2 中我们不关心灯泡的重量和形状, 而是关心灯泡的使用寿命.

要想了解个体所具有的某种特征属性的数量指标, 最好的方法是将全部个体进行逐一检查和试验. 但这种做法在现实中通常是比较困难的, 主要原因有两个.

(1) 研究对象的数量过于庞大, 或调查的成本过高, 从人力、物力和时间上都不允许做全面检查. 在例 6.1.1 中, 对数以亿计的发票进行全面调查和分析, 这不但是不划算的, 也是不必要的.

(2) 有些试验具有破坏性. 在例 6.1.2 中, 灯泡的点燃试验, 如果把 10000 枚灯泡全部拿来做点燃试验, 最后这批灯泡的平均寿命倒是精确地算出来了, 但是这批灯泡也再不能使用了, 调查同样也失去了意义.

数理统计学为我们提供了一整套行之有效的方法, 保证只需要从全体研究对象中抽取一少部分进行检验, 就可以做出相当可靠的科学结论. 即抽样进行考察.

一般地, 我们将所研究个体的某个具有某种特征属性的数量指标看作是总体的数量指标, 通常用 X 表示, 它是一个随机变量, 总体的每个个体所具有的数量指标可看作是随机变量 X 的随机取值. 对总体的研究相当于对这个随机变量 X 的研究, 随机变量 X 的分布函数和数字特征可视为总体的分布函数和数字特征. 在数理统计中, 总体与相应的随机变量 X 不加区别, 统称为总体 X.

因此, 我们有定义 6.1.1 的等价定义.

定义 6.1.1′　将试验的全部可能的观察值称为**总体**, 每一个可能观察值称为**个体**.

总体中所包含的个体的个数称为总体的容量, 容量为有限的称为有限总体, 容量为无限的称为无限总体.

6.1.2　样本及其联合分布

从总体中抽取一个个体, 指的是对总体 X 进行一次观察并记录其结果. 在相同条件下对总体 X 进行 n 次重复的、独立的观察, 将 n 次观察结果按照试验的次序依次记作 $X_1, X_2, \cdots, X_n$. 由于 $X_1, X_2, \cdots, X_n$ 是对随机变量 X 观察的结果, 且各次观察是在相同的条件下独立进行的, 所以, $X_1, X_2, \cdots, X_n$ 是相互独立且同分布的随机变量. 将 $X_1, X_2, \cdots, X_n$ 称为来自总体 X 的一个简单随机样本. 若无特殊说明, 后续章节所提到的样本指的都是简单随机样本. 当 n 次观察一经完成, 得到一组实数 $x_1, x_2, \cdots, x_n$, 它们依次是随机变量 $X_1, X_2, \cdots, X_n$ 的观察值, 称为样本值. 我们得到如下定义.

定义 6.1.2　从总体 X 中随机抽取 n 个个体, 得到 n 个随机变量 $X_1, X_2, \cdots, X_n$, 若 $X_1, X_2, \cdots, X_n$ 相互独立, 且与总体 X 同分布, 则称 $X_1, X_2, \cdots, X_n$ 为总体 X 的一个**简单随机样本**, 简称为**样本**. 称 n 为**样本容量**. 抽样结束后, 得到 n 个具体的试验数据 $x_1, x_2, \cdots, x_n$, 称为一组**样本观察值**, 简称为**样本值**.

抽取样本的目的是根据样本 $X_1, X_2, \cdots, X_n$ 的特性对总体 X 的相应特性进行分析、估计和推断. 因此, 我们希望所抽取的样本尽可能多地反映总体的特性. 为此抽取出来的样本应满足下列要求:

(1) 抽取的样本具有随机性 (因而具有普遍性).

(2) 样本 $X_1, X_2, \cdots, X_n$ 相互独立, 并且与总体 X 分布相同.

如果总体 X 是有限总体, 可以通过采用放回抽样得到简单随机样本. 但放回抽样使用起来不方便, 因此, 当个体的总数比要得到的样本容量大得多时, 可将不放回抽样近似地看作放回抽样来处理.

如果总体 X 是无限总体, 抽取一个个体不影响它的分布, 因此, 选用不放回抽样即可得到简单随机样本. 例如, 在生产过程中, 每隔一定时间抽取一个个体, 抽取 n 个就得到一个简单随机样本.

也可以将样本看成是一个随机变量, 写成 $(X_1, X_2, \cdots, X_n)$. 样本观察值相应地记作 $(x_1, x_2, \cdots, x_n)$. 由于样本 $(X_1, X_2, \cdots, X_n)$ 相互独立且与总体 X 分布相同, 我们可以得到样本的联合分布.

设总体 X 的分布函数为 $F(x)$, 将样本 X_i 的分布函数记为 $F(x_i)$ ($i = 1, 2, \cdots, n$), 则样本 $(X_1, X_2, \cdots, X_n)$ 的联合分布函数 (统计模型) 为

$$F^*(x_1, x_2, \cdots, x_n) = \prod_{i=1}^{n} F(x_i).$$

(1) 当总体 X 是离散型随机变量时, 设 X 的概率分布律为 $P\{X = x\} = p(x)$. 将样本 X_i 的分布律记为 $P\{X_i = x_i\} = p(x_i)$ ($i = 1, 2, \cdots, n$), 则样本 $(X_1, X_2, \cdots, X_n)$ 的联合分布律 (统计模型) 为

$$P\{X_1 = x_1, X_2 = x_2, \cdots, X_n = x_n\} = \prod_{i=1}^{n} p(x_i).$$

(2) 当总体 X 是连续型随机变量时, 设 X 的密度函数为 $f(x)$. 将样本 X_i 的密度函数记为 $f(x_i)$ ($i = 1, 2, \cdots, n$), 则样本 $(X_1, X_2, \cdots, X_n)$ 的联合密度函数 (统计模型) 为

$$f^*(x_1, x_2, \cdots, x_n) = \prod_{i=1}^{n} f(x_i).$$

例 6.1.3　在例 6.1.1 中, 将发票残缺情况作为研究的总体, 令

$$X = \begin{cases} 0, & \text{发票无残缺,} \\ 1, & \text{发票有残缺,} \end{cases}$$

则总体 X 服从 (0 -1) 分布, 其分布律为

$$P\{X = x\} = p^x (1 - p)^{1-x} \quad (x = 0 \text{ 或 } 1),$$

其中 p $(0 < p < 1)$ 为次品率, 是未知参数.

现在我们从总体 X 中抽取 1000 张发票进行检验, 得到容量为 1000 的样本 $X_1, X_2, \cdots, X_{1000}$, 其观察值为 $x_1, x_2, \cdots, x_{1000}$, 则 $X_1, X_2, \cdots, X_{1000}$ 相互独立且与总体 X 同分布. 因此, 有

$$P\{X_i = x_i\} = p^{x_i} (1 - p)^{1-x_i} \quad (x_i = 0 \text{ 或 } 1; \ i = 1, 2, \cdots, 1000),$$

从而, 样本 $(X_1, X_2, \cdots, X_{1000})$ 的联合分布律为

$$P\{X_1 = x_1, X_2 = x_2, \cdots, X_{1000} = x_{1000}\} = \prod_{i=1}^{n} p(x_i) = \prod_{i=1}^{1000} p^{x_i} (1 - p)^{1-x_i} = p^{\sum\limits_{i=1}^{1000} x_i} (1 - p)^{\sum\limits_{i=1}^{1000} (1 - x_i)}.$$

例 6.1.4　在例 6.1.2 中, 将灯泡的使用寿命作为研究的总体 X, 设 X 服从参数为 λ 的指数分布, 其密度函数为

$$f(x) = \begin{cases} \lambda e^{-\lambda x}, & x > 0, \\ 0, & x \leqslant 0, \end{cases}$$

其中 $\lambda > 0$ 是未知参数.

现在我们从总体 X 中抽取 100 枚灯泡进行测试, 得到容量为 100 的样本 $X_1, X_2, \cdots, X_{100}$, 其观察值为 $x_1, x_2, \cdots, x_{100}$, 则 $X_1, X_2, \cdots, X_{100}$ 相互独立且与总体 X 同分布. 因此, 有

$$f(x_i) = \begin{cases} \lambda e^{-\lambda x_i}, & x_i > 0, \\ 0, & x_i \leqslant 0 \end{cases} \quad (i = 1, 2, \cdots, 1000),$$

从而, 样本 $(X_1, X_2, \cdots, X_{100})$ 的联合密度函数为

$$f^*(x_1, x_2, \cdots, x_{100}) = \prod_{i=1}^{100} f(x_i) = \begin{cases} \lambda^{100} e^{-\lambda \sum\limits_{i=1}^{100} x_i}, & x_1 > 0, x_2 > 0, \cdots, x_{100} > 0, \\ 0, & \text{其他.} \end{cases}$$

习题 6.1

(A)

习题 6.1 解答

设 $X_1, X_2, \cdots, X_n$ 是取自总体 X 的样本, 写出下列样本的联合分布:

(1) $X \sim P(\lambda)$;   (2) $X \sim E(\lambda)$;

(3) $X \sim N(\mu, \sigma^2)$;   (4) $X \sim U(0, \theta)$.

6.2 统 计 量

6.2.1 统计量

样本是进行统计推断的依据. 实际应用中, 往往不是直接使用样本本身进行统计推断, 而是针对不同的问题, 对样本进行适当的加工, 提炼出有用的信息, 构造适当的样本函数, 利用这些样本的函数进行统计推断. 这就涉及一个重要的概念——统计量. 先来看一个例子.

例 6.2.1 在期末考试中, 为了估计全校同学的课程的平均成绩和成绩的分散程度, 从全校同学中随机地抽取 20 名同学, 他们的成绩分别为 (满分: 300 分)

215, 227, 216, 192, 207, 207, 214, 218, 205, 200,

187, 185, 202, 218, 195, 215, 206, 202, 208, 210.

在此次抽样中, 直接看这 20 人的成绩数据, 很难对全校学生的平均成绩和成绩的分散程度做出较好的估计.

令

$$\bar{x} = \frac{215 + 227 + \cdots + 208 + 210}{20} = 206.45.$$

得到平均成绩 $\bar{x} = 206.45$. $\bar{x}$ 集中了样本中关于总体平均值的信息. 所以, 它可以作为全校学生平均成绩的估计.

令

$$s = \sqrt{\frac{1}{20 - 1}[(215 - \bar{x})^2 + (227 - \bar{x})^2 + \cdots + (210 - \bar{x})^2]} = 10.9.$$

s 的值集中反映了样本中关于成绩的分散程度的信息, 所以, 它可以作为全校成绩分散程度的估计. 这里的 $\bar{x}$ 和 s 就是我们用来统计推断的基础. 由此引入统计量的概念.

定义 6.2.1 设 $X_1, X_2, \cdots, X_n$ 是来自总体 X 的样本, $x_1, x_2, \cdots, x_n$ 为样本观察值,

$T(X_1, X_2, \cdots, X_n)$ 是关于样本 $X_1, X_2, \cdots, X_n$ 的函数, 若 T 中不含任何未知参数, 则称 $T(X_1, X_2, \cdots, X_n)$ 是一个**统计量**, 称 $T(x_1, x_2, \cdots, x_n)$ 是**统计量 T 的观察值**.

T 中不能包含任何未知参数, 特别是不能包含总体分布中的未知参数. 一旦抽得样本, 代入样本值, 就可以计算出统计量的观察值. 好的统计量都是"有的放矢"的, 是基于特定的目的有针对性地构造出来的.

下面介绍几个常用的统计量:

设 $X_1, X_2, \cdots, X_n$ 是来自总体 X 的样本, $x_1, x_2, \cdots, x_n$ 为样本观察值, 定义:

(1) **样本均值** $\bar{X} = \dfrac{1}{n} \sum\limits_{i=1}^{n} X_i$;

(2) **样本方差** $S^2 = \dfrac{1}{n-1} \sum\limits_{i=1}^{n} (X_i - \bar{X})^2 = \dfrac{1}{n-1} \left(\sum\limits_{i=1}^{n} X_i^2 - n\bar{X}^2 \right)$;

(3) **样本标准差** $S = \sqrt{S^2} = \sqrt{\dfrac{1}{n-1} \sum\limits_{i=1}^{n} (X_i - \bar{X})^2}$;

(4) k **阶样本原点矩** $A_k = \dfrac{1}{n} \sum\limits_{i=1}^{n} X_i^k$, $k = 1, 2, \cdots$;

(5) k **阶样本中心矩** $B_k = \dfrac{1}{n} \sum\limits_{i=1}^{n} (X_i - \bar{X})^k$, $k = 2, 3, \cdots$.

它们的观察值分别为

(1) $\bar{x} = \dfrac{1}{n} \sum\limits_{i=1}^{n} x_i$;

(2) $s^2 = \dfrac{1}{n-1} \sum\limits_{i=1}^{n} (x_i - \bar{x})^2 = \dfrac{1}{n-1} \left(\sum\limits_{i=1}^{n} x_i^2 - n\bar{x}^2 \right)$;

(3) $s = \sqrt{s^2} = \sqrt{\dfrac{1}{n-1} \sum\limits_{i=1}^{n} (x_i - \bar{x})^2}$;

(4) $a_k = \dfrac{1}{n} \sum\limits_{i=1}^{n} x_i^k$, $k = 1, 2, \cdots$;

(5) $b_k = \dfrac{1}{n} \sum\limits_{i=1}^{n} (x_i - \bar{x})^k$, $k = 2, 3, \cdots$.

这些观察值仍分别称为样本均值、样本方差、样本标准差、k 阶样本原点矩和 k 阶样本中心矩.

例 6.2.2　用测温仪对一物体的温度进行测量 5 次, 其结果为(℃):

$$250, \quad 265, \quad 245, \quad 260, \quad 275.$$

求统计量 $\bar{X}, S^2, S$ 的观察值 $\bar{x}, s^2, s$.

解　样本均值为

$$\overline{x} = \frac{1}{5}\sum_{i=1}^{5} x_i = \frac{250 + 265 + 245 + 260 + 275}{5} = 259 \ (\text{℃}).$$

样本方差为

$$s^2 = \frac{1}{5-1}\sum_{i=1}^{5}(x_i - \overline{x})^2$$

$$= \frac{1}{4}[(250-259)^2 + (265-259)^2 + (245-259)^2 + (260-259)^2 + (275-259)^2]$$

$$= 142.5(\text{℃})^2.$$

样本标准差为

$$s = \sqrt{s^2} = \sqrt{142.5} \approx 11.94 \ (\text{℃}).$$

例 6.2.3 设获得某总体 X 的三个样本:

(1)样本 A: 3, 4, 5, 6, 7;

(2)样本 B: 1, 3, 5, 7, 9;

(3)样本 C: 1, 5, 9.

分别求三个样本的样本方差.

解 (1)样本均值为

$$\overline{x}_A = \frac{1}{5}(3+4+5+6+7) = 5.$$

所以, 样本方差为

$$s_A^2 = \frac{1}{5-1}\sum_{i=1}^{5}(x_i - \overline{x})^2$$

$$= \frac{1}{4}[(3-5)^2 + (4-5)^2 + (5-5)^2 + (6-5)^2 + (7-5)^2] = 2.5.$$

(2)样本均值为

$$\overline{x}_B = \frac{1}{5}(1+3+5+7+9) = 5.$$

所以, 样本方差为

$$s_B^2 = \frac{1}{5-1}\sum_{i=1}^{5}(x_i - \overline{x})^2$$

$$= \frac{1}{4}[(1-5)^2 + (3-5)^2 + (5-5)^2 + (7-5)^2 + (9-5)^2] = 10.$$

(3) 样本均值为

$$\bar{x}_C = \frac{1}{3}(1 + 5 + 9) = 5.$$

所以, 样本方差为

$$
\begin{aligned}
s_C^2 &= \frac{1}{3-1}\sum_{i=1}^{3}(x_i - \bar{x})^2 \\
&= \frac{1}{2}[(1-5)^2 + (5-5)^2 + (9-5)^2] = 16.
\end{aligned}
$$

将 3 个样本的观察值画在数轴上 (图 6.1).

图 6.1

明显可见, 虽然这三个样本的均值都是 5, 但它们的"分散"程度是不同的. 样本 A 相对比较集中, 样本 C 最为分散. 这与样本方差所表现出来的情况是一致的. 由此可见, 样本方差反映了取值的分散程度. 由于样本方差的量纲与样本的量纲不一致, 因此, 常用样本标准差表示分散程度.

由于样本方差 (或样本标准差) 很好地反映了总体方差 (或标准差) 的信息, 因此, 当方差 σ^2 未知时, 常用 S^2 去估计, 而总体标准差 σ 则常用样本标准差 S 去估计.

6.2.2　次序统计量

定义　6.2.2　设 $X_1, X_2, \cdots, X_n$ 是来自总体 X 的样本, 将 $X_1, X_2, \cdots, X_n$ 按照由小到大的次序重新排列:

$$X_{(1)} \leqslant X_{(2)} \leqslant \cdots \leqslant X_{(n)},$$

则称 $(X_{(1)}, X_{(2)}, \cdots, X_{(n)})$ 为**次序统计量**. 称 $X_{(i)}$ 为第 i 个次序统计量 $(i = 1, 2, \cdots, n)$.

特别地, 称 $X_{(1)}$ 为**样本极小值**, 称 $X_{(n)}$ 为**样本极大值**, 并且称 $X_{(n)} - X_{(1)}$ 为**样本的极差**.

值得注意的是, 次序统计量是向量, 并且是随机的. 通常将样本极大值 $X_{(n)}$ 和样本极小值 $X_{(1)}$ 分别作为总体极大值和极小值的估计, 将样本的极差作为总体分布集中程度的估计.

6.2.3 经验分布函数

我们还可以作出与总体分布函数 $F(x)$ 相应的统计量, 即经验分布函数, 可以用来描述总体分布函数的大致形状. 它的作法如下:

设 $X_1, X_2, \cdots, X_n$ 是来自总体 X 的样本, $S(x)$ 表示 $X_1, X_2, \cdots, X_n$ 中不大于 x 的随机变量的个数, 则称函数

$$F_n(x) = \frac{1}{n} S(x) \quad (-\infty < x < +\infty)$$

为**经验分布函数**.

设 $x_1, x_2, \cdots, x_n$ 为样本观察值, $(x_{(1)}, x_{(2)}, \cdots, x_{(n)})$ 为次序统计量的观察值, 则可得经验分布函数的观察值(仍以 $F_n(x)$ 表示)

$$F_n(x) = \begin{cases} 0, & x < x_{(1)}, \\ \dfrac{k}{n}, & x_{(k)} \leqslant x < x_{(k+1)}, \quad (k = 1, 2, \cdots, n-1), \\ 1, & x \geqslant x_{(n)} \end{cases}$$

例 6.2.4 设总体 X 有一个样本值: 1, 2, 3. 求 X 的经验分布函数 $F_3(x)$.

解 由经验分布函数的定义可得

$$F_3(x) = \begin{cases} 0, & x < 1, \\ \dfrac{1}{3}, & 1 \leqslant x < 2, \\ \dfrac{2}{3}, & 2 \leqslant x < 3, \\ 1, & x \geqslant 3, \end{cases}$$

$F_3(x)$ 的图形如图 6.2 所示.

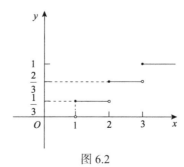

图 6.2

例 6.2.5　设总体 X 有 10 个样本值:

$$3.2, \quad 2.5, \quad -2, \quad 2.5, \quad 0, \quad 3, \quad 2, \quad 2.5, \quad 2, \quad 4.$$

求 X 的经验分布函数 $F_{10}(x)$.

解　将样本观察值按照从小到大的顺序重新排列:

$$-2 < 0 < 2 \leqslant 2 < 2.5 \leqslant 2.5 \leqslant 2.5 < 3 < 3.2 < 4,$$

由经验分布函数的定义可得

$$F_{10}(x) = \begin{cases} 0, & x < -2, \\ 0.1, & -2 \leqslant x < 0, \\ 0.2, & 0 \leqslant x < 2, \\ 0.4, & 2 \leqslant x < 2.5, \\ 0.7, & 2.5 \leqslant x < 3, \\ 0.8, & 3 \leqslant x < 3.2, \\ 0.9, & 3.2 \leqslant x < 4, \\ 1, & x \geqslant 4, \end{cases}$$

$F_{10}(x)$ 的图形如图 6.3 所示. 不难看出, 经验分布函数 $F_n(x)$ 是一个阶梯函数. 当样本容量 n 越来越大时, 相邻两个阶梯的跃度将变得越来越低, 阶梯宽度将变得越来越窄, 逐渐逼近总体分布函数 $F(x)$.

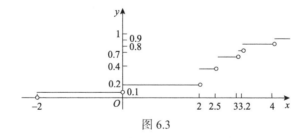

图 6.3

6.2.4　频率直方图

为了研究总体的分布, 我们通过试验可以得到许多观察值, 而这些观察值通常都是杂乱无章的. 为了更好地利用这些观察值进行统计分析, 有必要将这些数据加以整理, 常常借助于图表或图形的形式对它们加以描述. 频率直方图就是常用的一个既简单又实用的工具, 可以借助于频率直方图来描述数据的分布特征.

当样本值比较多时, 可先将其分成若干组, 分组的区间长度一般取成等距的 (各组对应的区间长度称为组距). 分组的组数根据样本容量而定. 如果分组太少,则难以反映出分布的特征; 如果分组太多, 则由于样本取值的随机性而使分布显得杂乱. 因此, 分组时, 确定分组数(或组距)应以突出分布的特征并冲淡样本的随机波动性为原则. 在平面直角坐标系中, 通常用横轴表示数据分组, 用纵轴表示频数或频率, 从而, 各组与相应的频数或频率就形成了一个矩形, 利用矩形的宽度和高度即可表示频数或频率分布的状况和特征.

设 $x_1, x_2, \cdots, x_n$ 为一组样本观察值, 绘制直方图的步骤如下:

(1)找出 $x_1, x_2, \cdots, x_n$ 中的最小值 $x_{(1)}$ 和最大值 $x_{(n)}$;

(2)选取常数 a (略小于) $x_{(1)}$ 和 b (略大于 $x_{(n)}$), 将区间 $[a,b]$ 等分成 m 个小区间(通常取 m 使得 $\dfrac{m}{n}$ 在 $\dfrac{1}{10}$ 左右, 且小区间不包含右端点), 组距 $\Delta t = \dfrac{b-a}{m}$:

$$[t_1, t_1 + \Delta t), \quad [t_2, t_2 + \Delta t), \quad \cdots, \quad [t_m, t_m + \Delta t).$$

(3)求出每组的频数(称为**组频数**) n_i, 每组的频率(称为**组频率**) $f_i = \dfrac{n_i}{n}$, 以及 $h_i = \dfrac{f_i}{\Delta t}$, $i = 1, 2, \cdots, m$.

(4)在小区间 $[t_i, t_i + \Delta t)$ 上, 以 h_i 为高, 以 Δt 为宽作小矩形, 其面积恰为该组的频率 f_i. 所有小矩形合在一起就构成了**频率直方图**.

如果纵坐标改为频数, 则称为**频数直方图**. 频率直方图和频数直方图都能很好地反映数据的分布情况.

例 6.2.6 从某厂生产的某种零件中随机抽取 120 个, 测得其质量(单位: g), 数据如下表:

200	202	203	208	216	206	222	213	209	219
216	203	197	208	206	209	206	208	202	203
206	213	218	207	208	202	194	203	213	211
193	213	208	208	204	206	204	206	208	209
213	203	206	207	196	201	208	207	213	208
210	208	211	211	214	220	211	203	216	221
211	209	218	214	219	211	208	221	211	218
218	190	219	211	208	199	214	207	207	214
206	217	214	201	212	213	211	212	216	206
210	216	204	221	208	209	214	214	199	204
211	201	216	211	209	208	209	202	211	207
220	205	206	216	213	206	206	207	200	198

试将表中数据分组, 作出频率直方图.

解　先找出样本值中最小值 190, 最大值 222, 取 $a = 189.5, b = 222.5$, 将区间 $[189.5, 222.5]$ 等分成 11 个小区间, 组距为 $\Delta t = \dfrac{222.5 - 189.5}{11} = 3$. 将数据分组如下表所示.

区间	组频数 n_i	组频率 $f_i = \dfrac{n_i}{n}$	组高 $h_i = \dfrac{f_i}{\Delta t}$
189.5 ~ 192.5	1	1/120	1/360
192.5 ~ 195.5	2	2/120	2/360
195.5 ~ 198.5	3	3/120	3/360
198.5 ~ 201.5	7	7/120	7/360
201.5 ~ 204.5	14	14/120	14/360
204.5 ~ 207.5	20	20/120	20/360
207.5 ~ 210.5	23	23/120	23/360
210.5 ~ 213.5	22	22/120	22/360
213.5 ~ 216.5	14	14/120	14/360
216.5 ~ 219.5	8	8/120	8/360
219.5 ~ 222.5	6	6/120	6/360
合计	120	1	

由上表可绘制频率直方图 (图 6.4).

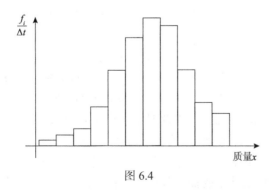

图 6.4

频率直方图呈中间高、两头低的 "倒钟形", 可以近似地认为该种零件的质量服从正态分布.

习题 6.2

（A）

习题 6.2 解答

1. 设 $X_1, X_2, \cdots, X_n$ 是取自总体 X 的样本，且 X 服从均匀分布：$X \sim U(0, \theta)$，其中 $\theta > 0$ 未知，

(1) 指出下列样本函数中，哪些是统计量，哪些不是？为什么？

$$T_1 = \frac{X_1 + X_2 + \cdots + X_n}{n};$$

$$T_2 = X_1 - \theta;$$

$$T_3 = X_n - DX;$$

$$T_4 = \min(X_1, X_2, \cdots, X_n).$$

(2) 设样本函数的观察值为：0.5, 1, 0.7, 0.6, 1, 1, 写出样本均值、样本方差和标准差.

2. 随机观察总体 X，得到容量为 8 的样本观察值：1, 2, 2, 2, 3, 3, 3, 4, 求 X 的经验分布函数 $F_8(x)$.

3. 从某大学一年级学生中随机抽取 36 人，对公共理论课的考试成绩进行调查，结果如下：

67	90	66	80	67	65	74	70	87
85	83	75	58	67	54	65	79	86
89	95	78	97	76	78	82	94	56
60	93	88	76	84	79	76	77	76

根据以上数据将考试成绩等距分为 5 组，组距为 10，并编制成频数分布表，绘制频率分布直方图.

6.3　抽　样　分　布

当我们取得样本后，通常需借助样本的统计量对未知的总体分布进行推断. 有些时候，虽然总体的分布类型已经知道，但其中含有未知参数，此时，需对总体的未知参数或对总体的数字特征进行统计推断，这类问题称为**参数统计推断**. 在参数统计推断问题中，常需利用总体的样本构造出合适的统计量，并使其服从或近似服从已知的分布. 统计量的分布在统计学中泛称为**抽样分布**.

当总体的概率分布已知时，样本分布是确定的. 然而，要想求出统计量的精确分布很多时候是比较困难的，或者即使求出精确分布，也会因为精确分布很复杂而用起来不方便. 在许多领域的统计研究中遇到的总体很多服从或近似服从正态分布，而正态总体下常见统计量的抽样分布比较容易得到. 因此，本节重点介绍求正态总体下常见统计量的抽样分布. 先来看统计学中三个常用的重要分布.

6.3.1　χ^2 分布

定义 6.3.1　设 $X_1, X_2, \cdots, X_n$ 是来自总体 $N(0,1)$ 的样本，则称统计量

$$\chi^2 = X_1^2 + X_2^2 + \cdots + X_n^2 \tag{6.3.1}$$

服从自由度为 n 的 χ^2 **分布**，记为 $\chi^2 \sim \chi^2(n)$.

此处，自由度是指式(6.3.1)右端包含的独立变量的个数.

$\chi^2(n)$ 分布的密度函数为

$$f(x) = \begin{cases} \dfrac{1}{2^{n/2}\Gamma(n/2)} \cdot x^{\frac{n}{2}-1} \mathrm{e}^{-\frac{x}{2}}, & x > 0, \\ 0, & x \leqslant 0, \end{cases}$$

其中 $\Gamma(\cdot)$ 为 Gamma 函数，$f(x)$ 的图形如图 6.5 所示.

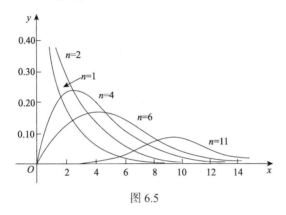

图 6.5

从图中可以看出，n 越大，密度函数图形越对称.

$\chi^2(n)$ 分布具有以下基本性质：

(1) $\chi^2(n)$ 分布的数学期望和方差.

若 $\chi^2 \sim \chi^2(n)$，则 $E(\chi^2) = n, D(\chi^2) = 2n$.

证明　由 $X_i \sim N(0,1)$ $(i = 1, 2, \cdots, n)$ 有

$$E(X_i^2) = D(X_i) + [E(X_i)]^2 = 1.$$

又因为

$$E(X_i^4) = \frac{1}{\sqrt{2\pi}} \int_{-\infty}^{+\infty} t^4 \mathrm{e}^{-\frac{t^2}{2}} \mathrm{d}t = -\frac{1}{\sqrt{2\pi}} \int_{-\infty}^{+\infty} t^3 \mathrm{d}\mathrm{e}^{-\frac{t^2}{2}}$$

$$= -\frac{1}{\sqrt{2\pi}} \left[\left(t^3 \mathrm{e}^{-\frac{t^2}{2}} \right) \Big|_{-\infty}^{+\infty} - 3 \int_{-\infty}^{+\infty} \mathrm{e}^{-\frac{t^2}{2}} t^2 \mathrm{d}t \right]$$

$$= 0 + 3 \times E(X_i^2) = 0 + 3 \times 1 = 3.$$

所以, $D(X_i^2) = E(X_i^4) - [E(X_i^2)]^2 = 2$ $(i = 1, 2, \cdots, n)$.

再由 $X_1, X_2, \cdots, X_n$ 相互独立可得

$$E(\chi^2) = E\left(\sum_{i=1}^n X_i^2\right) = \sum_{i=1}^n E(X_i^2) = n,$$

$$D(\chi^2) = D\left(\sum_{i=1}^n X_i^2\right) = \sum_{i=1}^n D(X_i^2) = 2n.$$

(2) $\chi^2(n)$ 分布的可加性.

若 $\chi_1^2 \sim \chi^2(m), \chi_2^2 \sim \chi^2(n)$, 且 χ_1^2, χ_2^2 相互独立, 则 $\chi_1^2 + \chi_2^2 \sim \chi^2(m+n)$. 此性质可推广至有限多个的情况.

(3) $\chi^2(n)$ 分布的分位数.

设 $\chi^2 \sim \chi^2(n)$, 对于给定的实数 α ($0 < \alpha < 1$), 若数 $\chi_\alpha^2(n)$ 满足

$$P\{\chi^2 > \chi_\alpha^2(n)\} = \int_{\chi_\alpha^2(n)}^{+\infty} f(x)\mathrm{d}x = \alpha,$$

则称数 $\chi_\alpha^2(n)$ 为 **χ^2 分布的上侧 α 分位数**. 如图 6.6 所示.

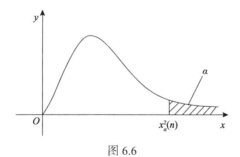

图 6.6

$\chi^2(n)$ 分布的分位数已经编成表供查用(参见书后附表 5).

例如, 查表得

$$\chi_{0.1}^2(25) = 34.382, \quad \chi_{0.05}^2(10) = 18.307.$$

例 6.3.1 设随机变量 X_1, X_2, X_3, X_4 是取自总体 $N(0,1)$ 的样本, 且

$$Y = (X_1 + X_2)^2 + (X_3 + X_4)^2.$$

试求常数 C, 使得 CY 服从 χ^2 分布.

解 由正态分布的性质可得

$$X_1 + X_2 \sim N(0,2), \quad X_3 + X_4 \sim N(0,2).$$

所以,

$$\frac{X_1 + X_2}{\sqrt{2}} \sim N(0,1), \quad \frac{X_3 + X_4}{\sqrt{2}} \sim N(0,1).$$

且它们相互独立. 由 χ^2 分布的定义知,

$$\left(\frac{X_1 + X_2}{\sqrt{2}}\right)^2 + \left(\frac{X_3 + X_4}{\sqrt{2}}\right)^2 \sim \chi^2(2),$$

即

$$\frac{1}{2}[(X_1 + X_2)^2 + (X_3 + X_4)^2] \sim \chi^2(2).$$

所以, $C = \frac{1}{2}$.

6.3.2　t 分布

定义 6.3.2 设 $X \sim N(0,1)$, $Y \sim \chi^2(n)$, 且 X 与 Y 相互独立, 则称

$$T = \frac{X}{\sqrt{Y/n}} \tag{6.3.2}$$

服从自由度为 n 的 t **分布**, 记为 $T \sim t(n)$.

此处, 自由度是指式(6.3.1)右端包含的独立变量的个数.

$t(n)$ 分布的密度函数为

$$f(x) = \frac{\Gamma((n+1)/2)}{\sqrt{\pi n}\,\Gamma(n/2)}\left(1 + \frac{x^2}{n}\right)^{-\frac{n+1}{2}}, \quad -\infty < x < +\infty.$$

t 分布具有如下性质:

(1)密度函数 $f(x)$ 的图形关于 y 轴对称(图 6.7), 且 $\lim\limits_{x \to \infty} f(x) = 0$;

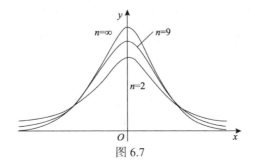

图 6.7

(2)当 n 充分大时, t 分布近似于标准正态分布, 但当 n 较小时, t 分布与标准正态分布相差比较大. 且有

$$\lim_{n \to \infty} f(x) = \frac{1}{\sqrt{2\pi}} e^{-\frac{x^2}{2}}, \quad -\infty < x < +\infty.$$

此时, 称 T 依分布收敛于标准正态分布. 所以, 当 n 充分大(比如超过 45)时, 可以用标准正态分布的密度函数代替 t 分布的密度函数;

(3) t 分布的分位数:

设 $T \sim t(n)$, 对于给定的实数 α $(0 < \alpha < 1)$, 若实数 $t_\alpha(n)$ 满足

$$P\{T > t_\alpha(n)\} = \int_{t_\alpha(n)}^{+\infty} f(x)\mathrm{d}x = \alpha,$$

则称实数 $t_\alpha(n)$ 为 t 分布的上侧 α 分位数, 如图 6.8 所示.

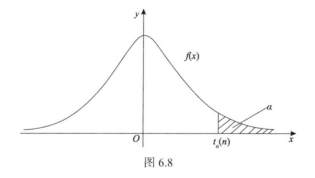

图 6.8

由密度函数 $f(x)$ 图形的对称性, 可得 t 分布的上侧 α 分位数的如下性质:

$$t_{1-\alpha}(n) = -t_\alpha(n).$$

对于不同的 α 和 n, t 分布的分位数可通过书后附表 4 中查得.

例如,

$$t_{0.05}(3) = 2.3534, \quad t_{0.9}(4) = t_{1-0.1}(4) = -t_{0.1}(4) = -1.5332.$$

例 6.3.2 设随机变量 $X \sim N(2,1)$, Y_1, Y_2, Y_3, Y_4 均服从 $N(0,4)$ 分布, 且 X, Y_1, Y_2, Y_3, Y_4 相互独立, 令

$$T = \frac{4(X-2)}{\sqrt{\sum_{i=1}^{4} Y_i^2}},$$

试求 T 的分布, 并确定 t_0 的值, 使得 $P\{|T|>t_0\}=0.01$.

解 由于

$$X-2 \sim N(0,1),$$

$$(Y_1/2)^2+(Y_2/2)^2+(Y_3/2)^2+(Y_4/2)^2 \sim \chi^2(4).$$

且 $X-2$ 和 $(Y_1/2)^2+(Y_2/2)^2+(Y_3/2)^2+(Y_4/2)^2$ 独立, 因此, 由 t 分布的定义可知

$$\frac{X-2}{\sqrt{\sum_{i=1}^{4}(Y_i/2)^2 \Big/ 4}} \sim t(4),$$

即 $T \sim t(4)$.

由 $P\{|T|>t_0\}=0.01$ 可知, 对于 $n=4, \alpha=0.01$, 查附表 4 可得

$$t_0=t_{\alpha/2}(4)=t_{0.005}(4)=4.6041.$$

6.3.3 F 分布

定义 6.3.3 设随机变量 $X \sim \chi^2(n_1), Y \sim \chi^2(n_2)$, 且 X 与 Y 独立, 则称

$$F=\frac{X/n_1}{Y/n_2} \tag{6.3.3}$$

服从自由度为 n_1, n_2 的 F **分布**, 记为 $F \sim F(n_1,n_2)$.

F 分布的密度函数为

$$f(x)=\begin{cases} \dfrac{\Gamma((n_1+n_2)/2)}{\Gamma(n_1/2)\Gamma(n_2/2)} \cdot \dfrac{n_1}{n_2} \cdot \left(\dfrac{n_1}{n_2}x\right)^{\frac{n_1}{2}-1}\left(1+\dfrac{n_1}{n_2}x\right)^{-\frac{1}{2}(n_1+n_2)}, & x>0, \\ 0, & x \leqslant 0, \end{cases}$$

F 分布的密度函数 $f(x)$ 的图形如图 6.9 所示.

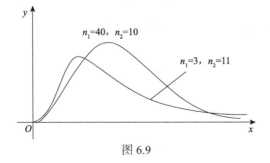

图 6.9

F 分布具有如下性质:

(1) 若 $F \sim F(n_1, n_2)$, 则 $\dfrac{1}{F} \sim F(n_2, n_1)$;

(2) 若 $T \sim t(n)$, 则 $T^2 \sim F(1, n)$;

(3) F 分布的分位数:

设 $F \sim F(n_1, n_2)$, 对于给定的实数 α $(0 < \alpha < 1)$, 若实数 $F_\alpha(n_1, n_2)$ 满足

$$P\{F > F_\alpha(n_1, n_2)\} = \int_{F_\alpha(n_1, n_2)}^{+\infty} f(x)\mathrm{d}x = \alpha \,,$$

则称实数 $F_\alpha(n_1, n_2)$ 为 F **分布的上侧 α 分位数**, 如图 6.10 所示.

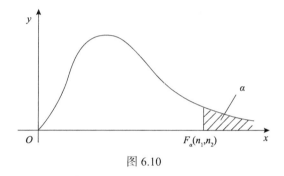

图 6.10

F 分布的上侧分位数可通过书后附表 6 中查得.

可以证明, F 分布的上侧 α 分位数的如下性质:

$$F_{1-\alpha}(n_2, n_1) = \frac{1}{F_\alpha(n_1, n_2)} \,.$$

此式常用来求 F 分布表中没有列出的某些上侧分位数.

例如, $F_{0.05}(9,12) = 2.8$, 由此可得

$$F_{0.95}(12,9) = \frac{1}{F_{0.05}(9,12)} = \frac{1}{2.8} = 0.357 \,.$$

例 6.3.3 设 $X_1, X_2, \cdots, X_n$ 是来自总体 $N(0,1)$ 的样本, 令统计量

$$Y = \frac{(n-7)\sum\limits_{i=1}^{7} X_i^2}{7\sum\limits_{i=8}^{n} X_i^2} \,,$$

试求 Y 的分布.

解 由于 $X_1, X_2, \cdots, X_n$ 相互独立, 且 $X_i \sim N(0,1)$, $i = 1, 2, \cdots, n$, 所以有

$$\sum_{i=1}^{7} X_i^2 \sim \chi^2(7), \quad \sum_{i=8}^{n} X_i^2 \sim \chi^2(n-7),$$

且 $\sum\limits_{i=1}^{7} X_i^2$ 和 $\sum\limits_{i=8}^{n} X_i^2$ 相互独立, 因此, 由 F 分布的定义可知

$$Y = \frac{(n-7)\sum\limits_{i=1}^{7} X_i^2}{7\sum\limits_{i=8}^{n} X_i^2} = \frac{\sum\limits_{i=1}^{7} X_i^2 \Big/ 7}{\sum\limits_{i=8}^{n} X_i^2 \Big/ (n-7)} \sim F(7, n-7).$$

6.3.4 正态总体下的抽样分布

介绍了以上三种常用的重要分布, 我们就可以来讨论正态分布总体下常用统计量的抽样分布了, 这些结论在区间估计和假设检验中都有重要的应用.

定理 6.3.1 设总体 $X \sim N(\mu, \sigma^2)$, $X_1, X_2, \cdots, X_n$ 是取自 X 的样本, 则有

(1) $\bar{X} \sim N\left(\mu, \dfrac{\sigma^2}{n}\right)$ 或 $\dfrac{\sqrt{n}(\bar{X} - \mu)}{\sigma} \sim N(0,1)$;

(2) $\dfrac{(n-1)S^2}{\sigma^2} = \dfrac{1}{\sigma^2} \sum\limits_{i=1}^{n} (X_i - \bar{X})^2 \sim \chi^2(n-1)$;

(3) $\bar{X}$ 与 S^2 相互独立.

证明 (2) 和 (3) 的证明略. 只证结论 (1).

(1) 由 $X \sim N(\mu, \sigma^2)$, 且 $X_1, X_2, \cdots, X_n$ 是取自 X 的样本知, $X_1, X_2, \cdots, X_n$ 是相互独立的正态变量, 所以, $\bar{X} = \dfrac{1}{n} \sum\limits_{i=1}^{n} X_i$ 仍是正态变量, 且

$$E(\bar{X}) = E\left(\frac{1}{n} \sum_{i=1}^{n} X_i\right) = \frac{1}{n} \sum_{i=1}^{n} E(X_i) = \mu,$$

$$D(\bar{X}) = D\left(\frac{1}{n} \sum_{i=1}^{n} X_i\right) = \frac{1}{n^2} \sum_{i=1}^{n} D(X_i) = \frac{\sigma^2}{n}.$$

故有 $\bar{X} \sim N\left(\mu, \dfrac{\sigma^2}{n}\right)$, 于是有

$$\frac{\bar{X} - \mu}{\sqrt{\sigma^2/n}} \sim N(0,1) \quad \text{或} \quad \frac{\sqrt{n}(\bar{X} - \mu)}{\sigma} \sim N(0,1).$$

结论 (1) 表明: 如果多次利用 $\bar{X}$ 估计总体均值, 从平均意义上来说是没有误差的, 而且 $\bar{X}$ 的分散程度是总体分散程度的 $\dfrac{1}{n}$.

结论 (2) 表明: 对样本方差作适当修正, 它将服从 χ^2 分布, 这对总体方差的统计推断有重要意义.

结论 (3) 表明: 正态分布下样本均值与样本方差相互独立.

定理 6.3.2　设总体 $X \sim N(\mu, \sigma^2)$, $X_1, X_2, \cdots, X_n$ 是取自 X 的样本, 则有

$$T = \frac{\sqrt{n}(\bar{X} - \mu)}{S} \sim t(n-1).$$

证明　由定理 6.3.1 知,

$$\frac{\sqrt{n}(\bar{X} - \mu)}{\sigma} \sim N(0,1), \quad \frac{(n-1)S^2}{\sigma^2} = \frac{1}{\sigma^2} \sum_{i=1}^{n} (X_i - \bar{X})^2 \sim \chi^2(n-1)$$

且 $\dfrac{\sqrt{n}(\bar{X} - \mu)}{\sigma}$ 与 $\dfrac{(n-1)S^2}{\sigma^2}$ 相互独立, 根据 t 分布的定义有

$$\frac{\dfrac{\sqrt{n}(\bar{X} - \mu)}{\sigma}}{\sqrt{\dfrac{(n-1)S^2}{\sigma^2} \Big/ (n-1)}} \sim t(n-1),$$

整理即得结论.

下面我们来讨论双正态总体的抽样分布.

定理 6.3.3　设 $X \sim N(\mu_1, \sigma_1^2)$ 与 $Y \sim N(\mu_2, \sigma_2^2)$ 是两个相互独立的正态总体, $X_1, X_2, \cdots, X_{n_1}$ 是取自总体 X 的样本, $\bar{X}$ 与 S_1^2 分别是该样本的样本均值与样本方差. $Y_1, Y_2, \cdots, Y_{n_2}$ 是取自总体 Y 的样本, $\bar{Y}$ 与 S_2^2 分别是该样本的样本均值与样本方差. 记

$$S_\omega^2 = \frac{(n_1-1)S_1^2 + (n_2-1)S_2^2}{n_1 + n_2 - 2},$$

则有

(1) $F = \dfrac{S_1^2 / S_2^2}{\sigma_1^2 / \sigma_2^2} \sim F(n_1 - 1, n_2 - 1)$;

(2) 当 $\sigma_1^2 = \sigma_2^2 = \sigma^2$ 时,

$$T = \frac{(\overline{X} - \overline{Y}) - (\mu_1 - \mu_2)}{S_\omega \sqrt{\dfrac{1}{n_1} + \dfrac{1}{n_2}}} \sim t(n_1 + n_2 - 2).$$

证明　(1) 由定理 6.3.1 知,

$$\frac{(n_1 - 1)S_1^2}{\sigma_1^2} \sim \chi^2(n_1 - 1), \quad \frac{(n_2 - 1)S_2^2}{\sigma_2^2} \sim \chi^2(n_2 - 1).$$

易知 $\dfrac{(n_1 - 1)S_1^2}{\sigma_1^2}$ 与 $\dfrac{(n_2 - 1)S_2^2}{\sigma_2^2}$ 相互独立, 因此, 根据 F 分布的定义有

$$\frac{\dfrac{(n_1 - 1)S_1^2}{\sigma_1^2} \Big/ (n_1 - 1)}{\dfrac{(n_2 - 1)S_2^2}{\sigma_2^2} \Big/ (n_2 - 1)} \sim F(n_1 - 1, n_2 - 1),$$

整理即得结论 (1).

(2) 由定理 6.3.1 知,

$$\overline{X} \sim N\left(\mu_1, \frac{\sigma^2}{n_1}\right), \quad \overline{Y} \sim N\left(\mu_2, \frac{\sigma^2}{n_2}\right).$$

由 $\overline{X}$ 和 $\overline{Y}$ 独立有

$$\overline{X} - \overline{Y} \sim N\left(\mu_1 - \mu_2, \frac{\sigma^2}{n_1} + \frac{\sigma^2}{n_2}\right).$$

进行标准化可得

$$\frac{(\overline{X} - \overline{Y}) - (\mu_1 - \mu_2)}{\sigma \sqrt{\dfrac{1}{n_1} + \dfrac{1}{n_2}}} \sim N(0, 1).$$

另一方面, 由于

$$\frac{(n_1 - 1)S_1^2}{\sigma^2} \sim \chi^2(n_1 - 1), \quad \frac{(n_2 - 1)S_2^2}{\sigma^2} \sim \chi^2(n_2 - 1),$$

且 $\dfrac{(n_1 - 1)S_1^2}{\sigma^2}$ 与 $\dfrac{(n_2 - 1)S_2^2}{\sigma^2}$ 相互独立, 因此, 根据 χ^2 分布的可加性有

$$\frac{(n_1-1)S_1^2}{\sigma^2}+\frac{(n_2-1)S_2^2}{\sigma^2}\sim\chi^2(n_1+n_2-2).$$

又由 $\bar{X}-\bar{Y}$ 与 $\dfrac{(n_1-1)S_1^2}{\sigma^2}+\dfrac{(n_2-1)S_2^2}{\sigma^2}$ 相互独立, 根据 t 分布的定义有

$$\frac{\dfrac{(\bar{X}-\bar{Y})-(\mu_1-\mu_2)}{\sigma\sqrt{\dfrac{1}{n_1}+\dfrac{1}{n_2}}}}{\sqrt{\left[\dfrac{(n_1-1)S_1^2}{\sigma^2}+\dfrac{(n_2-1)S_2^2}{\sigma^2}\right]\Big/(n_1+n_2-2)}}\sim t(n_1+n_2-2),$$

整理即得结论(2).

习题 6.3

(A)

习题 6.3 解答

1. 设总体 $X\sim N(0,1)$, $X_1,X_2,\cdots,X_n$ 是取自总体 X 的样本, 问下列统计量服从什么分布?

(1) $T_1=\dfrac{X_1-X_2}{\sqrt{X_3^2+X_4^2}}$;
(2) $T_2=\left(\dfrac{n}{3}-1\right)\cdot\dfrac{\displaystyle\sum_{i=1}^{3}X_i^2}{\displaystyle\sum_{i=4}^{n}X_i^2}$.

2. 设总体 $X\sim N(\mu,\sigma^2)$, $X_1,X_2,\cdots,X_{16}$ 是取自总体 X 的样本, 求概率:

(1) $P\left\{\dfrac{\sigma^2}{2}\leqslant\dfrac{1}{16}\sum_{i=1}^{16}(X_i-\mu)^2\leqslant 2\sigma^2\right\}$;
(2) $P\left\{\dfrac{\sigma^2}{2}\leqslant\dfrac{1}{15}\sum_{i=1}^{16}(X_i-\bar{X})^2\leqslant 2\sigma^2\right\}$.

3. 查表求下列上侧分位数:

(1) $\chi_{0.95}^2(5)$, $\chi_{0.05}^2(5)$, $\chi_{0.99}^2(10)$, $\chi_{0.01}^2(10)$;

(2) $t_{0.05}(3)$, $t_{0.01}(5)$, $t_{0.10}(7)$, $t_{0.005}(10)$;

(3) $F_{0.05}(4,6)$, $F_{0.025}(3,7)$, $F_{0.99}(5,6)$.

4. 设随机变量 X_1,X_2,X_3,X_4,X_5,X_6 是取自总体 $N(0,1)$ 的样本, 且

$$Y=(X_1+X_2+X_3)^2+(X_4+X_5+X_6)^2.$$

试求常数 C , 使得 CY 服从 χ^2 分布.

5. 求总体 $X\sim N(20,3)$ 的容量分别为 10, 15 的两个独立随机样本平均值差的绝对值大于 0.3 的概率.

6. 设总体 $X\sim N(\mu,16)$, $X_1,X_2,\cdots,X_{10}$ 是来自总体 X 的一个容量为 10 的简单随机样本, S^2 为其样本方差, 且 $P\{S^2>a\}=0.1$, 求 a 的值.

7. 在总体 $N(52,6.3^2)$ 中随机抽取一容量为 36 的样本, 求样本均值 $\bar{X}$ 落在 50.2 到 53.8 之间的概率.

8. 设 $X_1, X_2, \cdots, X_{10}$ 是来自总体 $N(0, 0.3^2)$ 的样本, 求概率 $P\left\{\sum_{i=1}^{10} X_i^2 > 1.44\right\}$.

9. 设在总体 $N(\mu, \sigma^2)$ 中抽取容量为 16 的样本, 这里 μ, σ^2 均未知.

(1) 求概率 $P\{S^2 / \sigma^2 \leqslant 2.041\}$, 其中 S^2 为样本方差; 　　(2) 求 $D(S^2)$.

（B）

1. 试证以下结论:

(1) 若 $F \sim F(n_1, n_2)$, 则 $\dfrac{1}{F} \sim F(n_2, n_1)$;

(2) 若 $T \sim t(n)$, 则 $T^2 \sim F(1, n)$;

(3) $F_{1-\alpha}(n_2, n_1) \sim \dfrac{1}{F_\alpha(n_1, n_2)}$.

2. 设 $X_1, X_2, \cdots, X_n$ ($n \geqslant 2$) 为来自总体 $N(0, 1)$ 的简单随机样本, $\overline{X}$ 为样本均值, S^2 为样本方差, 则 (　)

(A) $n\overline{X} \sim N(0, 1)$; 　　　　　　　　　　(B) $nS^2 \sim \chi^2(n)$;

(C) $\dfrac{(n-1)\overline{X}}{S} \sim t(n-1)$; 　　　　　　(D) $\dfrac{(n-1)X_1^2}{\sum\limits_{i=2}^{n} X_i^2} \sim F(1, n-1)$.

3. 设总体 $X \sim N(\mu_1, \sigma^2)$, 总体 $Y \sim N(\mu_2, \sigma^2)$, $X_1, X_2, \cdots, X_{n_1}$ 和 $Y_1, Y_2, \cdots, Y_{n_1}$ 分别是来自总体 X 和 Y 的简单随机样本, 则 $E\left[\dfrac{\sum\limits_{i=1}^{n_1}(X_i - \overline{X})^2 + \sum\limits_{j=1}^{n_2}(Y_j - \overline{Y})^2}{n_1 + n_2 - 2}\right] = $_____.

6.4　数学模型与实验

实验目的和意义

(1) 了解三个常用抽样分布的概率分布的产生命令.

(2) 会画频数直方图.

抽样分布是统计量的分布, 统计量是样本的函数, 也是一个随机变量. 本节介绍三个常用抽样分布的常用命令. 直方图可以直观地反映数据的统计规律性, 因此, 直方图也是一种很有实用价值的统计方法, 这一节中, 我们将借助 MATLAB 软件强大的图形功能学习频数直方图的画法.

例 6.4.1　用 MATLAB 软件画出例 6.2.6 中的频数直方图(将频率直方图中的纵坐标改为相应的频数即可).

解　在 MATLAB 命令窗口输入数据并存为变量 a:

```
a=[200 202 203 208 216 206 222 213 209 219 216 203
   197 208 206 209 206 208 202 203 206 213 218 207
   208 202 194 203 213 211 193 213 208 208 204 206
   204 206 208 209 213 203 206 207 196 201 208 207
   213 208 210 208 211 211 214 220 211 203 216 221
   211 209 218 214 219 211 208 221 211 218 218 190
   219 211 208 199 214 207 207 214 206 217 214 201
   212 213 211 212 216 206 210 216 204 221 208 209
   214 214 199 204 211 201 216 211 209 208 209 202
   211 207 220 205 206 216 213 206 206 207 200 198];
```

在 MATLAB 命令窗口运行命令:

```
>> hist(a,11)
```

运行结果如图 6.11 所示.

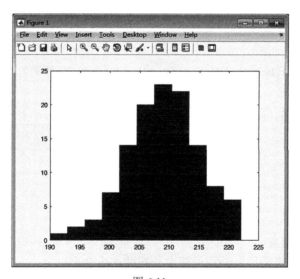

图 6.11

例 6.4.2　设随机变量 $X \sim \chi^2(6)$, 画出 X 的密度函数图形和分布函数图形.

解　(1)画密度函数图形.

在 MATLAB 命令窗口输入命令:

```
>> x=0:0.01:10;
>> y=chi2pdf(x,6);
>> plot(x,y)
```

运行结果如图 6.12 所示.

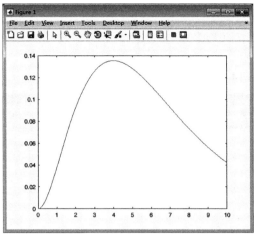

图 6.12

(2) 画分布函数图形.

在 MATLAB 命令窗口输入命令:

```
>> x=0:0.01:10;
>> y=chi2cdf(x,6);
>> plot(x,y)
```

运行结果如图 6.13 所示.

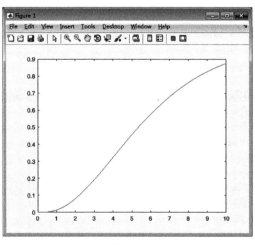

图 6.13

例 6.4.3　设随机变量 $X \sim F(2,6)$, 画出 X 的密度函数图形和分布函数图形.

解　(1) 画密度函数图形.

在 MATLAB 命令窗口输入命令:

```
>> x=0:0.001:10;
>> y=fpdf(x,2,6);
>> plot(x,y)
```
运行结果如图 6.14 所示.

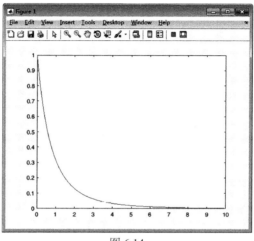

图 6.14

(2) 画分布函数图形.

在 MATLAB 命令窗口输入命令:

```
>> x=0:0.001:10;
>> y=fcdf(x,2,6);
>> plot(x,y)
```
运行结果如图 6.15 所示.

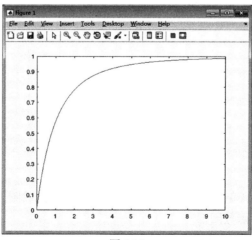

图 6.15

例 6.4.4 设随机变量 $X \sim t(6)$, 画出 X 的密度函数图形和分布函数图形.

解 在 MATLAB 命令窗口输入命令:

```
>> x=-10:0.01:10;
>> y=tpdf(x,6);
>> plot(x,y)
```

运行结果如图 6.16 所示.

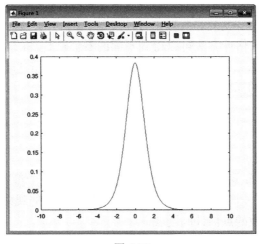

图 6.16

第7章 参数估计

统计推断的基本问题可分为两大类: 一类是参数估计问题; 另一类是假设检验问题. 本章讨论总体的点估计和区间估计.

当总体的分布类型已知, 但其中包含未知参数时, 如何利用抽得的样本对这些未知参数进行估计, 这就是参数估计所要解决的问题. 另一方面, 对于同一个未知参数, 用不同的估计方法可以得到不同的看似都合理的点估计, 原则上任何统计量都可以作为未知参数的估计量. 采用哪一个估计量比较好呢? 这就需要建立评价估计量好坏的标准, 即点估计的优良准则.

7.1 点 估 计 法

设总体 X 的分布函数的形式已知, 但它的一个或多个参数未知, 借助于总体 X 的一个样本构造一个合适的统计量, 并利用该统计量的观察值来估计总体未知参数的问题称为参数的点估计问题.

7.1.1 点估计的概念

点估计问题的一般提法如下:

设总体 X 的分布函数 $F(x;\theta)$ 的形式已知, θ 是待估参数, 其取值范围为 Θ, 称之为**参数空间**. 这里的未知参数也可能是 n 维未知参数 $\theta = (\theta_1, \theta_2, \cdots, \theta_n)$. 设 $X_1, X_2, \cdots, X_n$ 是总体 X 的一个样本, $x_1, x_2, \cdots, x_n$ 是相应的样本观察值.

点估计的任务就是构造一个合适的统计量 $\hat{\theta} = (X_1, X_2, \cdots, X_n)$, 用它的观察值 $\hat{\theta} = (x_1, x_2, \cdots, x_n)$ 作为未知数 θ 的近似值. 即 $\theta \approx \hat{\theta}$. 我们称 $\hat{\theta} = (X_1, X_2, \cdots, X_n)$ 为 θ 的**估计量**, 称 $\hat{\theta} = (x_1, x_2, \cdots, x_n)$ 为 θ 的**估计值**. 在不致混淆的情况下统称为估计. 由于估计量是样本的函数, 因此, 对于不同的样本值, θ 的估计值一般是不相同的.

例 7.1.1 在某炸药制造厂, 一天中发生着火现象的次数 X 是一个随机变量, 假设它服从以 $\lambda > 0$ 为参数的泊松分布, 参数 λ 为未知. 现有以下的样本值, 试估计参数 λ.

着火次数 k	0	1	2	3	4	5	6	$\geqslant 7$	
发生 k 次着火的天数 n_k	75	90	54	22	6	2	1	0	$\sum = 250$

解 设 $X \sim P(\lambda)$，则 $E(X) = \lambda$，而

$$\bar{x} = \frac{\sum_{k=0}^{6} k \cdot n_k}{\sum_{k=0}^{6} n_k} = \frac{0 \times 75 + 1 \times 90 + 2 \times 54 + 3 \times 22 + 4 \times 6 + 5 \times 2 + 6 \times 1}{250} = 1.22 .$$

所以，$\hat{\lambda} \approx 1.22$，即 $E(X) = \lambda$ 的估计是 1.22.

在例 7.1.1 中，我们用样本均值估计总体均值，有

估计量：$\hat{\lambda} = \hat{E}(X) = \dfrac{1}{n} \sum_{i=1}^{n} X_k$ ($n = 250$)；

估计值：$\hat{\lambda} = \hat{E}(X) = \dfrac{1}{n} \sum_{i=1}^{n} x_k = 1.22$.

点估计的具体方法有很多，大都是基于某种直观的考虑而提出的点估计方法. 下面介绍两种常用的构造估计量的方法：矩估计法和最大似然估计法.

7.1.2 矩估计法

矩估计法是英国统计学家皮尔逊 (K. Pearson) 在 1894 年提出的，先来给出矩估计的理论基础.

定理 7.1.1 设总体 X 的 k 阶原点矩 $\mu_k = E(X^k)$ 存在，$X_1, X_2, \cdots, X_n$ 是来自总体 X 的样本，k 阶样本原点矩为 $A_k = \dfrac{1}{n} \sum_{i=1}^{n} X_i^k$，则对任意的 $\varepsilon > 0$，有

$$\lim_{n \to \infty} P\{| A_k - \mu_k | < \varepsilon\} = 1 .$$

即 k 阶样本原点矩 A_k 依概率收敛于总体的 k 阶原点矩 μ_k，其中 k 为任意正整数.

证明 由于 $X_1, X_2, \cdots, X_n$ 独立同分布于 X，所以，$X_1^k, X_2^k, \cdots, X_n^k$ 独立同分布于 X^k，所以有

$$E(X_1^k) = E(X_2^k) = \cdots = E(X_n^k) = E(X^k) = \mu_k .$$

由辛钦大数定律知，对任意的实数 $\varepsilon > 0$，有

$$\lim_{n \to \infty} P\{| A_k - \mu_k | < \varepsilon\} = 1 .$$

定理得证.

由定理 7.1.1 知，只要样本容量 n 充分大，用 A_k 作为 μ_k 的估计可以达到任意精确的程度. 因此，我们考虑用 A_k 代替 μ_k，这就是所谓的替换原则.

矩估计的基本思想是用样本矩估计总体矩. 以样本矩的连续函数作为相应的总体矩的连续函数的估计量, 这种估计方法称为**矩估计法**.

矩估计的具体做法如下:

设总体 X 是连续型随机变量, 其概率密度为 $f(x;\theta_1,\theta_2,\cdots,\theta_k)$, 或 X 是离散型随机变量, 其分布律为 $P\{X=x\}=p(x;\theta_1,\theta_2,\cdots,\theta_k)$, 其中 $\theta_1,\theta_2,\cdots,\theta_k$ 为待估参数.

假设总体 X 的 l $(l=1,2,\cdots,k)$ 阶原点矩存在, 即

$$\mu_l(\theta_1,\theta_2,\cdots,\theta_k)=E(X^l)=\int_{-\infty}^{+\infty}x^l f(x;\theta_1,\theta_2,\cdots,\theta_k)\mathrm{d}x \quad （X\ 是连续型的）$$

或

$$\mu_l(\theta_1,\theta_2,\cdots,\theta_k)=E(X^l)=\sum_x x^l p(x;\theta_1,\theta_2,\cdots,\theta_k) \quad （X\ 是离散型的）.$$

(1) 求总体 X 的 l $(l=1,2,\cdots,k)$ 阶原点矩, 它们一般依赖于未知参数 θ_1, $\theta_2,\cdots,\theta_k$, 即

$$\begin{cases}\mu_1=\mu_1(\theta_1,\theta_2,\cdots,\theta_k),\\\mu_2=\mu_2(\theta_1,\theta_2,\cdots,\theta_k),\\\quad\cdots\cdots\\\mu_k=\mu_k(\theta_1,\theta_2,\cdots,\theta_k);\end{cases}\tag{7.1.1}$$

(2) 从方程组(7.1.1)中解出未知参数 $\theta_1,\theta_2,\cdots,\theta_k$, 得到

$$\begin{cases}\theta_1=\theta_1(\mu_1,\mu_2,\cdots,\mu_k),\\\theta_2=\theta_2(\mu_1,\mu_2,\cdots,\mu_k),\\\quad\cdots\cdots\\\theta_k=\theta_k(\mu_1,\mu_2,\cdots,\mu_k);\end{cases}$$

(3) 记 l 阶样本原点矩为 $A_l=\dfrac{1}{n}\sum_{i=1}^{n}X_i^l$, 用 A_l 替换方程组中的 μ_l ($l=1,2,\cdots,k$) 可得

$$\begin{cases}\hat{\theta}_1=\hat{\theta}_1(A_1,A_2,\cdots,A_k),\\\hat{\theta}_2=\hat{\theta}_2(A_1,A_2,\cdots,A_k),\\\quad\cdots\cdots\\\hat{\theta}_k=\hat{\theta}_k(A_1,A_2,\cdots,A_k),\end{cases}$$

这里的 $\hat{\theta}_1, \hat{\theta}_2, \cdots, \hat{\theta}_k$ 即为 $\theta_1, \theta_2, \cdots, \theta_k$ 的**矩估计量**. 一旦抽得样本, 把样本值代入即得矩估计量的观察值, 称为**矩估计值**. 矩估计量和矩估计值统称为**矩估计**.

当 $k=1$ 时, 利用 $E(X) \approx \dfrac{1}{n}\sum\limits_{i=1}^{n} X_i$ 进行矩估计.

当 $k=2$ 时, 利用期望 $E(X)$ 和方差 $D(X) = E(X^2) - [E(X)]^2$ 进行矩估计.

例 7.1.2 设有一批灯管的寿命(单位: h) $X \sim E(\lambda)$, λ 为待估参数. 今随机抽取 11 只, 测得其寿命为

$$110, 184, 145, 122, 165, 143, 78, 129, 62, 130, 168,$$

用矩估计法估计 λ 的值.

解 由 $X \sim E(\lambda)$ 知, $E(X) = \dfrac{1}{\lambda}$, 解出 $\lambda = \dfrac{1}{E(X)}$. 而样本矩 $\bar{X} = \dfrac{1}{n}\sum\limits_{i=1}^{n} X_i$, 用 $\bar{X}$ 替换 $E(X)$, 并记 λ 的矩估计量为 $\hat{\lambda}$, 则有 $\hat{\lambda} = \dfrac{1}{\bar{X}}$, 相应的矩估计值为 $\hat{\lambda} = \dfrac{1}{\bar{x}}$.

现抽取 $n=11$ 的样本, 得到一组确定的样本值, 计算得

$$\begin{aligned}
\bar{x} &= \frac{1}{11}\sum_{i=1}^{11} x_i \\
&= \frac{1}{11}(110+184+145+122+165+143+78+129+62+130+168) \\
&= 130.55(\text{h}),
\end{aligned}$$

所以, λ 的矩估计值为

$$\hat{\lambda} = \frac{1}{\bar{x}} = \frac{1}{130.55} \approx 0.0077.$$

例 7.1.3 设总体 X 的分布律为

X	1	2	3
P	θ^2	$2\theta(1-\theta)$	$(1-\theta)^2$

其中 $0 < \theta < 1$ 是未知参数. 现抽得一个样本 $x_1 = 1, x_2 = 2, x_3 = 1$, 求 θ 的矩估计值.

解 总体的一阶原点矩(数学期望)为

$$E(X) = 1 \times \theta^2 + 2 \times 2\theta(1-\theta) + 3 \times (1-\theta)^2 = 3 - 2\theta,$$

解得 $\theta = \dfrac{3 - E(X)}{2}$. 用 $\bar{X}$ 替换其中的 $E(X)$ 可得 θ 的矩估计量: $\hat{\theta} = \dfrac{3 - \bar{X}}{2}$, 相应

的矩估计值为 $\hat{\theta} = \dfrac{3-\bar{x}}{2}$.

由 $\bar{x} = \dfrac{1}{3}\sum_{i=1}^{3}x_i = \dfrac{1}{3}(1+2+1) = \dfrac{4}{3}$ 可得, 相应的 θ 的矩估计值为 $\hat{\theta} = \dfrac{3-\dfrac{4}{3}}{2} = \dfrac{5}{6}$.

例 7.1.4 设 $X_1, X_2, \cdots, X_n$ 是来自均匀分布总体 $U(0,\theta)$ 的样本, $\theta > 0$ 是未知参数, 求 θ 的矩估计.

解 总体的一阶原点矩(数学期望)为

$$E(X) = \frac{\theta}{2},$$

解得 $\theta = 2E(X)$. 用 $\bar{X}$ 替换 $E(X)$ 可得 θ 的矩估计量为 $\hat{\theta} = 2\bar{X}$. 相应 θ 的矩估计值为 $\hat{\theta} = 2\bar{x}$.

例 7.1.5 设总体的均值 μ 及方差 σ^2 存在, 但 μ 和 σ^2 均未知, $X_1, X_2, \cdots, X_n$ 是来自总体 X 的样本. 试求 μ 和 σ^2 的矩估计.

解 此例参数 $\theta = (\mu, \sigma^2)$ 是二维的. 由题意知, $E(X) = \mu, D(X) = \sigma^2$, 即

$$\begin{cases} \mu = E(X), \\ \sigma^2 = E(X^2) - [E(X)]^2, \end{cases}$$

在上面方程组中, 用 $\bar{X}$ 替换 $E(X)$, 用 $\dfrac{1}{n}\sum_{i=1}^{n}X_i^2$ 代替 $E(X^2)$ 可得 μ 和 σ^2 的矩估计量分别为

$$\begin{cases} \hat{\mu} = \bar{X} = \dfrac{1}{n}\sum_{i=1}^{n}X_i, \\ \hat{\sigma}^2 = \dfrac{1}{n}\sum_{i=1}^{n}X_i^2 - \bar{X}^2 = \dfrac{1}{n}\sum_{i=1}^{n}(X_i - \bar{X})^2. \end{cases}$$

此例表明, 不论总体服从什么分布, 对总体的均值 μ 及方差 σ^2 的矩估计量的表达式是相同的.

例如, 设总体 $X \sim N(\mu, \sigma^2)$, 其中 μ, σ^2 是未知参数, 则由例 7.1.5 可知, μ 和 σ^2 的矩估计量分别为

$$\begin{cases} \hat{\mu} = \bar{X}, \\ \hat{\sigma}^2 = \dfrac{1}{n}\sum_{i=1}^{n}(X_i - \bar{X})^2. \end{cases}$$

矩估计的优点:

(1)直观而又简便;

(2)不需要知道总体的分布函数;

(3)有良好的性质.

矩估计的缺点:

(1)当总体矩不存在时, 矩估计法不能使用;

(2)由于样本原点矩不用总体的分布函数, 表明矩估计有时没有充分利用分布函数提供的有关参数的信息, 从而导致矩估计有时不一定是好的估计;

(3)矩估计量可能不唯一.

7.1.3 最大似然估计法

最大似然估计法首先由德国数学家高斯于1821年提出, 英国统计学家费希尔 (R. A. Fisher)于 1922 年重新发现并做了进一步的研究. 经过不断的发展, 成为一种普遍采用的估计方法. 最大似然估计使用了总体的概率分布, 从而很好地利用了总体分布提供的有关 θ 的信息, 具有许多优良的性质.

最大似然估计的基本思想: 在试验结果出现的情况下, 应该寻求使这个结果出现的概率最大的那个 θ ($\theta \in \Theta$)的值作为 θ 的估计.

下面分别就离散型总体和连续型总体的情形进行讨论.

(1)离散型总体的情形　设总体 X 是离散型随机变量, 其分布律为 $p(x, \theta)$, 其中 θ 为未知参数, 设 $(X_1, X_2, \cdots, X_n)$ 是来自总体 X 的样本, $(x_1, x_2, \cdots, x_n)$ 是一组样本值, 则样本的联合分布律为

$$\prod_{i=1}^{n} p(x_i, \theta).$$

对确定的样本观察值 $(x_1, x_2, \cdots, x_n)$, 此函数是关于未知参数 θ 的函数, 称为**似然函数**, 记作 $L(\theta)$, 即

$$L(\theta) = \prod_{i=1}^{n} p(x_i, \theta).$$

(2)连续型总体的情形　设总体 X 是连续型随机变量, 其密度函数为 $f(x, \theta)$, 其中 θ 为未知参数, 设 $(X_1, X_2, \cdots, X_n)$ 是来自总体 X 的样本, $(x_1, x_2, \cdots, x_n)$ 是一组样本值, 则样本的联合密度函数为

$$\prod_{i=1}^{n} f(x_i, \theta).$$

对确定的样本观察值 $(x_1, x_2, \cdots, x_n)$，此函数也是关于未知参数 θ 的函数，同样称为**似然函数**，记作 $L(\theta)$，即

$$L(\theta) = \prod_{i=1}^{n} f(x_i, \theta).$$

似然函数 $L(\theta)$ 的值的大小意味着该样本值出现的可能性的大小，在已经得到样本值 $(x_1, x_2, \cdots, x_n)$ 的情况下，应该选择使得似然函数 $L(\theta)$ 达到最大值的那个 θ 作为 θ 的估计 $\hat{\theta}$，这种求点估计的方法称为**最大似然估计法**.

由此不难看出，样本的联合概率分布和似然函数其实是同一个事物从不同侧面看而得到的两个概念. 前者度量的是固定参数 θ 后，试验出现各种样本观察值的概率；而后者度量的是样本观察值 $x_1, x_2, \cdots, x_n$ 出现后，参数空间中的各个可能参数 θ 导致这个样本观察值出现的概率.

定义 7.1.1 设 θ 为总体 X 分布中的一个未知参数，若对任意给定的样本观察值 $x_1, x_2, \cdots, x_n$，存在 $\hat{\theta}$ 使得

$$L(\hat{\theta}) = \max_{\theta \in \Theta} L(\theta).$$

则称 $\hat{\theta} = \hat{\theta}(x_1, x_2, \cdots, x_n)$ 为 θ 的**最大似然估计值**，称相应的统计量 $\hat{\theta} = \hat{\theta}(X_1, X_2, \cdots, X_n)$ 为 θ 的**最大似然估计量**，两者统称为**最大似然估计**.

最大似然估计本质上就是似然函数的最大值点，因此，求未知参数 θ 的最大似然估计问题，归结为求似然函数 $L(\theta)$ 的最大值点的问题. 当似然函数 $L(\theta)$ 关于未知参数 θ 可导时，可利用微分学中求最大值的方法求得. 主要步骤如下：

(1) 写出似然函数 $L(\theta)$；

(2) 取对数：$\ln L(\theta)$（称为**对数似然函数**）；

因为函数 $\ln L(\theta)$ 是 $L(\theta)$ 的单调增加函数，且函数 $\ln L(\theta)$ 与 $L(\theta)$ 有相同的极值点，因此，求 $L(\theta)$ 的最大值点常常转化为求 $\ln L(\theta)$ 的最大值点，很多时候这样做比较方便.

(3) 令 $\dfrac{\mathrm{d} L(\theta)}{\mathrm{d}\theta} = 0$（称为**似然方程**）或 $\dfrac{\mathrm{d}\ln L(\theta)}{\mathrm{d}\theta} = 0$（称为**对数似然方程**），解出驻点：$\hat{\theta}$；

(4) 判断并求出最大值点. 实际问题中经常略去判定，而根据实际问题进行判定.

最大似然估计法也适用于分布中含多个未知参数 $\theta_1, \theta_2, \cdots, \theta_k$ 的情形：

(1) 写出似然函数 $L(\theta_1, \theta_2, \cdots, \theta_k)$；

(2) 令 $\dfrac{\partial L(\theta_1,\theta_2,\cdots,\theta_k)}{\partial \theta_i}=0$ 或 $\dfrac{\partial \ln L(\theta_1,\theta_2,\cdots,\theta_k)}{\partial \theta_i}=0$（$i=1,2,\cdots,k$），解得 $\hat{\theta}_1,\hat{\theta}_2,$ $\cdots,\hat{\theta}_k$；

(3) 判断并求出最大值点.

需要注意的是，当似然函数关于未知参数不可微时，只能按最大似然估计法的基本思想求出最大值点.

例 7.1.6 设总体 X 的分布律为

X	1	2	3
P	θ^2	$2\theta(1-\theta)$	$(1-\theta)^2$

其中 θ（$0<\theta<1$）是未知参数. 现抽得一个样本 $x_1=1,x_2=2,x_3=1$，求 θ 的最大似然估计值.

解 （1）写出似然函数 $L(\theta)$：

$$L(\theta)=\prod_{i=1}^{3}p(x_i,\theta)=P\{X_1=1\}\cdot P\{X_2=2\}\cdot P\{X_3=1\}$$
$$=\theta^2\times 2\theta(1-\theta)\times\theta^2$$
$$=2\theta^5-2\theta^6.$$

（2）令

$$L'(\theta)=10\theta^4-12\theta^5=0,$$

解得 $\theta=0$（舍）或 $\theta=\dfrac{5}{6}$. 所以，θ 的最大似然估计值为 $\hat{\theta}=\dfrac{5}{6}$.

或者取对数：

$$\ln L(\theta)=\ln(2\theta^5-2\theta^6)=\ln(2\theta^5(1-\theta))$$
$$=\ln 2+5\ln\theta+\ln(1-\theta).$$

（3）令

$$[\ln L(\theta)]'=\dfrac{5}{\theta}-\dfrac{1}{1-\theta}=0,$$

解得 $\theta=\dfrac{5}{6}$. 所以，θ 的最大似然估计值为 $\hat{\theta}=\dfrac{5}{6}$.

例 7.1.7 设总体 X 服从 $(0\text{-}1)$ 分布, 其分布律为

X	0	1
P	$1-p$	p

其中 p $(0<p<1)$ 是未知参数. 设 $X_1, X_2, \cdots, X_n$ 是取自总体 X 的样本, $x_1, x_2, \cdots, x_n$ 是一组样本观察值, 试求参数 p 的最大似然估计值.

解 总体 X 的分布律也可写成函数的形式:

$$P\{X=x\} = p^x (1-p)^{1-x}, \quad x = 0,1.$$

因此, 似然函数为

$$L(p) = \prod_{i=1}^{n} p^{x_i} (1-p)^{1-x_i} = p^{\sum_{i=1}^{n} x_i} (1-p)^{n-\sum_{i=1}^{n} x_i}.$$

从而, 对数似然函数为

$$\ln L(p) = \ln \left[p^{\sum_{i=1}^{n} x_i} (1-p)^{n-\sum_{i=1}^{n} x_i} \right] = \left(\sum_{i=1}^{n} x_i \right) \ln p + \left(n - \sum_{i=1}^{n} x_i \right) \ln(1-p).$$

令 $\dfrac{\mathrm{d} \ln L(p)}{\mathrm{d} p} = 0$, 即得似然方程

$$\left(\sum_{i=1}^{n} x_i \right) \cdot \frac{1}{p} - \left(n - \sum_{i=1}^{n} x_i \right) \cdot \frac{1}{1-p} = 0,$$

解得

$$p = \frac{1}{n} \sum_{i=1}^{n} x_i = \overline{x}.$$

所以, p 的最大似然估计值为

$$\hat{p} = \frac{1}{n} \sum_{i=1}^{n} x_i = \overline{x}.$$

p 的最大似然估计量为

$$\hat{p} = \frac{1}{n} \sum_{i=1}^{n} X_i = \overline{X}.$$

我们看到这一估计量与矩估计量是相同的.

例 7.1.8 设总体 $X \sim N(\mu, \sigma^2)$, 其密度函数为

$$f(x) = \frac{1}{\sqrt{2\pi}\sigma} e^{-\frac{(x-\mu)^2}{2\sigma^2}} \quad (-\infty < x < +\infty),$$

其中 $\mu, \sigma^2 > 0$ 是未知参数. 设 $X_1, X_2, \cdots, X_n$ 是取自总体 X 的样本, $x_1, x_2, \cdots, x_n$ 是一组样本观察值, 试求参数 μ, σ^2 的最大似然估计值.

解 似然函数为

$$L(\mu, \sigma^2) = \prod_{i=1}^{n} f(x_i, \mu, \sigma^2) = \prod_{i=1}^{n} \left(\frac{1}{\sqrt{2\pi}\sigma} e^{-\frac{(x_i-\mu)^2}{2\sigma^2}} \right)$$

$$= (2\pi\sigma^2)^{-\frac{n}{2}} \cdot e^{-\frac{1}{2\sigma^2} \sum_{i=1}^{n}(x_i-\mu)^2},$$

所以, 对数似然函数为

$$\ln L(\mu, \sigma^2) = -\frac{n}{2}(\ln 2\pi + \ln \sigma^2) - \frac{1}{2\sigma^2} \sum_{i=1}^{n}(x_i - \mu)^2,$$

令 $\dfrac{\partial \ln L(\mu, \sigma^2)}{\partial \mu} = 0$, $\dfrac{\partial \ln L(\mu, \sigma^2)}{\partial (\sigma^2)} = 0$, 得似然方程组

$$\begin{cases} \dfrac{1}{\sigma^2} \sum_{i=1}^{n}(x_i - \mu) = 0, \\[3mm] -\dfrac{n}{2\sigma^2} + \dfrac{1}{2(\sigma^2)^2} \sum_{i=1}^{n}(x_i - \mu)^2 = 0, \end{cases}$$

解得 μ, σ^2 的最大似然估计值分别为

$$\hat{\mu} = \frac{1}{n} \sum_{i=1}^{n} x_i = \bar{x}, \quad \hat{\sigma}^2 = \frac{1}{n} \sum_{i=1}^{n}(x_i - \mu)^2.$$

用 $\bar{x}$ 替换第二式中的 μ 可得

$$\hat{\sigma}^2 = \frac{1}{n} \sum_{i=1}^{n}(x_i - \bar{x})^2.$$

所以, μ, σ^2 的最大似然估计量分别为

$$\hat{\mu} = \frac{1}{n}\sum_{i=1}^{n} X_i = \bar{X}, \quad \hat{\sigma}^2 = \frac{1}{n}\sum_{i=1}^{n}(X_i - \bar{X})^2.$$

例 7.1.9 设总体 X 在区间 $[0,\theta]$ 上服从均匀分布，其密度函数为

$$f(x) = \begin{cases} \dfrac{1}{\theta}, & 0 \leqslant x \leqslant \theta, \\ 0, & 其他, \end{cases}$$

其中 $\theta > 0$ 是未知参数. 设 $X_1, X_2, \cdots, X_n$ 是取自总体 X 的样本，$x_1, x_2, \cdots, x_n$ 是一组样本观察值，试求参数 θ 的最大似然估计值.

解 似然函数为

$$L(\theta) = \prod_{i=1}^{n} f(x_i, \theta) = \begin{cases} \dfrac{1}{\theta^n}, & 0 \leqslant x_1, x_2, \cdots, x_n \leqslant \theta, \\ 0, & 其他, \end{cases}$$

易知 $\dfrac{\mathrm{d}L(\theta)}{\mathrm{d}\theta} = 0$ 和 $\dfrac{\mathrm{d}\ln L(\theta)}{\mathrm{d}\theta} = 0$ 均无解. 因此，不能用上面的方法求最大似然估计了. 需要用最大似然估计的基本思想来求出似然函数的最大值点.

因为似然函数 $L(\theta)$ 是关于 θ 的减函数，所以，θ 越小似然函数 $L(\theta)$ 的函数值就越大. 但是，另一方面，由似然函数的形式可知，如果 θ 小于某个样本观察值，则似然函数的值是 0. 因此，当 $\hat{\theta} = \max\{x_1, x_2, \cdots, x_n\}$ 时，似然函数 $L(\theta)$ 取得最大值，即参数 θ 的最大似然估计值为

$$\hat{\theta} = \max\{x_1, x_2, \cdots, x_n\}.$$

习题 7.1

（A）

习题 7.1 解答

1. 设总体 X 服从 $(0\text{-}1)$ 分布，其分布律为

X	0	1
P	$1-\theta$	θ

$X_1, X_2, \cdots, X_n$ 是取自总体 X 的简单随机样本，试求参数 θ 的矩估计.

2. 设总体 $X \sim U(0,b)$，其中 $b > 0$ 未知，$X_1, X_2, \cdots, X_9$ 是来自 X 的样本. 求 b 的矩估计量. 今测得一个样本值 0.5, 0.6, 0.1, 1.3, 0.9, 1.6, 0.7, 0.9, 1.0, 求 b 的矩估计值.

3. 设总体 X 服从二项分布 $B(n,p)$，其中 n 已知，p 未知，$X_1, X_2, \cdots, X_n$ 为来自 X 的样本，

求参数 p 的矩估计.

4. 设 $X_1, X_2, \cdots, X_n$ 是取自总体 $X \sim E(\lambda)$ 的简单随机样本, 试求参数 λ 的最大似然估计.

5. 设 $X_1, X_2, \cdots, X_n$ 是取自总体 X 的样本, X 的密度函数为

$$f(x) = \begin{cases} (\theta+1)x^{\theta}, & 0 \leqslant x \leqslant 1, \\ 0, & \text{其他}, \end{cases}$$

其中 $\theta > 0$ 未知, 求 θ 的矩估计和最大似然估计.

6. 设 $X_1, X_2, \cdots, X_n$ 是取自总体 X 的样本, X 的密度函数为

$$f(x) = \begin{cases} \dfrac{2x}{\theta^2}, & 0 \leqslant x \leqslant \theta, \\ 0, & \text{其他}, \end{cases}$$

其中 $\theta > 0$ 未知, 求 θ 的矩估计和最大似然估计.

7. 设 $X_1, X_2, \cdots, X_n$ 是取自总体 X 的样本, X 的密度函数为

$$f(x) = \begin{cases} e^{-(x-\theta)}, & x \geqslant \theta, \\ 0, & \text{其他}, \end{cases}$$

其中 $\theta > 0$ 未知, 求 θ 的矩估计和最大似然估计.

8. 设总体 X 的分布律为

X	1	2	3
p_k	θ^2	$2\theta(1-\theta)$	$(1-\theta)^2$

其中参数 $\theta(0 < \theta < 1)$ 未知. 已知取得样本值 $x_1 = 1, x_2 = 2, x_3 = 1$, 试求 θ 的最大似然估计值.

9. 设总体 X 的分布律为

X	0	1	2	3
P	θ^2	$2\theta(1-\theta)$	θ^2	$1-2\theta$

其中 $\theta \left(0 < \theta < \dfrac{1}{2}\right)$ 是未知参数. 利用总体 X 的样本值 $3, 1, 3, 0, 3, 1, 2, 3$, 求 θ 的矩估计值和最大似然估计值.

7.2 点估计法的优良准则

原则上任何统计量都可以作为未知参数的估计量, 但是, 对于同一个参数, 用不同的估计方法求出的估计量可能不相同. 采用哪一个估计量比较好呢? 这就

涉及用什么标准来评价估计量优劣的问题. 下面介绍几个常用的标准: 无偏性、有效性和相合性(一致性).

7.2.1 无偏性

参数的估计量是样本的函数, 也是随机变量. 对于不同的样本值会得到不同的估计值, 这些估计值相对于真值, 有时会偏小, 有时会偏大. 我们希望估计值在未知参数真值的附近, 不要偏高也不要偏低, 为此引入无偏性标准.

定义 7.2.1 设 $X_1, X_2, \cdots, X_n$ 是总体 X 的一个样本, θ 是总体分布中的未知参数, 参数空间为 Θ, 设 $\hat{\theta}(X_1, X_2, \cdots, X_n)$ 是 θ 的一个估计量. 如果对于任意的 $\theta \in \Theta$, 有

$$E[\hat{\theta}(X_1, X_2, \cdots, X_n)] = \theta,$$

则称 $\hat{\theta}(X_1, X_2, \cdots, X_n)$ 是 θ 的**无偏估计量**.

称 $E(\hat{\theta}) - \theta$ 为以 $\hat{\theta}$ 作为 θ 的估计的**系统偏差**. 无偏估计的实际意义就是无系统偏差, 当估计量被多次重复利用时, 就"平均"来说其偏差为 0.

例 7.2.1 设 $X_1, X_2, \cdots, X_n$ 是取自总体 X 的一个样本, 总体 X 的均值为 μ, 方差为 σ^2, 证明:

(1)样本均值 $\bar{X}$ 是总体均值 μ 的无偏估计量;

(2)样本方差 S^2 是总体方差 σ^2 的无偏估计量;

(3)二阶样本中心矩 $B_2 = \dfrac{1}{n} \sum\limits_{i=1}^{n} (X_i - \bar{X})^2$ 不是总体方差 σ^2 的无偏估计量.

证明 (1)由 $E(X_i) = E(X) = \mu$ ($i = 1, 2, \cdots, n$)可得

$$E(\bar{X}) = E\left(\frac{1}{n} \sum_{i=1}^{n} X_i\right) = \frac{1}{n} \sum_{i=1}^{n} E(X_i) = \frac{1}{n} \sum_{i=1}^{n} E(X) = \mu.$$

因此, $\hat{\mu} = \bar{X}$ 是 μ 的无偏估计量.

(2)由 $D(X_i) = D(X) = \sigma^2$ ($i = 1, 2, \cdots, n$)可得

$$D(\bar{X}) = \frac{1}{n} D(X) = \frac{\sigma^2}{n}.$$

于是有

$$E(S^2) = E\left[\frac{1}{n-1}\sum_{i=1}^{n}(X_i - \bar{X})^2\right] = E\left[\frac{1}{n-1}\left(\sum_{i=1}^{n}X_i^2 - n\bar{X}^2\right)\right]$$

$$= \frac{1}{n-1}\left[\sum_{i=1}^{n}E(X_i^2) - nE(\bar{X}^2)\right] = \frac{n}{n-1}[E(X^2) - E(\bar{X}^2)]$$

$$= \frac{n}{n-1}\{[D(X) + (E(X))^2] - [D(\bar{X}) + (E(\bar{X}))^2]\}$$

$$= \frac{n}{n-1}[D(X) - D(\bar{X})] = D(X) = \sigma^2.$$

因此, $\hat{\sigma}^2 = S^2$ 是 σ^2 的无偏估计量.

(3) 由 (2) 可得

$$E(B_2) = E\left[\frac{1}{n}\sum_{i=1}^{n}(X_i - \bar{X})^2\right] = E\left(\frac{n-1}{n}S^2\right) = \frac{n-1}{n}E(S^2) = \frac{n-1}{n}\sigma^2 \neq \sigma^2.$$

因此, 二阶样本中心矩 B_2 不是 σ^2 的无偏估计量.

但是,

$$\lim_{n\to\infty}E(B_2) = \lim_{n\to\infty}\frac{n-1}{n}\sigma^2 = \sigma^2,$$

因此, 二阶样本中心矩 B_2 是 σ^2 的一个渐近无偏估计量.

例 7.2.2 设总体 X 在区间 $[0, \theta]$ 上服从均匀分布, $X_1, X_2, \cdots, X_n$ 是取自总体 X 的一个样本, 证明:

(1) 参数 θ 的矩估计量 $\hat{\theta}_1 = 2\bar{X}$ 是 θ 的无偏估计量;

(2) 参数 θ 的最大似然估计量 $\hat{\theta}_2 = \max\{X_1, X_2, \cdots, X_n\}$ 不是 θ 的无偏估计量.

证明 (1) 由 $E(X_i) = E(X) = \dfrac{\theta}{2}$ $(i = 1, 2, \cdots, n)$ 可得

$$E(\theta_1) = E(2\bar{X}) = 2E(\bar{X}) = 2E\left(\frac{1}{n}\sum_{i=1}^{n}X_i\right) = \frac{2}{n}\sum_{i=1}^{n}E(X_i) = \frac{2}{n}\sum_{i=1}^{n}E(X) = \theta.$$

所以, $\hat{\theta}_1 = 2\bar{X}$ 是 θ 的无偏估计量.

(2) 由均匀分布的分布函数

$$F(x) = \begin{cases} 0, & x < 0, \\ \dfrac{x}{\theta}, & 0 \leqslant x < \theta, \\ 1, & x \geqslant \theta \end{cases}$$

和 $X_1, X_2, \cdots, X_n$ 的独立性可得 $\hat{\theta}_2$ 的分布函数为

$$G(x,\theta) = \begin{cases} 0, & x < 0, \\ \dfrac{x^n}{\theta^n}, & 0 \leqslant x < \theta, \\ 1, & x \geqslant \theta. \end{cases}$$

对其求导得 $\hat{\theta}_2$ 的密度函数为

$$g(x,\theta) = \begin{cases} \dfrac{nx^{n-1}}{\theta^n}, & 0 < x < \theta, \\ 0, & \text{其他}. \end{cases}$$

由此得

$$E(\hat{\theta}_2) = \int_0^\theta x \cdot \frac{nx^{n-1}}{\theta^n} \mathrm{d}x = \frac{n}{n+1}\theta \neq \theta.$$

结论得证.

估计量的无偏性是一种优良的性质, 但也有它的局限性.

(1)无偏性只有在大量重复利用的情况下才有意义, 此时多次估计的平均值可以任意地接近参数真值, 但是, 如果估计量只用一次, 则无偏性不能说明什么问题. 因为无偏性只排除了系统偏差, 但还有随机偏差, 这种随机偏差虽然平均起来为零, 但在具体的某次估计中, 完全有可能偏高或偏低, 甚至偏差还可能很大.

(2)在某些具体的问题中, 无偏性的实际价值如何, 还需要具体问题具体分析.

例如, 假设某人经常去某家超市买水果, 这个超市的秤是没有系统偏差的, 即秤上显示的重量是水果实际重量的无偏估计, 那么, 虽然某次购物中这名顾客可能多得到一些或少得到一些水果, 但从长期来看, 无偏性保证了该顾客既不吃亏也不占便宜. 这种情况下, 无偏性是有现实意义的.

另一方面, 假设某个人患病需要长期治疗, 每次放疗之前要对该患者的某项生理指标进行检测, 然后根据其检测值的高低决定用药的剂量. 无论检测值比真值偏高或偏低, 都会导致用药量过多或不足, 从而有损于疗效. 此种情况下, 即使检测值是真值的无偏估计, 在长期使用中, 估计的正负效应也无法抵消, 这里检测值的无偏性就没有什么实际意义了.

(3)同一个参数可能有很多个无偏估计.

因此, 一个估计量仅有无偏性的要求是不够的, 由此引入评选估计量的另一个标准——有效性.

7.2.2 有效性

对一个参数而言, 常常会有多个无偏估计量, 在这些估计量中, 挑选对参数偏离程度较小的估计量比较好. 换句话说, 好的无偏估计量的观察值相对于参数真值的分散程度越小越好, 而衡量随机变量相对于均值的分散程度的指标是方差, 因此, 在无偏估计量中, 我们认为方差越小越优良.

定义 7.2.2 设 $\hat{\theta}_1 = \hat{\theta}_1(X_1, X_2, \cdots, X_n)$ 和 $\hat{\theta}_2 = \hat{\theta}_2(X_1, X_2, \cdots, X_n)$ 都是参数 θ 的无偏估计量, 如果对于任意的 $\theta \in \Theta$, 有

$$D(\hat{\theta}_1) \leqslant D(\hat{\theta}_2),$$

且至少对于某一个 $\theta \in \Theta$, 上式中的不等式严格成立, 则称 $\hat{\theta}_1$ 较 $\hat{\theta}_2$ **有效**.

在无偏估计量中, 我们希望能找到一个方差最小的无偏估计, 它相对于参数的真值的分散程度最小. 于是引入最小方差无偏估计的概念.

定义 7.2.3 设 $\hat{\theta}^* = \hat{\theta}^*(X_1, X_2, \cdots, X_n)$ 是参数 θ 的无偏估计量, 如果对于 θ 的任一无偏估计量 $\hat{\theta}$ 和任意的 $\theta \in \Theta$, 都有

$$D(\hat{\theta}^*) \leqslant D(\hat{\theta}),$$

则称 $\hat{\theta}^*$ 为 θ 的**最小方差无偏估计**(也称**最佳无偏估计**).

例 7.2.3 设 X_1, X_2, X_3 是正态总体 $N(\mu, \sigma^2)$ 的样本, μ, σ^2 是未知参数, 对于参数 μ 有估计量:

(1) $\hat{\theta}_1 = X_2$;

(2) $\hat{\theta}_2 = \dfrac{1}{2}X_1 + \dfrac{1}{3}X_2 + \dfrac{1}{6}X_3$;

(3) $\hat{\theta}_3 = \dfrac{1}{3}X_1 + \dfrac{1}{3}X_2 + \dfrac{1}{3}X_3$.

试验证它们都是 μ 的无偏估计量, 并比较这三个估计量哪个更有效?

解 先验证这三个估计量都是 μ 的无偏估计量.

(1) $E(\hat{\theta}_1) = E(X_2) = \mu$.

(2) $E(\hat{\theta}_2) = E\left(\dfrac{1}{2}X_1 + \dfrac{1}{3}X_2 + \dfrac{1}{6}X_3\right) = \dfrac{1}{2}E(X_1) + \dfrac{1}{3}E(X_2) + \dfrac{1}{6}E(X_3) = \mu$.

(3) $E(\hat{\theta}_3) = E\left(\dfrac{1}{3}X_1 + \dfrac{1}{3}X_2 + \dfrac{1}{3}X_3\right) = \dfrac{1}{3}E(X_1) + \dfrac{1}{3}E(X_2) + \dfrac{1}{3}E(X_3) = \mu$.

所以，$\hat{\theta}_1, \hat{\theta}_2, \hat{\theta}_3$ 都是 μ 的无偏估计量.

再来比较它们的有效性. 由有效性的定义, 先计算 $\hat{\theta}_1, \hat{\theta}_2, \hat{\theta}_3$ 的方差.

(1) $D(\hat{\theta}_1) = D(X_2) = \sigma^2$.

(2) $D(\hat{\theta}_2) = D\left(\dfrac{1}{2} X_1 + \dfrac{1}{3} X_2 + \dfrac{1}{6} X_3\right) = \dfrac{1}{4} D(X_1) + \dfrac{1}{9} D(X_2) + \dfrac{1}{36} D(X_3) = \dfrac{14}{36}\sigma^2$.

(3) $D(\hat{\theta}_3) = D\left(\dfrac{1}{3} X_1 + \dfrac{1}{3} X_2 + \dfrac{1}{3} X_3\right) = \dfrac{1}{9} D(X_1) + \dfrac{1}{9} D(X_2) + \dfrac{1}{9} D(X_3) = \dfrac{3}{9}\sigma^2$.

显然，$D(\hat{\theta}_3) < D(\hat{\theta}_2) < D(\hat{\theta}_1)$，因此, 这三个无偏估计中, $\hat{\theta}_3$ 最有效.

7.2.3　相合性(一致性)

无偏性和有效性都是在样本容量 n 固定的前提下提出的评价标准. 无偏性考虑的是当估计量被多次重复利用时, 所得的估计量的平均值能和参数真值重合. 另一方面, 好的估计量还应该满足另一个性质: 当一个估计量没有被重复利用, 而是只利用一次时, 我们希望随着样本容量的增大, 好的估计量的值能逐渐稳定于待估参数的真值. 为此, 我们引入相合性(一致性)的评价标准.

定义 7.2.4　设 $\hat{\theta}_n = \hat{\theta}_n(X_1, X_2, \cdots, X_n)$（$n = 1, 2, \cdots$）是未知参数 θ 的估计量序列, 如果 $\{\hat{\theta}_n\}$ 依概率收敛于 θ，即对于任意的 $\varepsilon > 0$，有

$$\lim_{n \to \infty} P\{|\hat{\theta}_n - \theta| < \varepsilon\} = 1 \quad \text{或} \quad \lim_{n \to \infty} P\{|\hat{\theta}_n - \theta| \geqslant \varepsilon\} = 0, \tag{7.2.1}$$

则称 $\hat{\theta}_n$ 为 θ 的**相合估计量**(或**一致估计量**).

相合性是对一个估计量的基本要求, 若估计量不具有相合性, 那么, 不论样本容量 n 取得多么大, 都不能将未知参数 θ 估计得足够准确, 这样的估计量是不可取的.

例 7.2.4　设 X_1, X_2, X_3 是正态总体 $N(\mu, \sigma^2)$ 的样本, μ, σ^2 是未知参数, 证明: 样本方差

$$S_n^2 = \frac{1}{n-1} \sum_{i=1}^{n} (X_i - \bar{X})^2$$

是 σ^2 的相合估计量.

解　由例 7.2.1 知, S_n^2 是 σ^2 的无偏估计, 即

$$E(S_n^2) = \sigma^2.$$

又由定理 6.3.1 的结论(2)知

$$\frac{(n-1)S_n^2}{\sigma^2} \sim \chi^2(n-1),$$

所以有

$$D\left[\frac{(n-1)S_n^2}{\sigma^2}\right] = 2(n-1).$$

于是

$$D(S_n^2) = \frac{\sigma^4}{(n-1)^2} D\left[\frac{(n-1)S_n^2}{\sigma^2}\right] = \frac{2\sigma^4}{n-1}.$$

再根据切比雪夫不等式, 当 $n \to \infty$ 时, 对于任意的 $\varepsilon > 0$, 有

$$0 \leqslant P\{|S_n^2 - \sigma^2| \geqslant \varepsilon\} \leqslant \frac{D(S_n^2)}{\varepsilon^2} = \frac{2\sigma^4}{(n-1)\varepsilon^2},$$

而 $\lim\limits_{n \to \infty} \dfrac{2\sigma^4}{(n-1)\varepsilon^2} = 0$, 因此, $\lim\limits_{n \to \infty} P\{|S_n^2 - \sigma^2| \geqslant \varepsilon\} = 0$, 即样本方差 S_n^2 是 σ^2 的相合估计量.

习题 7.2

(A)

习题 7.2 解答

1. 随机变量 X 服从 $[0, \theta]$ 上的均匀分布, 今得 X 的样本观测值: 0.9, 0.8, 0.2, 0.8, 0.4, 0.4, 0.7, 0.6, 求 θ 的矩估计和极大似然估计, 它们是否为 θ 的无偏估计.

2. 设 $X_1, X_2, \cdots, X_n$ 是取自总体 X 的样本, $E(X) = \mu, D(X) = \sigma^2$, $\hat{\sigma}^2 = k \sum\limits_{i=1}^{n-1} (X_{i+1} - X_i)^2$, 问 k 为何值时 $\hat{\sigma}^2$ 为 σ^2 的无偏估计.

3. 设总体 X 的数学期望为 μ, $X_1, X_2, \cdots, X_n$ 是取自总体 X 的样本, $a_1, a_2, \cdots, a_n$ 是任意常数, 且 $\sum\limits_{i=1}^{n} a_i \neq 0$. 试证 $\dfrac{\sum\limits_{i=1}^{n} a_i X_i}{\sum\limits_{i=1}^{n} a_i}$ 是 μ 的无偏估计量.

4. 设 $X_1, X_2, \cdots, X_n$ 是总体 X 的样本, 证明:

(1) $\hat{\mu}_1 = \dfrac{1}{6} X_1 + \dfrac{1}{3} X_2 + \dfrac{1}{2} X_3$;   (2) $\hat{\mu}_2 = \dfrac{2}{5} X_1 + \dfrac{1}{5} X_2 + \dfrac{2}{5} X_3$

都是总体均值 μ 的无偏估计量, 并比较这两个估计量哪个更有效?

5. 在本节例 7.2.2 中已经证明了, $\hat{\theta}_1 = 2\bar{X}$ 是总体 $U(0, \theta)$ 的参数 θ 的无偏估计, 但 $\hat{\theta}_2 = X_{(n)}$

不是 θ 的无偏估计. 试证 $\hat{\theta}_3 = \dfrac{n+1}{n}\hat{\theta}_2$ 是参数 θ 的无偏估计, 并比较 $\hat{\theta}_1$ 和 $\hat{\theta}_3$ 哪个更有效.

(B)

1. 设总体 X 的密度函数为

$$f(x) = \begin{cases} 2e^{-2(x-\theta)}, & x > \theta, \\ 0, & x \leqslant \theta, \end{cases}$$

其中 $\theta > 0$ 是未知参数, 从总体 X 中抽取简单随机样本 $X_1, X_2, \cdots, X_n$, 记 $\hat{\theta} = \min(X_1, X_2, \cdots, X_n)$,

(1)求总体 X 的分布函数 $F(x)$;

(2)求统计量 $\hat{\theta}$ 的分布函数 $F_{\hat{\theta}}(x)$;

(3)如果用 $\hat{\theta}$ 作为 θ 的估计量, 讨论它是否具有无偏性.

2. 设总体 X 的概率密度为

$$f(x,\theta) = \begin{cases} \dfrac{1}{2\theta}, & 0 < x < \theta, \\ \dfrac{1}{2(1-\theta)}, & \theta \leqslant x < 1, \\ 0, & \text{其他}, \end{cases}$$

其中 $\theta(0 < \theta < 1)$ 是未知参数, $X_1, X_2, \cdots, X_n$ 是从总体 X 中抽取的简单随机样本, $\bar{X}$ 是样本均值.

(1)求参数 θ 的矩估计 $\hat{\theta}$;

(2)判断 $4\bar{X}^2$ 是否为 θ^2 的无偏估计量, 并说明理由.

7.3　区　间　估　计

对于一个未知量, 在测量或者计算时, 往往不仅仅需要得到近似值, 还需要估计误差, 考虑近似值的精确程度, 即所求真值所在的范围. 类似地, 对于未知参数 θ, 除了求出它的点估计 $\hat{\theta}$ 外, 我们往往还希望估计出一个范围, 并希望知道这个范围包含参数 θ 的真值的可信程度. 这种形式的估计称为**区间估计**, 这样的区间即置信区间. 下面引入置信区间的定义.

7.3.1　置信区间

定义 7.3.1　设 $X_1, X_2, \cdots, X_n$ 是总体 X 的一个样本, $\theta \in \Theta$ 是总体分布中的未知参数. 对于任意给定的 α（$0 < \alpha < 1$）, 如果有两个统计量 $\underline{\theta} = \underline{\theta}(X_1, X_2, \cdots, X_n)$ 和 $\bar{\theta} = \bar{\theta}(X_1, X_2, \cdots, X_n)$（$\underline{\theta} < \bar{\theta}$）, 对于任意的 $\theta \in \Theta$, 有

$$P\{\underline{\theta}(X_1, X_2, \cdots, X_n) < \theta < \overline{\theta}(X_1, X_2, \cdots, X_n)\} \geqslant 1 - \alpha,$$

则称随机区间 $(\underline{\theta}, \overline{\theta})$ 为 θ 的**双侧** $1-\alpha$ **置信区间**, $\underline{\theta}$ 和 $\overline{\theta}$ 分别称为置信区间的**置信下限**和**置信上限**, 称 $1-\alpha$ 为**置信水平**(也称置信度).

关于置信区间, 我们有如下几点说明.

(1) 当 X 是连续型随机变量时, 对于给定的 α, 按要求 $P\{\underline{\theta} < \theta < \overline{\theta}\} = 1 - \alpha$ 即可求出置信区间. 而当 X 是离散型随机变量时, 对于给定的 α, 常常找不到区间 $(\underline{\theta}, \overline{\theta})$, 使得 $P\{\underline{\theta} < \theta < \overline{\theta}\}$ 恰为 $1-\alpha$, 此时, 往往找区间 $(\underline{\theta}, \overline{\theta})$, 使得 $P\{\underline{\theta} < \theta < \overline{\theta}\}$ 至少为 $1-\alpha$, 尽可能接近 $1-\alpha$.

(2) 置信水平 $1-\alpha$ 的含义: 在随机抽样中, 如果重复抽样多次, 得到样本 $X_1, X_2, \cdots, X_n$ 的多个样本值 $x_1, x_2, \cdots, x_n$, 对应每个样本值都确定了一个置信区间 $(\underline{\theta}, \overline{\theta})$, 每个这样的区间要么包含了 θ 的真值, 要么不包含 θ 的真值. 根据伯努利大数定理, 当抽样次数充分大时, 这些区间中包含 θ 的真值的频率接近置信水平 $1-\alpha$, 包含 θ 的真值的区间大约有 $100(1-\alpha)\%$, 不包含 θ 的真值的区间大约有 $100\alpha\%$ 个. 例如, 若 $\alpha = 0.05$, 即 $1-\alpha = 0.95$, 重复抽样 100 次, 则其中大约有 95 个区间包含 θ 的真值, 大约有 5 个区间不包含 θ 的真值.

(3) 置信区间 $(\underline{\theta}, \overline{\theta})$ 也是对未知参数 θ 的一种估计, 区间的长度意味着误差, 因此, 区间估计与点估计是互补的两种参数估计.

(4) 在对未知参数进行区间估计时, 一方面, 我们希望置信水平尽量高, 另一方面, 我们也希望估计的精确度要尽可能高, 即置信区间的长度要尽量短, 但是, 在样本容量固定的情况下, 这两个要求是相互矛盾的. 置信水平 $1-\alpha$ 越大, 置信区间 $(\underline{\theta}, \overline{\theta})$ 包含未知参数 θ 的真值的概率就越大, 区间 $(\underline{\theta}, \overline{\theta})$ 的长度也越大, 对未知参数 θ 的估计精度就越低. 反之, 对未知参数 θ 的估计精度越高, 置信区间 $(\underline{\theta}, \overline{\theta})$ 的长度越小, 区间 $(\underline{\theta}, \overline{\theta})$ 包含未知参数 θ 的真值的概率就越低, 置信度 $1-\alpha$ 就越小. 因此, 进行区间估计时的一般准则是: 在保证置信水平的条件下尽可能提高估计精度.

寻找置信区间的基本思想: 在点估计的基础上, 构造合适的含有样本和待估参数的函数, 且该函数的分布已知, 针对给定的置信水平推导出置信区间. 一般步骤如下:

(1) 求出未知参数 θ 的一个较优的估计量 $\hat{\theta} = \hat{\theta}(X_1, X_2, \cdots, X_n)$;

(2) 根据估计量 $\hat{\theta}$ 的分布, 构造一个函数 $U(\hat{\theta}, \theta)$, 其中满足条件: $U(\hat{\theta}, \theta)$ 必须包含点估计量 $\hat{\theta}$ 和未知参数 θ, 且不能包含其他未知参数; $U(\hat{\theta}, \theta)$ 的分布完全确定, 且不依赖于未知参数 θ. 称这样的统计量 $U(\hat{\theta}, \theta)$ 为**枢轴函数**;

(3) 对给定的 $1-\alpha$, 确定实数 a 和 b, 使得

$$P\{a \leqslant U(\hat{\theta}, \theta) \leqslant b\} \geqslant 1 - \alpha \ .$$

当 $U(\hat{\theta}, \theta)$ 为连续型分布时, 只需考虑取等号的情形.

(4)对不等式 $a \leqslant U(\hat{\theta}, \theta) \leqslant b$, 作恒等变形后化为

$$P\{\underline{\theta} < \theta < \overline{\theta}\} = 1 - \alpha \ ,$$

则 $(\underline{\theta}, \overline{\theta})$ 就是 θ 的双侧 $1 - \alpha$ 置信区间.

与其他总体相比, 正态总体参数的置信区间是最完善的, 应用也最广泛. 在推导正态总体参数的置信区间的过程中, 标准正态分布、 χ^2 分布、 t 分布和 F 分布也扮演了重要角色.

7.3.2 单个正态总体 $N(\mu, \sigma^2)$ 的情形

1. 均值 μ 的置信区间

设 $X_1, X_2, \cdots, X_n$ 是正态总体 $N(\mu, \sigma^2)$ 的一个样本, μ 是未知参数, 求参数 μ 的 $1 - \alpha$ 置信区间. 分两种情况进行讨论: σ^2 已知和 σ^2 未知.

1) σ^2 已知

样本均值 $\overline{X}$ 是参数 μ 的无偏估计, 构造枢轴函数

$$U = \frac{\sqrt{n}(\overline{X} - \mu)}{\sigma}, \tag{7.3.1}$$

则 $U \sim N(0,1)$, 且 U 所服从的正态分布不依赖于任何未知参数, 因此, 由标准正态分布的双侧 α 分位数的定义有

$$P\left\{ \left| \frac{\sqrt{n}(\overline{X} - \mu)}{\sigma} \right| < u_{\alpha/2} \right\} = 1 - \alpha \ ,$$

从不等式 $\left| \dfrac{\sqrt{n}(\overline{X} - \mu)}{\sigma} \right| < u_{\alpha/2}$ 中不难解出

$$\overline{X} - \frac{\sigma}{\sqrt{n}} u_{\alpha/2} < \mu < \overline{X} + \frac{\sigma}{\sqrt{n}} u_{\alpha/2} \ .$$

从而, 参数 μ 的 $1 - \alpha$ 置信区间为 $\left(\overline{X} - \dfrac{\sigma}{\sqrt{n}} u_{\alpha/2}, \overline{X} + \dfrac{\sigma}{\sqrt{n}} u_{\alpha/2} \right)$. $\tag{7.3.2}$

这种对称的置信区间也常写成 $\left(\overline{X} \pm \dfrac{\sigma}{\sqrt{n}} u_{\alpha/2}\right)$.

例如, 如果取 $1-\alpha = 0.95$, 即 $\alpha = 0.05$, 取 $\sigma = 1, n = 16$, 查表得 $u_{\alpha/2} = u_{0.025} = 1.96$, 于是得到一个置信水平为 0.95 的置信区间 $(\overline{X} \pm 0.49)$.

2) σ^2 未知

由于 σ^2 未知, 此时, 式 (7.3.1) 中的 U 不能作为枢轴函数了. 考虑到 S^2 是 σ^2 的无偏估计, 将 U 中的 σ 换成 $S = \sqrt{S^2}$, 构造枢轴函数

$$T = \frac{\sqrt{n}(\overline{X} - \mu)}{S}, \tag{7.3.3}$$

则 $T \sim t(n-1)$, 且 T 所服从的分布 $t(n-1)$ 不依赖于任何未知参数, 因此, 由 t 分布的双侧 α 分位数的定义有

$$P\left\{\left|\frac{\sqrt{n}(\overline{X} - \mu)}{S}\right| < t_{\alpha/2}\right\} = 1-\alpha,$$

从不等式 $\left|\dfrac{\sqrt{n}(\overline{X} - \mu)}{S}\right| < t_{\alpha/2}$ 中不难解出

$$\overline{X} - \frac{S}{\sqrt{n}} t_{\alpha/2}(n-1) < \mu < \overline{X} + \frac{S}{\sqrt{n}} t_{\alpha/2}(n-1).$$

从而, 参数 μ 的 $1-\alpha$ 置信区间为

$$\left(\overline{X} - \frac{S}{\sqrt{n}} t_{\alpha/2}(n-1), \overline{X} + \frac{S}{\sqrt{n}} t_{\alpha/2}(n-1)\right). \tag{7.3.4}$$

或写成 $\left(\overline{X} \pm \dfrac{S}{\sqrt{n}} t_{\alpha/2}(n-1)\right)$.

例 7.3.1 有一大批糖果, 现从中随机地抽取 16 袋, 称得重量(单位: g) 如下:

| 506 | 508 | 499 | 503 | 504 | 510 | 497 | 512 |
| 514 | 505 | 493 | 496 | 506 | 502 | 509 | 496 |

设袋装糖果的重量近似地服从正态分布, 试求总体均值 μ 的置信水平为 0.95 的置信区间.

解 这里 $1-\alpha = 0.95$, 即 $\alpha = 0.05, \alpha/2 = 0.025$, $n-1 = 15$, 查表得 $t_{\alpha/2}(n-1) = t_{0.025}(15) = 2.1315$, 由题中所给数据可得

$$\bar{x} = 503.75, \quad s = 6.2022 .$$

由式 (7.3.2) 可得均值 μ 的一个置信水平为 0.95 的置信区间 $\left(503.75 \pm \dfrac{6.2022}{\sqrt{16}} \times 2.1315 \right)$，

即 (503.75 ± 3.3050)，或写成 $(500.4, 507.1)$．

这就是说估计袋装糖果重量的均值在 500.4g 与 507.1g 之间，这个估计的可信程度为 95%. 如果以该区间内任一值作为均值 μ 的近似值，其误差不大于 $\dfrac{6.2022}{\sqrt{16}} \times$

$2.1315 \times 2 = 6.61$ (g)，这个误差估计的可信程度为 95%.

在实际问题中，总体方差 σ^2 未知的情况居多，因此，区间 (7.3.4) 较区间 (7.3.2) 有更大的实用价值．

2. 方差 σ^2 的置信区间

在实际问题中，要考虑精度或稳定性时，需要对正态总体的方差 σ^2 进行区间估计．

设 $X_1, X_2, \cdots, X_n$ 是正态总体 $N(\mu, \sigma^2)$ 的一个样本，σ^2 是未知参数，求参数 σ^2 的 $1 - \alpha$ 置信区间．也分两种情况进行讨论：μ 已知和 μ 未知．

1) μ 已知

$\hat{\sigma}^2 = \dfrac{1}{n} \displaystyle\sum_{i=1}^{n} (X_i - \mu)^2$ 是 σ^2 的优良的点估计，构造枢轴函数：

$$\chi^2 = \frac{n\hat{\sigma}^2}{\sigma^2} . \tag{7.3.5}$$

则根据正态变量的性质以及 χ^2 分布的定义可得

$$\chi^2 = \frac{n\hat{\sigma}^2}{\sigma^2} \sim \chi^2(n) .$$

因此，由 χ^2 分布的双侧 α 分位数的定义有

$$P\left\{ \chi^2_{1-\alpha/2}(n) < \frac{n\hat{\sigma}^2}{\sigma^2} < \chi^2_{\alpha/2}(n) \right\} = 1 - \alpha ,$$

从不等式 $\chi^2_{1-\alpha/2}(n) < \dfrac{n\hat{\sigma}^2}{\sigma^2} < \chi^2_{\alpha/2}(n)$ 中不难解出

$$\frac{n\hat{\sigma}^2}{\chi^2_{\alpha/2}(n)} < \sigma^2 < \frac{n\hat{\sigma}^2}{\chi^2_{1-\alpha/2}(n)} .$$

从而, 参数 μ 的 $1-\alpha$ 置信区间为 $\left(\dfrac{n\hat{\sigma}^2}{\chi^2_{\alpha/2}(n)}, \dfrac{n\hat{\sigma}^2}{\chi^2_{1-\alpha/2}(n)} \right)$. $\qquad$ (7.3.6)

2) μ 未知

此时, $\hat{\sigma}^2 = \dfrac{1}{n}\sum_{i=1}^{n}(X_i - \mu)^2$ 不是统计量, 考虑样本方差

$$S^2 = \frac{1}{n-1}\sum_{i=1}^{n}(X_i - \bar{X})^2 ,$$

由 S^2 是 σ^2 的无偏估计, 构造枢轴函数

$$\chi^2 = \frac{(n-1)S^2}{\sigma^2} . \qquad (7.3.7)$$

则由定理 6.3.1 知

$$\chi^2 = \frac{(n-1)S^2}{\sigma^2} \sim \chi^2(n-1) .$$

因此, 由 χ^2 分布的双侧 α 分位数的定义有

$$P\left\{ \chi^2_{1-\alpha/2}(n-1) < \frac{(n-1)S^2}{\sigma^2} < \chi^2_{\alpha/2}(n-1) \right\} = 1-\alpha ,$$

从不等式 $\chi^2_{1-\alpha/2}(n-1) < \dfrac{(n-1)S^2}{\sigma^2} < \chi^2_{\alpha/2}(n-1)$ 中不难解出

$$\frac{(n-1)S^2}{\chi^2_{\alpha/2}(n-1)} < \sigma^2 < \frac{(n-1)S^2}{\chi^2_{1-\alpha/2}(n-1)} .$$

从而, 参数 μ 的 $1-\alpha$ 置信区间为 $\left(\dfrac{(n-1)S^2}{\chi^2_{\alpha/2}(n-1)}, \dfrac{(n-1)S^2}{\chi^2_{1-\alpha/2}(n-1)} \right)$. $\qquad$ (7.3.8)

7.3.3 两个正态总体 $N(\mu_1, \sigma_1^2), N(\mu_2, \sigma_2^2)$ 的情形

在实际问题中, 往往需要知道两个正态总体的均值之间或方差之间是否有差异, 这就需要研究两个正态总体的均值差或方差比的置信区间.

1. 两个总体均值差 $\mu_1 - \mu_2$ 的置信区间

设 $\bar{X}$ 和 S_1^2 是总体 $N(\mu_1, \sigma_1^2)$ 的容量为 n_1 的样本的样本均值和样本方差, $\bar{Y}$ 和 S_2^2 是总体 $N(\mu_2, \sigma_2^2)$ 的容量为 n_2 的样本的样本均值和样本方差, 且两个样本相互独立. 根据正态变量的性质可得

$$\bar{X} - \bar{Y} \sim N\left(\mu_1 - \mu_2, \frac{\sigma_1^2}{n_1} + \frac{\sigma_2^2}{n_2}\right).$$

将其标准化可得

$$U = \frac{(\bar{X} - \bar{Y}) - (\mu_1 - \mu_2)}{\sqrt{\dfrac{\sigma_1^2}{n_1} + \dfrac{\sigma_2^2}{n_2}}} \sim N(0,1). \tag{7.3.9}$$

下面分两种情况进行讨论.

1) σ_1^2 和 σ_2^2 均为已知

由于 $\bar{X}$ 和 $\bar{Y}$ 分别为 μ_1 和 μ_2 的无偏估计, 故 $\bar{X} - \bar{Y}$ 是 $\mu_1 - \mu_2$ 的无偏估计. 取式(7.3.9)左边的函数为枢轴函数, 则有

$$P\left\{\left|\frac{(\bar{X} - \bar{Y}) - (\mu_1 - \mu_2)}{\sqrt{\dfrac{\sigma_1^2}{n_1} + \dfrac{\sigma_2^2}{n_2}}}\right| < u_{\alpha/2}\right\} = 1 - \alpha,$$

从不等式 $\left|\dfrac{(\bar{X} - \bar{Y}) - (\mu_1 - \mu_2)}{\sqrt{\dfrac{\sigma_1^2}{n_1} + \dfrac{\sigma_2^2}{n_2}}}\right| < u_{\alpha/2}$ 中不难得出 $\mu_1 - \mu_2$ 的 $1 - \alpha$ 置信区间为

$$\left(\bar{X} - \bar{Y} - u_{\alpha/2}\sqrt{\frac{\sigma_1^2}{n_1} + \frac{\sigma_2^2}{n_2}}, \bar{X} - \bar{Y} + u_{\alpha/2}\sqrt{\frac{\sigma_1^2}{n_1} + \frac{\sigma_2^2}{n_2}}\right), \tag{7.3.10}$$

或者写成

$$\left(\bar{X} - \bar{Y} \pm u_{\alpha/2}\sqrt{\frac{\sigma_1^2}{n_1} + \frac{\sigma_2^2}{n_2}}\right).$$

2) σ_1^2 和 σ_2^2 未知, 但 $\sigma_1^2 = \sigma_2^2 = \sigma^2$

此时, 式(7.3.9)左边的函数已不是枢轴函数. 我们可以用 S_ω^2 代替 σ^2 有

$$T = \frac{(\bar{X} - \bar{Y}) - (\mu_1 - \mu_2)}{S_\omega \sqrt{\dfrac{1}{n_1} + \dfrac{1}{n_2}}}, \tag{7.3.11}$$

其中 $S_\omega^2 = \dfrac{(n_1 - 1)S_1^2 + (n_2 - 1)S_2^2}{n_1 + n_2 - 2}$. 由定理 6.3.3 结论 (2) 知

$$T \sim t(n_1 + n_2 - 2).$$

由 $P\{|T| < t_{\alpha/2}(n_1 + n_2 - 2)\} = 1 - \alpha$ 可导出 $\mu_1 - \mu_2$ 的 $1 - \alpha$ 置信区间为

$$\left(\bar{X} - \bar{Y} - t_{\alpha/2}(n_1 + n_2 - 2)S_\omega \sqrt{\frac{1}{n_1} + \frac{1}{n_2}}, \bar{X} - \bar{Y} + t_{\alpha/2}(n_1 + n_2 - 2)S_\omega \sqrt{\frac{1}{n_1} + \frac{1}{n_2}} \right), \tag{7.3.12}$$

或者写成

$$\left(\bar{X} - \bar{Y} \pm t_{\alpha/2}(n_1 + n_2 - 2)S_\omega \sqrt{\frac{1}{n_1} + \frac{1}{n_2}} \right).$$

例 7.3.2 现有 A, B 两个地区种植同一型号的小麦, 两地区小麦产量均服从正态分布:

A 地: $X \sim N(\mu_1, \sigma^2)$;

B 地: $Y \sim N(\mu_2, \sigma^2)$.

其中 μ_1, μ_2, σ^2 均未知. 现从 A 地和 B 地分别取 9 块和 10 块麦田, 测得它们的小麦产量(单位: kg)分别为

A 地: 100 105 110 125 110 98 105 116 112;

B 地: 101 100 105 115 111 107 106 121 102 92.

试求这两个地区小麦平均产量之差 $\mu_1 - \mu_2$ 的 90% 的置信区间.

解 这里 $1 - \alpha = 0.90$, 即 $\alpha = 0.1, \dfrac{\alpha}{2} = 0.05$, $n_1 = 9, n_2 = 10$, 查表得

$$t_{\alpha/2}(n_1 + n_2 - 2) = t_{0.05}(17) = 1.7396,$$

利用已给数据可得

$$\overline{x} = 109, \quad \overline{y} = 106, \quad s_A^2 = \frac{550}{8}, \quad s_B^2 = \frac{606}{9},$$

$$s_\omega^2 = \frac{(n_1 - 1)s_A^2 + (n_2 - 1)s_B^2}{n_1 + n_2 - 2} = 68, \quad s_\omega = 8.246.$$

由式(7.3.12)可得均值差 $\mu_1 - \mu_2$ 的 90% 的置信区间为

$$\left(109 - 106 - 1.7396 \times 8.246\sqrt{\frac{1}{9} + \frac{1}{10}}, 109 - 106 + 1.7396 \times 8.246\sqrt{\frac{1}{9} + \frac{1}{10}} \right),$$

即 $(-3.59, 9.59)$.

2. 两个总体方差比 σ_1^2 / σ_2^2 的置信区间

设 S_1^2 是总体 $N(\mu_1, \sigma_1^2)$ 的容量为 n_1 的样本的样本方差, S_2^2 是总体 $N(\mu_2, \sigma_2^2)$ 的容量为 n_2 的样本的样本方差, 且两样本相互独立, 其中 $\mu_1, \sigma_1^2, \mu_2, \sigma_2^2$ 均未知. 现对两个总体的方差比 σ_1^2 / σ_2^2 进行区间估计.

构造枢轴函数

$$F = \frac{S_1^2 / S_2^2}{\sigma_1^2 / \sigma_2^2},$$

由定理 6.3.3 结论(1)知

$$F \sim F(n_1 - 1, n_2 - 1).$$

由 $P\{F_{1-\alpha/2}(n_1 - 1, n_2 - 1) < F < F_{\alpha/2}(n_1 - 1, n_2 - 1)\} = 1 - \alpha$ 可导出 σ_1^2 / σ_2^2 的 $1 - \alpha$ 置信区间为

$$\left(\frac{1}{F_{\alpha/2}(n_1 - 1, n_2 - 1)} \cdot \frac{S_1^2}{S_2^2}, \frac{1}{F_{1-\alpha/2}(n_1 - 1, n_2 - 1)} \cdot \frac{S_1^2}{S_2^2} \right).$$

由 F 分布的性质, 该置信区间也可写成等价形式

$$\left(\frac{1}{F_{\alpha/2}(n_1 - 1, n_2 - 1)} \cdot \frac{S_1^2}{S_2^2}, F_{\alpha/2}(n_2 - 1, n_1 - 1) \cdot \frac{S_1^2}{S_2^2} \right). \tag{7.3.13}$$

例 7.3.3 某钢铁公司的管理人员为了比较新旧两个电炉的温度状况, 他们抽

取了新电炉的 31 个数据和旧电炉的 25 个数据, 并计算得样本方差分别是 $s_1^2 = 75$ 和 $s_2^2 = 100$. 设新电炉的温度 $X \sim N(\mu_1, \sigma_1^2)$, 旧电炉的温度 $Y \sim N(\mu_2, \sigma_2^2)$. 试求 σ_1^2 / σ_2^2 的 95% 的置信区间.

解 这里 $1 - \alpha = 0.95$, 即 $\alpha = 0.05$, $\dfrac{\alpha}{2} = 0.025$, $n_1 = 31$, $n_2 = 25$, 查表得

$$F_{\alpha/2}(n_1 - 1, n_2 - 1) = F_{0.025}(30, 24) = 2.21,$$

$$F_{\alpha/2}(n_2 - 1, n_1 - 1) = F_{0.025}(24, 30) = 2.14,$$

由式 (7.3.12) 可得 σ_1^2 / σ_2^2 的 95% 的置信区间为

$$\left(\frac{1}{2.21} \times \frac{75}{100}, 2.14 \times \frac{75}{100} \right),$$

即 $(0.34, 1.61)$.

7.3.4 单侧置信区间

在前面的讨论中, 对于未知参数 θ, 我们给出两个统计量 $\underline{\theta}$ 和 $\overline{\theta}$, 得到 θ 的置信区间 $(\underline{\theta}, \overline{\theta})$. 但在某些实际问题中, 我们关心的是未知参数的最大可能值或最小可能值. 例如, 对于设备、元件的寿命来说, 平均寿命长是我们所希望的, 我们关心的是平均寿命 θ 的 "下限", 而对于这批设备、元件的次品率, 我们关心的是它的 "上限". 这就引出了单侧置信区间的概念.

定义 7.3.2 设 $X_1, X_2, \cdots, X_n$ 是总体 X 的一个样本, $\theta \in \Theta$ 是总体分布中的未知参数. 对于任意给定的 α $(0 < \alpha < 1)$, 若有统计量 $\underline{\theta} = \underline{\theta}(X_1, X_2, \cdots, X_n)$, 对于任意的 $\theta \in \Theta$, 有

$$P\{\theta > \underline{\theta}\} \geqslant 1 - \alpha,$$

则称随机区间 $(\underline{\theta}, +\infty)$ 为 θ 的**单侧** $1 - \alpha$ **置信区间**. 称统计量 $\underline{\theta}$ 为参数 θ 的**单侧** $1 - \alpha$ **置信下限**.

类似地, 若有统计量 $\overline{\theta} = \overline{\theta}(X_1, X_2, \cdots, X_n)$, 对于任意的 $\theta \in \Theta$, 有

$$P\{\theta < \overline{\theta}\} \geqslant 1 - \alpha,$$

则称随机区间 $(-\infty, \overline{\theta})$ 为 θ 的**单侧** $1 - \alpha$ **置信区间**. 称统计量 $\overline{\theta}$ 为参数 θ 的**单侧**

$1-\alpha$ **置信上限.**

例如, 设总体 $X \sim N(\mu, \sigma^2)$, 其中 μ, σ^2 均未知, $X_1, X_2, \cdots, X_n$ 是总体 X 的一个样本, 考虑未知参数 μ 的单侧 $1-\alpha$ 置信下限和 σ^2 的单侧 $1-\alpha$ 置信上限.

由定理 6.3.2 知

$$\frac{\overline{X} - \mu}{\dfrac{S}{\sqrt{n}}} \sim t(n-1).$$

所以有(图 7.1)

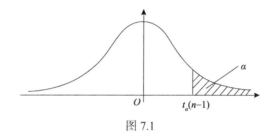

图 7.1

$$P\left\{\frac{\overline{X} - \mu}{\dfrac{S}{\sqrt{n}}} < t_\alpha(n-1)\right\} = 1-\alpha,$$

即

$$P\left\{\mu > \overline{X} - \frac{S}{\sqrt{n}}t_\alpha(n-1)\right\} = 1-\alpha,$$

可得 μ 的单侧 $1-\alpha$ 置信下限为 $\overline{X} - \dfrac{S}{\sqrt{n}}t_\alpha(n-1)$.

由定理 6.3.1 知

$$\frac{(n-1)S^2}{\sigma^2} \sim \chi^2(n-1).$$

所以有(图 7.2)

$$P\left\{\frac{(n-1)S^2}{\sigma^2} > \chi^2_{1-\alpha}(n-1)\right\} = 1-\alpha,$$

即

$$P\left\{\sigma^2 < \frac{(n-1)S^2}{\chi_{1-\alpha}^2(n-1)}\right\} = 1-\alpha,$$

可得 σ^2 的单侧 $1-\alpha$ 置信上限为 $\dfrac{(n-1)S^2}{\chi_{1-\alpha}^2(n-1)}$.

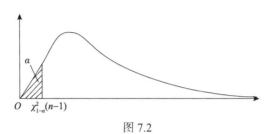

图 7.2

例 7.3.4 从一批灯泡中随机地抽取 5 只做寿命试验, 测得寿命(单位: h)为

| 1050 | 1100 | 1120 | 1250 | 1280 |

设灯泡寿命服从正态分布, 试求灯泡寿命平均值的 0.95 单侧置信下限.

解 这里 $1-\alpha = 0.95$, 即 $\alpha = 0.05, \dfrac{\alpha}{2} = 0.025$, $n=5$, 查表得

$$t_\alpha(n-1) = t_{0.05}(4) = 2.1318,$$

且根据给定数据计算可得

$$\bar{x} = 1160, \quad s^2 = 9950.$$

可得 μ 的单侧 $1-\alpha$ 置信下限为 $1160 - \dfrac{\sqrt{9950}}{\sqrt{5}} \times 2.1318 = 1065$.

表 7.1 和表 7.2 分别总结了有关单正态总体参数和双正态总体参数的置信区间, 以便查用.

表 **7.1** 单正态总体参数的置信区间

待估参数	条件	统计量	双侧 $1-\alpha$ 置信区间	单侧 $1-\alpha$ 置信下限、上限
均值 μ	σ^2 已知	$\dfrac{\sqrt{n}(\bar{X}-\mu)}{\sigma} \sim N(0,1)$	$\left(\bar{X} - \dfrac{\sigma}{\sqrt{n}}u_{\alpha/2},\right.$ $\left.\bar{X} + \dfrac{\sigma}{\sqrt{n}}u_{\alpha/2}\right)$	$\bar{X} - \dfrac{\sigma}{\sqrt{n}}u_\alpha,$ $\bar{X} + \dfrac{\sigma}{\sqrt{n}}u_\alpha$

续表

待估参数	条件	统计量	双侧 $1-\alpha$ 置信区间	单侧 $1-\alpha$ 置信下限、上限
均值 μ	σ^2 未知	$\dfrac{\sqrt{n}(\bar{X}-\mu)}{S} \sim t(n-1)$	$\left(\bar{X}-\dfrac{S}{\sqrt{n}}t_{\alpha/2}(n-1),\right.$ $\left.\bar{X}+\dfrac{S}{\sqrt{n}}t_{\alpha/2}(n-1)\right)$	$\bar{X}-\dfrac{S}{\sqrt{n}}t_{\alpha}(n-1)$, $\bar{X}+\dfrac{S}{\sqrt{n}}t_{\alpha}(n-1)$
方差 σ^2	μ 已知	$\dfrac{1}{\sigma^2}\sum\limits_{i=1}^{n}(X_i-\mu)^2 \sim \chi^2(n)$	$\left(\dfrac{\sum\limits_{i=1}^{n}(X_i-\mu)^2}{\chi^2_{\alpha/2}(n)},\right.$ $\left.\dfrac{\sum\limits_{i=1}^{n}(X_i-\mu)^2}{\chi^2_{1-\alpha/2}(n)}\right)$	$\dfrac{\sum\limits_{i=1}^{n}(X_i-\mu)^2}{\chi^2_{\alpha}(n)}$, $\dfrac{\sum\limits_{i=1}^{n}(X_i-\mu)^2}{\chi^2_{1-\alpha}(n)}$
	μ 未知	$\dfrac{(n-1)S^2}{\sigma^2} \sim \chi^2(n-1)$	$\left(\dfrac{(n-1)S^2}{\chi^2_{\alpha/2}(n-1)},\right.$ $\left.\dfrac{(n-1)S^2}{\chi^2_{1-\alpha/2}(n-1)}\right)$	$\dfrac{(n-1)S^2}{\chi^2_{\alpha}(n-1)}$, $\dfrac{(n-1)S^2}{\chi^2_{1-\alpha}(n-1)}$

表 7.2　双正态总体参数的置信区间

待估参数	条件	统计量	双侧 $1-\alpha$ 置信区间	单侧 $1-\alpha$ 置信下限、上限
均值差 $\mu_1-\mu_2$	σ_1^2,σ_2^2 均已知	$\dfrac{(\bar{X}-\bar{Y})-(\mu_1-\mu_2)}{\sqrt{\dfrac{\sigma_1^2}{n_1}+\dfrac{\sigma_2^2}{n_2}}} \sim N(0,1)$	$\left(\bar{X}-\bar{Y}-u_{\alpha/2}\sqrt{\dfrac{\sigma_1^2}{n_1}+\dfrac{\sigma_2^2}{n_2}},\right.$ $\left.\bar{X}-\bar{Y}+u_{\alpha/2}\sqrt{\dfrac{\sigma_1^2}{n_1}+\dfrac{\sigma_2^2}{n_2}}\right)$	$\bar{X}-\bar{Y}-u_{\alpha}\sqrt{\dfrac{\sigma_1^2}{n_1}+\dfrac{\sigma_2^2}{n_2}}$ $\bar{X}-\bar{Y}+u_{\alpha}\sqrt{\dfrac{\sigma_1^2}{n_1}+\dfrac{\sigma_2^2}{n_2}}$
	σ_1^2,σ_2^2 均未知但 $\sigma_1^2=\sigma_2^2=\sigma^2$	$\dfrac{(\bar{X}-\bar{Y})-(\mu_1-\mu_2)}{S_{\omega}\sqrt{\dfrac{1}{n_1}+\dfrac{1}{n_2}}} \sim t(n_1+n_2-2)$ $S_{\omega}^2=\dfrac{(n_1-1)S_1^2+(n_2-1)S_2^2}{n_1+n_2-2}$	$\left(\bar{X}-\bar{Y}-t_{\alpha/2}(n_1+n_2-2)S_{\omega}\sqrt{\dfrac{1}{n_1}+\dfrac{1}{n_2}},\right.$ $\left.\bar{X}-\bar{Y}+t_{\alpha/2}(n_1+n_2-2)S_{\omega}\sqrt{\dfrac{1}{n_1}+\dfrac{1}{n_2}}\right)$	$\bar{X}-\bar{Y}-t_{\alpha}(n_1+n_2-2)$ $\cdot S_{\omega}\sqrt{\dfrac{1}{n_1}+\dfrac{1}{n_2}}$ $\bar{X}-\bar{Y}+t_{\alpha}(n_1+n_2-2)$ $\cdot S_{\omega}\sqrt{\dfrac{1}{n_1}+\dfrac{1}{n_2}}$
方差比 σ_1^2/σ_2^2	μ_1,μ_2 均未知	$F=\dfrac{S_1^2/S_2^2}{\sigma_1^2/\sigma_2^2} \sim F(n_1-1,n_2-1)$	$\left(\dfrac{1}{F_{\alpha/2}(n_1-1,n_2-1)}\cdot\dfrac{S_1^2}{S_2^2},\right.$ $\left.F_{\alpha/2}(n_2-1,n_1-1)\cdot\dfrac{S_1^2}{S_2^2}\right)$	$\dfrac{1}{F_{\alpha}(n_1-1,n_2-1)}\cdot\dfrac{S_1^2}{S_2^2}$ $F_{\alpha}(n_2-1,n_1-1)\cdot\dfrac{S_1^2}{S_2^2}$

习题 7.3

习题 7.3 解答

(A)

1. 以 X 表示某一工厂制造的某种器件的寿命(单位: h), 设 $X \sim N(\mu, 1296)$, 今取得一容量为 $n = 27$ 的样本, 测得其样本均值为 $\bar{x} = 1478$, 求: (1) μ 的置信水平为 0.95 的置信区间; (2) μ 的置信水平为 0.90 的置信区间.

2. 总体 $X \sim N(\mu, \sigma^2)$, 其中 σ^2 已知, 问需抽取容量 n 多大的样本, 才能使 μ 的置信水平为 $1 - \alpha$, 且置信区间的长度不大于 L?

3. 某车间生产滚珠, 从长期实践中知道, 滚珠直径 $X \sim N(\mu, 0.2^2)$, 从某天生产的产品中随机抽取 6 个, 量得直径(单位: mm)如下:

$$14.7, \quad 15.0, \quad 14.9, \quad 14.8, \quad 15.2, \quad 15.1,$$

求 μ 的双侧 0.90 置信区间.

4. 假定某商店中一种商品的月销售量服从正态分布 $N(\mu, \sigma^2)$, 其中 μ, σ^2 未知. 为了合理地确定该商品的进货量, 须对 μ, σ^2 做出估计, 为此随机抽取 7 个月, 其销售量分别为

$$64, \quad 57, \quad 49, \quad 81, \quad 76, \quad 70, \quad 59,$$

试求 μ 的双侧 0.95 置信区间和 σ^2 的双侧 0.95 置信区间.

5. 某单位职工每天的医疗费服从正态分布 $N(\mu, \sigma^2)$, 其中 μ, σ^2 未知. 现抽得 25 天, 得 $\bar{x} = 170, s = 30$, 求 μ 和 σ^2 的双侧 0.95 置信区间.

6. 为提高某一化学生产过程的得率, 试图采用一种新的催化剂. 推广之前先在试验工厂进行试验. 设采用原来的催化剂进行了 $n_1 = 8$ 次试验, 得到得率的平均值 $\bar{x}_1 = 91.73$, 样本方差 $s_1^2 = 3.89$; 又采用新的催化剂进行了 $n_2 = 8$ 次试验, 得到得率的平均值 $\bar{x}_2 = 93.75$, 样本方差 $s_2^2 = 4.02$. 假设两总体都服从正态分布, 方差相等, 两样本独立. 试求两总体均值差 $\mu_1 - \mu_2$ 的 0.95 置信区间.

7. 设两位化验员 A, B 独立地对某种聚合物含氯量用相同的方法各做 10 次测定, 其测定值的样本方差依次为 $s_A^2 = 0.5419, s_B^2 = 0.6065$. 设 σ_A^2, σ_B^2 分别为 A, B 所测定的测定值总体的方差. 设总体均为正态的, 且两样本独立. 求 σ_A^2 / σ_B^2 的 0.95 置信区间.

8. 为研究某种汽车轮胎的磨损特性, 随机地选择 16 只轮胎, 每只轮胎行驶到磨坏为止. 记录所行驶的路程(单位: km):

$$41250 \quad 40187 \quad 43175 \quad 41010 \quad 39265 \quad 41872 \quad 42654 \quad 41287$$

$$38970 \quad 40200 \quad 42550 \quad 41095 \quad 40680 \quad 43500 \quad 39775 \quad 40440$$

假设这些数据来自正态总体 $N(\mu, \sigma^2)$, 其中 μ, σ^2 未知. 试求 μ 的置信水平为 0.95 的单侧置信下限.

9. 设以 X, Y 分别表示健康人与怀疑有病的人的血液中铬的含量(以 10 亿份中的份数计), 设 $X \sim N(\mu_X, \sigma_X^2)$, $Y \sim N(\mu_Y, \sigma_Y^2)$, $\mu_X, \mu_Y, \sigma_X^2, \sigma_Y^2$ 均未知. 下面是分别来自 X 和 Y 的两个独立样本:

$$X:\ \ 15,\ \ 23,\ \ 12,\ \ 18,\ \ 9,\ \ 28,\ \ 11,\ \ 10;$$

$$Y:\ \ 25,\ \ 20,\ \ 35,\ \ 15,\ \ 40,\ \ 16,\ \ 10,\ \ 22,\ \ 18,\ \ 32,$$

求 σ^2_X/σ^2_Y 的置信水平为 0.95 的单侧置信上限, 以及 σ_X 的置信水平为 0.95 的单侧置信上限.

7.4 数学模型与实验

实验目的和意义

(1)掌握单个总体参数的矩估计方法、最大似然估计法、区间估计法.

(2)会用 MATLAB 软件对单个总体参数进行估计.

参数估计是根据从总体中抽取的样本估计总体分布中包含的未知参数的方法, 是统计推断的一种基本形式, 也是计算量非常大的问题. 可以用功能强大的 MATLAB 数学软件解决参数估计的问题, 本节通过具体的例子学习单正态总体和双正态总体的参数估计的 MATLAB 实现.

例 7.4.1　设有一组来自正态分布总体的样本观察值:

$$683\quad 681\quad 676\quad 678\quad 679\quad 672,$$

求总体均值和标准差的点估计值及置信水平为 0.95 的置信区间.

解　在 MATLAB 命令窗口输入:

```
>>x=[683 681 676 678 679 672];
>>[mu, sigma, muci, sigmaci]=normfit(x)
```

运行结果:

```
mu =
    6.781666666666666e+02
sigma =
   3.868677637987775
muci =
   1.0e+02 *
   6.741067384740936
   6.822265948592396
sigmaci =
   2.414859539792349
   9.488372892112828
```

即均值的点估计为 678.1667, 标准差的点估计值为 3.8687.

均值的置信区间为 (674.1067, 682.2266), 标准差的置信区间为 (2.4149, 9.4884).

例 7.4.2 设电池的寿命服从参数为 θ $\left(\text{或} \dfrac{1}{\lambda}\right)$ 的指数分布, 随机抽取 15 块电池进行寿命试验, 测得失效时间(单位: h)为

115 119 131 138 142 147 148 155 158 159 163 166 160 170 172

试求电池的平均寿命 θ 的最大似然估计值.

解 在 MATLAB 命令窗口输入:

```
>>x=[115 119 131 138 142 147 148 155 158 159 163 166 160
170 172];
>>p=expfit(x)
```

运行结果:

```
p =
    1.495333333333333e+02
```

即参数 θ 的最大似然估计值为 149.5333.

例 7.4.3 从甲乙两个蓄电池厂生产的产品中, 分别抽取 10 个产品, 测得它们的电容量(单位: A·h)为

甲厂: 146, 141, 138, 142, 140, 143, 138, 137, 142, 137,

乙厂: 141, 143, 139, 139, 140, 141, 138, 140, 142, 136,

若蓄电池的电容量服从正态分布, 求两个工厂生产的蓄电池的电容量的方差之比的置信水平为 0.90 的置信区间.

解 两总体的方差比的置信水平为 0.90 的置信区间为

$$\left(\frac{1}{F_{0.05}(n_1-1,n_2-1)}\cdot\frac{S_1^2}{S_2^2},\ \frac{1}{F_{0.95}(n_1-1,n_2-1)}\cdot\frac{S_1^2}{S_2^2}\right),$$

其中 n_1, n_2, S_1^2, S_2^2 分别是两总体的样本容量和样本方差.

在 MATLAB 命令窗口输入:

```
>>x1=[146, 141, 138, 142, 140, 143, 138, 137, 142, 137];
>>x2=[141, 143, 139, 139, 140, 141, 138, 140, 142, 136];
>>s1=var(x1);
>>s2=var(x2);
>>f1=finv(0.95, 9, 9);
>>f2=finv(0.05, 9, 9);
>>d1=s1/s2*(1/f1)
>>d2=s1/s2*(1/f2)
```

运行结果:

```
d1  =

    0.668365112256438
d2  =

    6.754070986166083
```
即两总体的方差比的置信水平为 0.90 的置信区间为 $(0.6684, 6.7541)$.

第8章 假设检验

统计推断的另一类重要问题是假设检验. 在实际工作中, 假设检验有着广泛的应用. 例如, 一家建筑公司去采购原材料, 公司规定所进原材料的次品率不超过 2%, 经过抽样调查, 如何判断这批原材料是否合格? 又如, 制药公司新发明的药, 如何通过对服过新旧药物的患者进行对比分析, 确定新药的疗效比旧药的更好? 再如, 前面我们经常说 "假设总体服从某种分布", 那么如何通过抽样分析, 来判断这个假设是否成立? 第一个例子中, 受随机性的影响, 在具体的某次抽样中, 次品率可能高于 2%, 也可能低于 2%. 这种情况下, 我们就不能通过简单的比较下结论, 而需要有一套科学的方法, 这就是假设检验.

在总体分布未知或虽知其类型但含有未知参数的时候, 为推断总体的某些未知特性, 提出某些关于总体的假设. 我们要根据样本所提供的信息以及运用适当的统计量, 对提出的假设作出接受或拒绝的决策, 假设检验是作出这一决策的过程. 假设检验又叫显著性检验(test of significance), 是统计学中一个很重要的内容. 显著性检验的方法很多, 常用的有 t 检验、F 检验和 χ^2 检验等. 尽管这些检验方法的用途及使用条件不同, 但其检验的基本原理是相同的. 本章以单样本平均数(总体标准差已知)的假设检验为例来阐明假设检验的原理和步骤, 然后介绍单样本平均数(总体标准差未知)的假设检验和两个样本的假设检验, 最后介绍区间估计(interval estimation)的基础知识.

假设检验分为两类: 参数假设检验和非参数假设检验. 参数假设检验针对总体分布函数中的未知参数提出的假设进行检验, 后者针对总体分布函数形式或类型的假设进行检验, 本章主要讨论单参数假设检验问题.

8.1 假设检验的基本思想和基本概念

假设检验有一套系统的理论, 其中贯穿着带有一定哲学色彩的独特的思维方式, 深刻理解这种思维方式对学习和灵活应用假设检验是必不可少的. 下面通过考察一个例子, 引出假设检验的提法、基本概念与基本思想.

8.1.1 引例

例 8.1.1 某车间用一台包装机包装葡萄糖, 袋装糖的净重是一个随机变量, 它服从正态分布. 当机器正常时, 其均值为 0.5(单位: kg), 标准差为 0.015. 某日开工

后为检验包装机是否正常, 随机地抽取它所包装的糖 9 袋, 称得净重为(单位: kg):

    0.497   0.506   0.518   0.524   0.498   0.511   0.520   0.515   0.512,

问机器是否正常?

    分析   用 μ 和 σ 分别表示这一天袋装糖的净重总体 X 的均值和标准差, 由于长期实践表明标准差比较稳定, 我们就设 $\sigma = 0.015$, 则 $X \sim N(\mu, 0.015^2)$, 其中 μ 未知.

    问题   已知总体 $X \sim N(\mu, \sigma^2)$, 且 $\sigma = \sigma_0 = 0.015$, 根据样本值判断 $\mu = 0.5$ 还是 $\mu \neq 0.5$.

    在假设检验问题中, 把要检验的假设 H_0 称为**原假设**(**零假设**或**基本假设**), 把原假设 H_0 的对立面称为**备择假设**或**对立假设**, 记为 H_1.

    提出两个对立假设 $H_0: \mu = \mu_0 = 0.5$ 和 $H_1: \mu \neq \mu_0$. 再利用已知样本, 以特定的准则为准绳, 作出判断是接受假设 H_0 (拒绝假设 H_1), 还是拒绝假设 H_0 (接受假设 H_1). 如果作出的判断是接受 H_0, 则认为 $\mu = \mu_0$, 即认为机器工作是正常的, 否则, 认为是不正常的.

    因为 $\overline{X}$ 是 μ 的无偏估计量, 所以, 若 H_0 为真, 则 $|\bar{x} - \mu_0|$ 不应太大, $\dfrac{\overline{X} - \mu_0}{\sigma_0 / \sqrt{n}} \sim N(0,1)$, 衡量 $|\bar{x} - \mu_0|$ 的大小可归结为衡量 $\dfrac{\bar{x} - \mu_0}{\sigma_0 / \sqrt{n}}$ 的大小, 称统计量

$$U = \frac{\overline{X} - \mu_0}{\sigma_0 / \sqrt{n}}$$ 为**检验统计量**. 于是可以选定一个适当的正数 k, 使得当观察值 $\bar{x}$ 满足 $\dfrac{\bar{x} - \mu_0}{\sigma_0 / \sqrt{n}} > k$, 拒绝假设 H_0;反之, 当观察值 $\bar{x}$ 满足 $\dfrac{\bar{x} - \mu_0}{\sigma_0 / \sqrt{n}} \leqslant k$ 时, 接受假设 H_0.

    因为当 H_0 为真时, $U = \dfrac{\overline{X} - \mu_0}{\sigma_0 / \sqrt{n}} \sim N(0,1)$, 那么若取 $k = u_{\alpha/2}$, 则有

$$P\left\{\frac{|\bar{x} - \mu_0|}{\sigma_0 / \sqrt{n}} \geqslant k \mid \mu_0 = 500\right\} = P\left\{\frac{|\bar{x} - \mu_0|}{\sigma_0 / \sqrt{n}} > u_{\alpha/2} \mid \mu_0 = 500\right\} = \alpha.$$

因而, 如果观测值 $\bar{x}$ 满足 $\dfrac{|\bar{x} - \mu_0|}{\sigma_0 / \sqrt{n}} > u_{\alpha/2}$ 时, 即如果

$$\frac{|\bar{x} - \mu_0|}{\sigma_0 / \sqrt{n}} \in (-\infty, -u_{\alpha/2}) \bigcup (u_{\alpha/2}, +\infty),$$

则拒绝原假设 H_0, 并称这种拒绝原假设的区域 $(-\infty, -u_{\alpha/2}) \bigcup (u_{\alpha/2}, +\infty)$ 为**拒绝域**;

而如果观测值 $\bar{x}$ 满足 $\dfrac{|\bar{x}-\mu_0|}{\sigma_0/\sqrt{n}} \leqslant u_{\alpha/2}$, 即如果

$$\frac{|\bar{x}-\mu_0|}{\sigma_0/\sqrt{n}} \in [-u_{\alpha/2}, u_{\alpha/2}],$$

则接受原假设 H_0, 并称这种接受原假设的区域 $[-u_{\alpha/2}, u_{\alpha/2}]$ 为**接受域**. 这里的拒绝域和接受域的分界点 $u_{\alpha/2}$ 称为**临界值**.

假设检验过程如下:

在例 8.1.1 中,

(1) 若取定 $\alpha = 0.05$, 则 $k = u_{\alpha/2} = u_{0.025} = 1.96$, 我们有

$$P\{|U|>1.96\} = P\left\{\frac{|\bar{X}-\mu_0|}{\sigma_0/\sqrt{n}}>1.96\right\} = 0.05.$$

又已知 $n=9$, $\sigma_0 = 0.015$, 由样本算得 $\bar{x} = 0.511$, 即有 $|u| = \dfrac{|\bar{x}-\mu_0|}{\sigma_0/\sqrt{n}} = 2.2 > 1.96$, 于是根据小概率事件实际不可能性原理, 拒绝假设 H_0, 认为包装机工作不正常.

(2) 若取定 $\alpha = 0.01$, 则 $k = u_{\alpha/2} = u_{0.005} = 2.58$, $|u| = \dfrac{|\bar{x}-\mu_0|}{\sigma_0/\sqrt{n}} = 2.2 < 2.58$, 于是接受假设 H_0, 认为包装机工作正常.

8.1.2 假设检验的基本思想

假设检验的基本思想实质上是带有某种概率性质的反证法. 为了检验一个假设 H_0 是否正确, 首先假定该假设 H_0 正确, 然后根据样本对假设 H_0 作出接受或拒绝的决策. 如果出现了"不该出现"的样本观察值, 就应拒绝假设 H_0, 否则就接受 H_0. 当然, 这里所说的"不该出现", 并非是逻辑上的绝对不可能出现, 而是基于人们在实践中广泛接受的原则, 即小概率事件在一次试验中是几乎不发生的, 这就是**实际推断原理**或**小概率原理**.

8.1.3 假设检验的两类错误

我们做出判断的依据是样本, 而样本是有随机性的, 也就是说, 当原假设 H_0 为真时, 我们仍然有可能抽到均值和 μ_0 偏差很大的样本, 从而会误导我们拒绝原假设 H_0, 我们称这种错误为**弃真错误(第一类错误)**. 从直观上看, 我们犯弃真错误的可能性不会太大, 但是这种可能性无法彻底消除, 并值得我们认真考虑, 记

犯弃真错误的概率为

$$P\{拒绝H_0 \,|\, 当H_0为真时\} = P\left\{\frac{|\bar{x} - \mu_0|}{\sigma_0 / \sqrt{n}} > k \,\Big|\, \mu_0 = 500\right\} = \alpha,$$

并称这里的 α 为**检验的显著性水平**. 同样是因为样本的随机性, 当原假设 H_0 为假时, 我们也有可能抽到均值和 μ_0 偏差很小的样本, 从而会误导我们接受原假设 H_0, 我们称这种错误为**取伪错误(第二类错误)**, 并记犯取伪错误的概率为

$$P\{接受H_0 \,|\, 当H_0为假时\} = P\left\{\frac{|\bar{x} - \mu_0|}{\sigma_0 / \sqrt{n}} < k \,\Big|\, \mu_0 \neq 500\right\} = \beta.$$

我们当然希望犯这两类错误的概率都尽量地小. 但是当样本容量一定时, α 和 β 不能同时都小, 即减小 α 必然以增大 β 为代价, 反之亦然. 它们之间的矛盾有点类似于区间估计中的置信水平和精确度之间的矛盾, 对此我们也采取类似的原则: 控制犯弃真错误的概率, 即给定 α, 然后通过增大样本容量减小 β. 但在本书的假设检验中, 我们总是控制犯弃真错误的概率在很小的范围内, 而不考虑犯取伪错误的概率, 我们称这种检验为**显著性检验**.

　　关于显著性水平 α 的选取, 要视具体情况而定, 有时这还与检验者所处的立场有关. 比如在产品质量验收中, 生产者希望将合格品误认为不合格品的可能性尽可能小, 即犯弃真错误的概率尽可能小, 特别是对于成本高, 价格昂贵的商品, 这时 α 应取得很小; 验收者则希望将不合格品误认为合格品的可能性尽可能小, 即犯取伪错误的概率尽可能小, 特别是涉及健康的药品检验中, 降低"取伪"的概率, 只能以增大"弃真"的概率为代价, 这时 α 可取得大一些. 但一般情况下, 显著性水平 α 应取较小的数, 如 0.1, 0.05 或 0.01 等.

8.1.4　假设检验问题的一般提法

　　例 8.1.2　有一封装罐装可乐的生产流水线, 每罐的标准容量规定为 350 ml. 质检员每天都要检验可乐的容量是否合格, 已知每罐的容量服从正态分布, 且生产比较稳定时, 其标准差 $\sigma = 5$ ml. 某日上班后, 质检员每隔半小时从生产线上取一罐, 共抽测了 6 罐, 测得容量(单位: ml)如下:

$$353 \quad 345 \quad 357 \quad 339 \quad 355 \quad 360.$$

试问生产线工作是否正常?

　　本例的假设检验问题可简记为

　　(1) $H_0: \mu = \mu_0, H_1: \mu \neq \mu_0 \ (\mu_0 = 350)$,

形如(1)式的备择假设 H_1，表示 μ 可能大于 μ_0，也可能小于 μ_0，称为**双侧 (边)备择假设**. 形如(1)式的假设检验称为**双侧(边)假设检验**.

在实际问题中，有时还需要检验下列形式的假设：

(2) $H_0: \mu \leqslant \mu_0, H_1: \mu > \mu_0$.

(3) $H_0: \mu \geqslant \mu_0, H_1: \mu < \mu_0$.

形如(2)式的假设检验称为**右侧(边)检验**；

形如(3)式的假设检验称为**左侧(边)检验**；

右侧(边)检验和左侧(边)检验统称为**单侧(边)检验**.

为检验提出的假设，通常需构造检验统计量，并取总体的一个样本，根据该样本提供的信息来判断假设是否成立. 当检验统计量取某个区域 W 中的值时，我们拒绝原假设 H_0，则称区域 W 为**拒绝域**，拒绝域的边界点称为**临界点**.

8.1.5　假设检验的一般步骤

根据假设检验的基本思想，可以总结出假设检验的一般步骤如下：

(1)根据实际问题的要求，充分考虑和利用已知的背景知识，提出原假设 H_0 及备择假设 H_1；

(2)给定显著性水平 α 以及样本容量 n；

(3)确定检验统计量 U，并在原假设 H_0 成立的前提下导出 U 的概率分布，要求 U 的分布不依赖于任何未知参数；

(4)确定拒绝域，即依据直观分析先确定拒绝域的形式，然后根据给定的显著性水平 α 和 U 的分布，由

$$P\{拒绝 H_0 \mid H_0 \text{ 为真}\} = \alpha$$

确定拒绝域的临界值，从而确定拒绝域；

(5)作一次具体的抽样，根据得到的样本观察值和所得的拒绝域，对假设 H_0 作出拒绝或接受的判断.

例 8.1.3　某厂生产的一种螺钉，标准要求长度是 68(单位: mm). 实际生产的产品，其长度服从正态分布 $N(\mu, 3.6^2)$，考虑假设检验问题

$$H_0: \mu = 68, \quad H_1: \mu \neq 68.$$

设 $\bar{X}$ 为样本均值，按下列方式进行假设检验：

当 $|\bar{X} - 68| > 1$ 时，拒绝假设 H_0；

当 $|\bar{X} - 68| \leqslant 1$ 时，接受假设 H_0.

(1)当样本容量 $n = 36$ 时，求犯第一类错误的概率 α；

(2) 当样本容量 $n = 64$ 时，求犯第一类错误的概率 α；

(3) 当 H_0 不成立（设 $\mu = 70$），又 $n = 64$ 时，按上述检验法，求犯第二类错误的概率 β．

解 (1) 当 $n = 36$ 时，有 $\overline{X} \sim N\left(\mu, \dfrac{3.6^2}{36}\right) = N(\mu, 0.6^2)$，所以

$$\alpha = P\{|\overline{X} - 68| > 1 \mid H_0 \text{成立}\} = P\{\overline{X} < 67 \mid H_0 \text{成立}\} + P\{\overline{X} > 69 \mid H_0 \text{成立}\}$$

$$= \Phi\left(\frac{67 - 68}{0.6}\right) + \left[1 - \Phi\left(\frac{69 - 68}{0.6}\right)\right] = \Phi(-1.67) + [1 - \Phi(1.67)]$$

$$= 2[1 - \Phi(1.67)] = 2[1 - 0.9525] = 0.0950.$$

(2) 当 $n = 64$ 时，有 $\overline{X} \sim N(\mu, 0.45^2)$，

$$\alpha = P\{|\overline{X} < 67 \mid H_0 \text{成立}\} + P\{|\overline{X} > 69 \mid H_0 \text{成立}\}$$

$$= \Phi\left(\frac{67 - 68}{0.45}\right) + \left[1 - \Phi\left(\frac{69 - 68}{0.45}\right)\right]$$

$$= 2[1 - \Phi(2.22)] = 2[1 - 0.9868] = 0.0264.$$

随着样本容量 n 的增大，得到关于总体的信息更多，从而犯弃真错误的概率越小．

(3) 当 $n = 64, \mu = 70$ 时，$\overline{X} \sim N(70, 0.45^2)$，这时，犯第二类错误的概率

$$\beta(70) = P\{67 \leqslant \overline{X} \leqslant 69 \mid \mu = 70\} = \Phi\left(\frac{69 - 70}{0.45}\right) - \Phi\left(\frac{67 - 70}{0.45}\right)$$

$$= \Phi(-2.22) - \Phi(-6.67) = \Phi(6.67) - \Phi(2.22)$$

$$= 1 - 0.9868 = 0.0132.$$

进一步，当 $n = 64, \mu = 66$ 时，同样可计算得 $\beta(66) = 0.0132$．

当 $n = 64, \mu = 68.5$ 时，$\overline{X} \sim N(68.5, 0.45^2)$．

$$\beta(68.5) = P\{67 \leqslant \overline{X} \leqslant 69 \mid \mu = 68.5\} = \Phi\left(\frac{69 - 68.5}{0.45}\right) - \Phi\left(\frac{67 - 68.5}{0.45}\right)$$

$$= \Phi(1.11) - \Phi\left(\frac{67 - 68.5}{0.45}\right) = 0.8665 - [1 - 0.9995] = 0.8660.$$

由 (3) 中可知，在样本容量确定的条件下，μ 的真值越接近 $\mu_0 = 68$，犯取伪错误的概率越大．

由于正态总体是统计学中最为常见的总体，在以下两节中，我们将分别讨论

单正态总体与双正态总体的参数假设检验.

8.2　单个正态总体的参数假设检验

8.2.1　总体均值的假设检验

设总体 $X \sim N(\mu, \sigma^2)$，$X_1, X_2, \cdots, X_n$ 是取自总体 X 的一个样本，$\overline{X}$ 为样本均值. 当检验关于总体均值 μ (数学期望)的假设时, 该总体中的另一个参数, 即方差 σ^2 是否已知, 会影响到对于检验统计量的选择, 故下面分两种情形进行讨论.

1. σ^2 已知

检验假设 $H_0 : \mu = \mu_0, H_1 : \mu \neq \mu_0$. 其中 μ_0 为已知常数.

当 H_0 为真时,

$$U = \frac{\overline{X} - \mu_0}{\sigma / \sqrt{n}} \sim N(0,1),$$

故选取 U 作为检验统计量, 记其观察值为 u. 相应的检验法称为 U **检验法**.

因为 $\overline{X}$ 是 μ 的无偏估计量, 当 H_0 成立时, $|u|$ 不应太大, 当 H_1 成立时, $|u|$ 有偏大的趋势, 故拒绝域形式为

$$|u| = \left| \frac{\overline{x} - \mu_0}{\sigma / \sqrt{n}} \right| > k \quad (k \text{ 待定}).$$

对于给定的显著性水平 α, 查标准正态分布表得 $k = u_{\alpha/2}$, 使得

$$P\{|u| > u_{\alpha/2}\} = \alpha,$$

由此即得拒绝域为

$$|u| = \left| \frac{\overline{x} - \mu_0}{\sigma / \sqrt{n}} \right| > u_{\alpha/2}.$$

即 $W = (-\infty, -u_{\alpha/2}) \bigcup (u_{\alpha/2}, +\infty)$.

根据一次抽样后得到的样本观察值 $x_1, x_2, \cdots, x_n$ 计算出 U 的观察值 u, 若 $|u| > u_{\alpha/2}$, 则拒绝原假设 H_0, 即认为总体均值与 μ_0 有显著差异; 若 $|u| \leqslant u_{\alpha/2}$, 则接受原假设 H_0, 即认为总体均值与 μ_0 无显著差异.

类似地, 对单侧检验有

(1) 右侧检验: 检验假设 $H_0: \mu \leqslant \mu_0, H_1: \mu > \mu_0$, 其中 μ_0 为已知常数, 可得拒绝域为

$$u = \frac{\bar{x} - \mu_0}{\sigma / \sqrt{n}} > u_\alpha.$$

(2) 左侧检验: 检验假设 $H_0: \mu \geqslant \mu_0, H_1: \mu < \mu_0$, 其中 μ_0 为已知常数, 可得拒绝域为

$$u = \frac{\bar{x} - \mu_0}{\sigma / \sqrt{n}} < -u_\alpha.$$

例 8.2.1 某车间生产钢丝, 用 X 表示钢丝的折断力, 由经验判断 $X \sim N(\mu, \sigma^2)$, 其中 $\mu = 570, \sigma^2 = 8^2$; 现在换了一批材料, 从性能上看估计折断力的方差 σ^2 不会有什么变化 (即仍有 $\sigma^2 = 8^2$), 但不知折断力的均值 μ 和原先有无差别. 现抽得样本, 测得其折断力为

578　572　570　568　572　570　570　572　596　584.

取 $\alpha = 0.05$, 试检验折断力均值有无变化?

解 (1) 建立假设 $H_0: \mu = \mu_0 = 570$, $H_1: \mu \neq 570$.

(2) 选择统计量 $U = \dfrac{\bar{X} - \mu_0}{\sigma / \sqrt{n}} \sim N(0,1)$.

(3) 对于给定的显著性水平 α, 确定 k, 使 $P\{|U| > k\} = \alpha$. 查正态分布表得 $k = u_{\alpha/2} = u_{0.025} = 1.96$, 从而拒绝域为 $|u| > 1.96$.

(4) 由于 $\bar{x} = \dfrac{1}{10} \sum_{i=1}^{10} x_i = 575.20$, $\sigma^2 = 64$, 所以

$$|u| = \left| \frac{\bar{x} - \mu_0}{\sigma / \sqrt{n}} \right| = 2.06 > 1.96,$$

故应拒绝 H_0, 即认为折断力的均值发生了变化.

例 8.2.2 一工厂生产一种灯管, 已知灯管的寿命 X 服从正态分布 $N(\mu, 40000)$, 根据以往的生产经验, 知道灯管的平均寿命不会超过 1500 小时. 为了提高灯管的平均寿命, 工厂采用了新的工艺. 为了弄清楚新工艺是否真能提高灯管的平均寿命, 他们测试了采用新工艺生产的 25 只灯管的寿命, 其平均值是 1575 小时. 尽管样本的平均值大于 1500 小时, 试问: 可否由此判定这恰是新工艺的效应, 而非偶然的原因使得抽出的这 25 只灯管的平均寿命较长呢?

解 把上述问题归纳为下述假设检验问题: $H_0: \mu \leqslant 1500$, $H_1: \mu > 1500$. 从而

可利用右侧检验法来检验, 相应于 $\mu_0 = 1500$, $\sigma = 200$, $n = 25$.

取显著水平为 $\alpha = 0.05$, 查附表得 $u_\alpha = 1.645$, 因已测出 $\bar{x} = 1575$, 从而

$$u = \frac{\bar{x} - u_0}{\sigma / \sqrt{n}} = \frac{1575 - 1500}{200} \cdot \sqrt{25} = 1.875.$$

由于 $u = 1.875 > u_\alpha = 1.645$, 从而否定原假设 H_0, 接受备择假设 H_1, 即认为新工艺事实上提高了灯管的平均寿命.

2. σ^2 未知

此时 $U = \dfrac{\bar{X} - \mu_0}{\sigma / \sqrt{n}}$ 已经不是统计量, 所以我们考虑用样本标准差 S 代替其中的总体标准差 σ, 得到检验统计量

$$T = \frac{\bar{X} - \mu_0}{S / \sqrt{n}}.$$

检验假设 $H_0 : \mu = \mu_0$, $H_1 : \mu \neq \mu_0$, 其中 μ_0 为已知常数.

当 H_0 为真时,

$$T = \frac{\bar{X} - \mu_0}{S / \sqrt{n}} \sim t(n-1),$$

故选取 T 作为检验统计量, 记其观察值为 t. 相应的检验法称为 **t 检验法**.

由于 $\bar{X}$ 是 μ 的无偏估计量, S^2 是 σ^2 的无偏估计量, 当 H_0 成立时, $|t|$ 不应太大, 当 H_1 成立时, $|t|$ 有偏大的趋势, 故拒绝域形式为

$$|t| = \left| \frac{\bar{x} - \mu_0}{s / \sqrt{n}} \right| > k \quad (k \text{ 待定}).$$

对于给定的显著性水平 α, 查分布表得 $k = t_{\alpha/2}(n-1)$, 使

$$P\{|T| > t_{\alpha/2}(n-1)\} = \alpha,$$

由此即得拒绝域为

$$|t| = \left| \frac{\bar{x} - \mu_0}{s / \sqrt{n}} \right| > t_{\alpha/2}(n-1),$$

即 $W = (-\infty, -t_{\alpha/2}(n-1)) \bigcup (t_{\alpha/2}(n-1), +\infty)$.

根据一次抽样后得到的样本观察值 $x_1, x_2, \cdots, x_n$ 计算出 T 的观察值 t，若 $|t| > t_{\alpha/2}(n-1)$，则拒绝原假设 H_0，即认为总体均值与 μ_0 有显著差异；若 $|t| < t_{\alpha/2}(n-1)$，则接受原假设 H_0，即认为总体均值与 μ_0 无显著差异.

类似地，对单侧检验有

(1) 右侧检验：检验假设 $H_0 : \mu \leqslant \mu_0, H_1 : \mu > \mu_0$，其中 μ_0 为已知常数. 可得拒绝域为

$$t = \frac{\bar{x} - \mu_0}{s / \sqrt{n}} > t_\alpha(n-1).$$

(2) 左侧检验：检验假设 $H_0 : \mu \geqslant \mu_0, H_1 : \mu < \mu_0$，其中 μ_0 为已知常数. 可得拒绝域为

$$t = \frac{\bar{x} - \mu_0}{s / \sqrt{n}} < -t_\alpha(n-1).$$

例 8.2.3 水泥厂用自动包装机包装水泥，每袋额定重量是 50 (单位：kg)，某日开工后随机抽查了 9 袋，称得重量如下：

49.6　　49.3　　50.1　　50.0　　49.2　　49.9　　49.8　　51.0　　50.2.

设每袋重量服从正态分布，问包装机工作是否正常 ($\alpha = 0.05$)？

解 (1) 建立假设 $H_0 : \mu = 50, H_1 : \mu \neq 50$.

(2) 选择统计量 $T = \dfrac{\bar{X} - \mu_0}{S / \sqrt{n}} \sim t(n-1)$.

(3) 对于给定的显著性水平 α，确定 k，使 $P\{|T| > k\} = \alpha$. 查 t 分布表得 $k = t_{\alpha/2} = t_{0.025}(8) = 2.306$，从而拒绝域为 $|t| > 2.306$.

(4) 计算得 $\bar{x} = 49.9, s^2 = 0.29$，所以

$$|t| = \left| \frac{\bar{x} - 50}{s / \sqrt{n}} \right| = 0.56 < 2.036,$$

故应接受 H_0，即认为包装机工作正常.

例 8.2.4 一家公司声称某种类型的电池的平均寿命至少为 21.5 小时. 有一实验室检验了该公司制造的 6 套电池，得到如下的寿命小时数：

19　　18　　22　　20　　16　　25.

试问：这些结果是否表明，这种类型的电池低于该公司所声称的寿命 (取 $\alpha = 0.05$)？

解　可把上述问题归纳为下述假设检验问题 $H_0: \mu \geqslant 21.5$，$H_1: \mu < 21.5$. 可利用 t 检验法的左侧检验法来解.

本例中 $\mu_0 = 21.5$，$n = 6$，对于给定的显著性水平 $\alpha = 0.05$，查附表得

$$t_\alpha(n-1) = t_{0.05}(5) = 2.015.$$

再据测得的 6 个寿命小时数算得 $\bar{x} = 20$，$s^2 = 10$. 由此计算

$$t = \frac{\bar{x} - \mu_0}{s/\sqrt{n}} = \frac{20 - 21.5}{\sqrt{10}}\sqrt{6} = -1.162.$$

因为 $t = -1.162 > -2.015 = -t_{0.05}(5)$，所以不能否定原假设 H_0，从而认为这种类型电池的寿命并不比公司宣称的寿命短.

8.2.2　总体方差的假设检验

设 $X \sim N(\mu, \sigma^2)$，其中 μ, σ^2 未知，$X_1, X_2, \cdots, X_n$ 是取自 X 的一个样本，$\bar{X}$ 与 S^2 分别为样本均值与样本方差.

检验假设 $H_0: \sigma^2 = \sigma_0^2, H_1: \sigma^2 \neq \sigma_0^2$，其中 σ_0 为已知常数.

当 H_0 为真时，

$$\chi^2 = \frac{n-1}{\sigma_0^2}S^2 \sim \chi^2(n-1),$$

故选取 χ^2 作为检验统计量. 相应的检验法称为 χ^2 **检验法.**

由于 S^2 是 σ^2 的无偏估计量，当 H_0 成立时，S^2 应在 σ_0^2 附近，当 H_1 成立时，χ^2 有偏小或偏大的趋势，故拒绝域形式为

$$\chi^2 = \frac{n-1}{\sigma_0^2}S^2 < k_1 \quad \text{或} \quad \chi^2 = \frac{n-1}{\sigma_0^2}S^2 > k_2 \quad (k_1, k_2 \text{ 待定}).$$

对于给定的显著性水平 α 查分布表得

$$k_1 = \chi_{1-\alpha/2}^2(n-1), \quad k_2 = \chi_{\alpha/2}^2(n-1).$$

使

$$P\{\chi^2 < \chi_{1-\alpha/2}^2(n-1)\} = \frac{\alpha}{2}, \quad P\{\chi^2 > \chi_{\alpha/2}^2(n-1)\} = \frac{\alpha}{2}.$$

由此即得拒绝域为

$$\chi^2 = \frac{n-1}{\sigma_0^2}s^2 < \chi_{1-\alpha/2}^2(n-1) \quad \text{或} \quad \chi^2 = \frac{n-1}{\sigma_0^2}s^2 > \chi_{\alpha/2}^2(n-1).$$

即 $W = (0, \chi^2_{1-\alpha/2}(n-1)) \bigcup (\chi^2_{\alpha/2}(n-1), +\infty)$.

根据一次抽样后得到的样本观察值 $x_1, x_2, \cdots, x_n$ 计算出 χ^2 的观察值, 若 $\chi^2 < \chi^2_{1-\alpha/2}(n-1)$ 或 $\chi^2 > \chi^2_{\alpha/2}(n-1)$, 则拒绝原假设 H_0, 若 $\chi^2_{1-\alpha/2}(n-1) < \chi^2 < \chi^2_{\alpha/2}(n-1)$, 则接受假设 H_0.

类似地, 对单侧检验有

(1)左侧检验: 检验假设: $H_0: \sigma^2 \geqslant \sigma_0^2, H_1: \sigma^2 < \sigma_0^2$. 其中 σ_0 为已知常数, 可得拒绝域为

$$\chi^2 = \frac{n-1}{\sigma_0^2} s^2 < \chi^2_{1-\alpha}(n-1).$$

(2)右侧检验: 检验假设: $H_0: \sigma^2 \leqslant \sigma_0^2, H_1: \sigma^2 > \sigma_0^2$. 其中 σ_0 为已知常数. 可得拒绝域为

$$\chi^2 = \frac{n-1}{\sigma_0^2} s^2 > \chi^2_{\alpha}(n-1).$$

例 8.2.5 某厂生产的某种型号的电池, 其寿命(单位: h)长期以来服从方差 $\sigma^2 = 5000$ 的正态分布, 现有一批这种电池, 从它的生产情况来看, 寿命的波动性有所改变. 现随机取 26 只电池, 测出其寿命的样本方差 $s^2 = 9200$. 根据这一数据能否推断这批电池的寿命的波动性较以往的有显著的变化(取 $\alpha = 0.02$)?

解 本题要求在水平 $\alpha = 0.02$ 下检验假设

$$H_0: \sigma^2 = 5000, \quad H_1: \sigma^2 \neq 5000.$$

由 $n = 26, \sigma_0^2 = 5000, s^2 = 9200$ 计算可得

$$\chi^2_{\alpha/2}(n-1) = \chi^2_{0.01}(25) = 44.314, \quad \chi^2_{1-\alpha/2}(n-1) = \chi^2_{0.99}(25) = 11.524,$$

根据 χ^2 检验法, 拒绝域为 $W = (0, 11.524) \bigcup (44.314, +\infty)$. 代入观察值 $s^2 = 9200$, 得

$$\chi^2 = \frac{(n-1)s^2}{\sigma_0^2} = \frac{25 \times 9200}{5000} = 46 > 44.314,$$

故拒绝 H_0, 认为这批电池寿命的波动性较以往有显著的变化.

例 8.2.6 某工厂生产金属丝, 产品指标为折断力. 折断力的方差被用作工厂生产精度的表征. 方差越小, 表明精度越高. 以往工厂一直把该方差保持在 $64(kg^2)$ 与 64 以下. 最近从一批产品中抽取 10 根作折断力试验, 测得的结果(单位: kg)如下:

578 572 570 568 572 570 572 596 584 570.

由上述样本数据算得

$$\bar{x} = 575.2, \quad s^2 = 75.74.$$

为此, 厂方怀疑金属丝折断力的方差是否变大了. 如确实增大了, 表明生产精度不如以前, 就需对生产流程作一番检验, 以发现生产环节中存在的问题.

解 为确认上述疑虑是否为真, 假定金属丝折断力服从正态分布, 并作下述假设检验:

$$H_0 : \sigma^2 \leqslant 64, \quad H_1 : \sigma^2 > 64.$$

上述假设检验问题可利用 χ^2 检验法的右侧检验法来检验, 就本例中而言, 相应于

$$\sigma_0^2 = 64, \quad n = 10.$$

对于给定的显著性水平 $\alpha = 0.05$, 查附表知,

$$\chi_\alpha^2(n-1) = \chi_{0.05}^2(9) = 16.919.$$

从而有

$$\chi^2 = \frac{(n-1)s^2}{\sigma_0^2} = \frac{9 \times 75.74}{64} = 10.65 \leqslant 16.919 = \chi_{0.05}^2,$$

故不能拒绝原假设 H_0, 从而认为样本方差的偏大是偶然因素, 生产流程正常, 故不需再作进一步的检查.

综上, 关于单个正态总体方差的假设检验问题可汇总成表 8.1.

表 8.1

条件	原假设 H_0	备择假设 H_1	检验统计量及其分布	拒绝域
μ 已知	$\sigma^2 \leqslant \sigma_0^2$	$\sigma^2 > \sigma_0^2$	$\chi^2 = \dfrac{\sum\limits_{i=1}^{n}(x_i-\mu)^2}{\sigma_0^2} \sim \chi^2(n)$	$\chi^2 > \chi_{1-\alpha}^2(n)$
	$\sigma^2 \geqslant \sigma_0^2$	$\sigma^2 < \sigma_0^2$		$\chi^2 < \chi_\alpha^2(n)$
	$\sigma^2 = \sigma_0^2$	$\sigma^2 \neq \sigma_0^2$		$\chi^2 > \chi_{1-\alpha/2}^2(n)$ 或 $\chi^2 < \chi_{\alpha/2}^2(n)$
μ 未知	$\sigma^2 \leqslant \sigma_0^2$	$\sigma^2 > \sigma_0^2$	$\chi^2 = \dfrac{(n-1)S^2}{\sigma_0^2} \sim \chi^2(n-1)$	$\chi^2 > \chi_{1-\alpha}^2(n-1)$
	$\sigma^2 \geqslant \sigma_0^2$	$\sigma^2 < \sigma_0^2$		$\chi^2 < \chi_\alpha^2(n-1)$
	$\sigma^2 = \sigma_0^2$	$\sigma^2 \neq \sigma_0^2$		$\chi^2 > \chi_{1-\alpha/2}^2(n-1)$ 或 $\chi^2 < \chi_{\alpha/2}^2(n-1)$

习题 8.2

(A)

习题 8.2 解答

1. 某电器零件的平均电阻一直保持在 $2.64\,\Omega$，改变加工工艺后，测得 100 个零件的平均电阻为 $2.62\,\Omega$，如改变工艺前后电阻的标准差保持在 $0.06\,\Omega$，问新工艺对此零件的电阻有无显著影响（$\alpha = 0.05$）？

2. 有一批产品，取 50 个样品，其中含有 4 个次品. 在这种情况下，判断假设 $H_0 : p \leqslant 0.05$ 是否成立（$\alpha = 0.05$）？

3. 某产品的次品率为 0.17，现对此产品进行新工艺试验，从中抽取 400 件检验，发现有次品 56 件，能否认为此项新工艺提高了产品的质量（$\alpha = 0.05$）？

4. 从某种试验物中取出 24 个样品，测量其发热量，计算得 $\bar{x} = 11958$，样本标准差 $s = 323$，问以 5% 的显著水平是否可认为发热量的期望值是 12100（假定发热量是服从正态分布的）？

8.3　两个正态总体的假设检验

上节中我们讨论单个正态总体的参数假设检验，基于同样的思想，本节将考虑两个正态总体的参数假设检验. 与单个正态总体的参数假设检验不同的是，这里所关心的不是逐一对每个参数的值作假设检验，而是着重考虑两个总体之间的差异，即两个总体的均值或方差是否相等.

设 $X \sim N(\mu_1, \sigma_1^2)$，$Y \sim N(\mu_2, \sigma_2^2)$，$X_1, X_2, \cdots, X_{n_1}$ 为取自总体 $N(\mu_1, \sigma_1^2)$ 的一个样本，$Y_1, Y_2, \cdots, Y_{n_2}$ 为取自总体 $N(\mu_2, \sigma_2^2)$ 的一个样本，并且两个样本相互独立，记 $\bar{X}$ 与 $\bar{Y}$ 分别为样本 $X_1, X_2, \cdots, X_{n_1}$ 与 $Y_1, Y_2, \cdots, Y_{n_2}$ 的均值，S_1^2 与 S_2^2 分别为 $X_1, X_2, \cdots, X_{n_1}$ 与 $Y_1, Y_2, \cdots, Y_{n_2}$ 的方差.

8.3.1　双正态总体均值差的假设检验

1. σ_1^2, σ_2^2 已知

检验假设 $H_0 : \mu_1 - \mu_2 = \mu_0, H_1 : \mu_1 - \mu_2 \neq \mu_0$，其中 μ_0 为已知常数.
当 H_0 为真时，

$$U = \frac{\bar{X} - \bar{Y} - \mu_0}{\sqrt{\sigma_1^2 / n_1 + \sigma_2^2 / n_2}} \sim N(0,1),$$

故选取 U 作为检验统计量. 记其观察值为 u. 称相应的检验法为 U **检验法**.

由于 $\bar{X}$ 与 $\bar{Y}$ 是 μ_1 与 μ_2 的无偏估计量, 当 H_0 成立时, $|u|$ 不应太大, 当 H_1 成立时, $|u|$ 有偏大的趋势, 故拒绝域形式为

$$|u| = \left| \frac{\bar{X} - \bar{Y} - \mu_0}{\sqrt{\sigma_1^2 / n_1 + \sigma_2^2 / n_2}} \right| > k \quad (k \text{ 待定}).$$

对于给定的显著性水平 α, 查标准正态分布表得 $k = u_{\alpha/2}$, 使

$$P\{|U| > u_{\alpha/2}\} = \alpha,$$

由此即得拒绝域为

$$|u| = \left| \frac{\bar{X} - \bar{Y} - \mu_0}{\sqrt{\sigma_1^2 / n_1 + \sigma_2^2 / n_2}} \right| > u_{\alpha/2},$$

根据一次抽样后得到的样本观察值 $x_1, x_2, \cdots, x_{n_1}$ 和 $y_1, y_2, \cdots, y_{n_2}$ 计算出 U 的观察值 u, 若 $|u| > u_{\alpha/2}$, 则拒绝原假设 H_0, 当 $\mu_0 = 0$ 时即认为总体均值 μ_1 与 μ_2 有显著差异;若 $|u| < u_{\alpha/2}$, 则接受原假设 H_0, 当 $\mu_0 = 0$ 时即认为总体均值 μ_1 与 μ_2 无显著差异.

类似地, 对单侧检验有

(1) 右侧检验: 检验假设 $H_0 : \mu_1 - \mu_2 \leqslant \mu_0, H_1 : \mu_1 - \mu_2 > \mu_0$, 其中 μ_0 为已知常数. 得拒绝域为

$$u = \frac{\bar{X} - \bar{Y} - \mu_0}{\sqrt{\sigma_1^2 / n_1 + \sigma_2^2 / n_2}} > u_\alpha.$$

(3) 左侧检验: 检验假设 $H_0 : \mu_1 - \mu_2 \geqslant \mu_0, H_1 : \mu_1 - \mu_2 < \mu_0$, 其中 μ_0 为已知常数. 得拒绝域为

$$u = \frac{\bar{X} - \bar{Y} - \mu_0}{\sqrt{\sigma_1^2 / n_1 + \sigma_2^2 / n_2}} < -u_\alpha.$$

例 8.3.1 设甲、乙两厂生产同样的灯泡, 其寿命 X, Y (单位: h) 分别服从正态分布 $N(\mu_1, \sigma_1^2)$, $N(\mu_2, \sigma_2^2)$, 已知它们寿命的标准差分别为 84 和 96, 现从两厂生产的灯泡中各取 60 只, 测得平均寿命甲厂为 1295, 乙厂为 1230, 能否认为两厂生产的灯泡寿命无显著差异 ($\alpha = 0.05$)?

解 (1)建立假设 $H_0 : \mu_1 = \mu_2$, $H_1 : \mu_1 \neq \mu_2$.

(2) 选择统计量 $U = \dfrac{\overline{X} - \overline{Y}}{\sqrt{\sigma_1^2/n_1 + \sigma_2^2/n_2}} \sim N(0,1)$.

(3) 对于给定的显著性水平 α, 确定 k, 使 $P\{|U| > k\} = \alpha$. 查标准正态分布表 $k = u_{\alpha/2} = u_{0.025} = 1.96$, 从而拒绝域为 $|u| > 1.96$.

(4) 由于 $\overline{x} = 1295$, $\overline{y} = 1230$, $\sigma_1 = 84$, $\sigma_2 = 96$, 所以

$$|u| = \left| \frac{\overline{x} - \overline{y}}{\sqrt{\sigma_1^2/n_1 + \sigma_1^2/n_2}} \right| = 3.95 > 1.96,$$

故应拒绝 H_0, 即认为两厂生产的灯泡寿命有显著差异.

例 8.3.2 一家药厂生产一种新的止痛片, 厂房希望验证服用新药后至开始起作用的时间间隔较原有止痛片至少缩短一半, 因此厂方提出需检验假设

$$H_0: \mu_1 \leqslant 2\mu_2, \quad H_1: \mu_1 > 2\mu_2,$$

此处 μ_1, μ_2 分别是服用原有止痛片和服用新止痛片后至起作用的时间间隔的总体的均值. 设两总体均为正态分布且方差分别为已知值 σ_1^2, σ_2^2, 现分别在两总体中取一样本 $X_1, X_2, \cdots, X_{n_1}$ 和 $Y_1, Y_2, \cdots, Y_{n_2}$, 设两个样本独立. 试给出上述假设 H_0 的拒绝域, 取显著性水平为 α.

解 检验假设 $H_0: \mu_1 \leqslant 2\mu_2$, $H_1: \mu_1 > 2\mu_2$, 采用

$$\overline{X} - 2\overline{Y} \sim N\left(\mu_1 - 2\mu_2, \sigma_1^2/n_1 + 4\sigma_2^2/n_2\right).$$

在 H_0 的条件成立下,

$$U = \frac{\overline{X} - 2\overline{Y} - (\mu_1 - 2\mu_2)}{\sqrt{\sigma_1^2/n_1 + 4\sigma_2^2/n_2}} \sim N(0,1).$$

因此, 类似于右侧检验, 对于给定的 $\alpha > 0$, 则 H_0 成立时,

$$\mu_1 \leqslant 2\mu_2, \quad W = \left| \frac{\overline{x} - 2\overline{y}}{\sqrt{\sigma_1^2/n_1 + 4\sigma_2^2/n_2}} \right| > u_\alpha.$$

2. σ_1^2, σ_2^2 未知, 但 $\sigma_1^2 = \sigma_2^2 = \sigma^2$

检验假设 $H_0: \mu_1 - \mu_2 = \mu_0, H_1: \mu_1 - \mu_2 \neq \mu_0$, 其中 μ_0 为已知常数.

当 H_0 为真时,

$$T = \frac{\overline{X} - \overline{Y} - \mu_0}{S_w \sqrt{1/n_1 + 1/n_2}} \sim t(n_1 + n_2 - 2).$$

故选取 T 作为检验统计量. 记其观察值为 t. 相应的检验法称为 t **检验法.**

由于 S_w^2 也是 σ^2 的无偏估计量, 当 H_0 成立时, $|t|$ 不应太大, 当 H_1 成立时, $|t|$ 有偏大的趋势, 故拒绝域形式为

$$|t| = \left| \frac{\overline{X} - \overline{Y} - \mu_0}{S_w \sqrt{1/n_1 + 1/n_2}} \right| > k \quad (k \text{ 待定}).$$

对于给定的显著性水平 α, 查分布表得 $k = t_{\alpha/2}(n_1 + n_2 - 2)$, 使

$$P\{|T| > t_{\alpha/2}(n_1 + n_2 - 2)\} = \alpha,$$

由此即得拒绝域为

$$|t| = \left| \frac{\overline{X} - \overline{Y} - \mu_0}{S_w \sqrt{1/n_1 + 1/n_2}} \right| > t_{\alpha/2}(n_1 + n_2 - 2),$$

根据一次抽样后得到的样本观察值 $x_1, x_2, \cdots, x_{n_1}$ 和 $y_1, y_2, \cdots, y_{n_2}$ 计算出 T 的观察值 t. 若 $|t| > t_{\alpha/2}(n_1 + n_2 - 2)$, 则拒绝原假设 H_0, 否则接受原假设 H_0.

类似地, 对单侧检验有

(1) 右侧检验: 检验假设 $H_0: \mu_1 - \mu_2 \leqslant \mu_0, H_1: \mu_1 - \mu_2 > \mu_0$, 其中 μ_0 为已知常数. 从而拒绝域为

$$t = \frac{\overline{X} - \overline{Y} - \mu_0}{S_w \sqrt{1/n_1 + 1/n_2}} > t_\alpha(n_1 + n_2 - 2)$$

(2) 左侧检验: 检验假设 $H_0: \mu_1 - \mu_2 \geqslant \mu_0, H_1: \mu_1 - \mu_2 < \mu_0$, 其中 μ_0 为已知常数. 从而拒绝域为

$$t = \frac{\overline{X} - \overline{Y} - \mu_0}{S_w \sqrt{1/n_1 + 1/n_2}} < -t_\alpha(n_1 + n_2 - 2)$$

例 8.3.3 某地某年高考后随机抽得 15 名男生、12 名女生的物理考试成绩如下:
男生: 49 48 47 53 51 43 39 57 56 46 42 44 55 44 40;
女生: 46 40 47 51 43 36 43 38 48 54 48 34.
从这 27 名学生的成绩能说明这个地区男女生的物理考试成绩不相上下吗? (显著性水平 $\alpha = 0.05$).

解　把男生和女生物理考试的成绩分别近似地看作服从正态分布的随机变量 $X \sim N(\mu_1, \sigma^2)$ 与 $Y \sim N(\mu_2, \sigma^2)$，则本例可归结为双侧检验问题.

由题设，这是方差相等但未知的情形，取统计量 $U = \dfrac{\bar{X} - \bar{Y} - \mu_0}{\sqrt{\sigma_1^2/n_1 + \sigma_2^2/n_2}}$，并提出假设

$$H_0: \mu_1 = \mu_2, \quad H_1: \mu_1 \neq \mu_2.$$

由题意 $n_1 = 15$, $n_2 = 12$, 从而 $n = n_1 + n_2 = 27$. 再根据例中数据算出 $\bar{x} = 47.6$, $\bar{y} = 44$; 进而可得

$$S_w = \sqrt{\frac{1}{n_1 + n_2 - 2}\{(n_1 - 1)S_1^2 + (n_2 - 1)S_2^2\}} = \sqrt{\frac{1}{25}(469.6 + 412)} = 5.94.$$

由此便可计算出

$$t = \frac{\bar{x} - \bar{y}}{S_w\sqrt{1/n_1 + 1/n_2}} = \frac{47.6 - 44}{5.94\sqrt{1/15 + 1/12}} = 1.566.$$

取显著性水平 $\alpha = 0.05$, 查附表得

$$t_{\alpha/2}(n-2) = t_{0.025}(25) = 2.060.$$

因为 $|t| = 1.556 \leqslant 2.060 = t_{0.025}(25)$, 从而没有充分理由否认原假设 H_0, 即认为这一地区男女生的物理考试成绩不相上下.

例 8.3.4　设有种植玉米的甲、乙两个农业试验区, 各分为 10 个小区, 各小区的面积相同, 除甲区各小区增施磷肥外, 其他试验条件均相同, 两个试验区的玉米产量(单位: kg) 如下 (假设玉米产量服从正态分布, 且有相同的方差):

甲区: 65　60　62　57　58　63　60　57　60　58;

乙区: 59　56　56　58　57　57　55　60　57　55;

试统计推断, 增施磷肥是否对玉米产量有影响 ($\alpha = 0.05$)?

解　这是已知方差相等, 对均值检验的问题, 待检验假设为

$$H_0: \mu_X = \mu_Y, \quad H_1: \mu_X \neq \mu_Y.$$

由样本得

$$\bar{x} = 60, \quad (n_1 - 1)s_1^2 = 64, \quad \bar{y} = 57,$$

$$(n_1 - 1)s_2^2 = 24, \quad t = -\frac{60 - 57}{\sqrt{\dfrac{64 + 24}{10 + 10 - 2}}\sqrt{\dfrac{1}{10} + \dfrac{1}{10}}} = 3.03.$$

对给定的 $\alpha = 0.05$, 查自由度为 $10 + 10 - 2 = 18$ 的 t 分布附表 4, 得 $t_{0.025}(18) = 2.101$.

因为 $|t| > t_{\alpha/2}(18)$, 所以拒绝原假设 H_0, 即可认为增施磷肥对玉米产量的改变有影响.

3. σ_1^2, σ_2^2 未知, 但 $\sigma_1^2 \neq \sigma_2^2$

检验假设 $H_0 : \mu_1 - \mu_2 = \mu_0, H_1 : \mu_1 - \mu_2 \neq \mu_0$. 其中 μ_0 为已知常数. 当 H_0 为真时,

$$T = \frac{\bar{X} - \bar{Y} - \mu_0}{\sqrt{S_1^2 / n_1 + S_2^2 / n_2}} \sim t(f).$$

其中 $f = \dfrac{\left(S_1^2 / n_1 + S_2^2 / n_2\right)^2}{S_1^4 / \left[n_1^2 (n_1 - 1)\right] + S_2^4 / \left[n_2^2 (n_2 - 1)\right]}$.

故选取 T 作为检验统计量. 记其观察值为 t. 可得拒绝域为

$$|t| = \left| \frac{\bar{X} - \bar{Y} - \mu_0}{\sqrt{S_1^2 / n_1 + S_2^2 / n_2}} \right| > t_{\alpha/2}(f).$$

根据一次抽样后得到的样本观察值 $x_1, x_2, \cdots, x_{n_1}$ 和 $y_1, y_2, \cdots, y_{n_2}$ 计算出 T 的观察值 t, 若 $|t| \geqslant t_{\alpha/2}(f)$, 则拒绝原假设 H_0, 否则接受原假设 H_0.

类似地,

(1) 检验假设 $H_0 : \mu_1 - \mu_2 \leqslant \mu_0, H_1 : \mu_1 - \mu_2 > \mu_0$, 其中 μ_0 为已知常数. 得拒绝域为

$$t = \frac{\bar{X} - \bar{Y} - \mu_0}{\sqrt{S_1^2 / n_1 + S_2^2 / n_2}} > t_\alpha(f),$$

(2) 检验假设 $H_0 : \mu_1 - \mu_2 \geqslant \mu_0, H_1 : \mu_1 - \mu_2 < \mu_0$, 其中 μ_0 为已知常数. 得拒绝域为

$$t = \frac{\bar{X} - \bar{Y} - \mu_0}{\sqrt{S_1^2 / n_1 + S_2^2 / n_2}} < -t_\alpha(f),$$

当 n_1, n_2 充分大时 ($n_1 + n_2 \geqslant 50$),

$$T = \frac{\overline{X} - \overline{Y} - \mu_0}{\sqrt{S_1^2 / n_1 + S_2^2 / n_2}} \underset{\sim}{\text{近似}} N(0,1).$$

上述拒绝域的临界点可分别改为 $u_{\alpha/2}; u_{\alpha}; -u_{\alpha}$.

例 8.3.5 甲、乙两机床加工同一种零件, 抽样测量其产品的数据(单位: mm), 经计算得

甲机床: $n_1 = 80, \overline{x} = 33.75, s_1 = 0.1;$

乙机床: $n_2 = 100, \overline{y} = 34.15, s_2 = 0.15.$

问: 在 $\alpha = 0.01$ 下, 两机床加工的产品尺寸有无显著差异?

解　$n \geqslant 50$ 时, 即可认为是大样本问题.

σ_1^2, σ_2^2 均未知, 检验假设 $H_0 : \mu_1 = \mu_2, H_1 : \mu_1 \neq \mu_2$.

用 U 检验法, 经计算得

$$|u| = \frac{|\overline{x} - \overline{y}|}{\sqrt{s_1^2 / n_1 + s_2^2 / n_2}} = \frac{0.4}{\sqrt{0.000125 + 0.000225}} = 21.39.$$

查正态分布表得 $u_{0.005} = 2.57$. 经比较 $|u| = 21.39 > u_{0.005} = 2.57$. 故拒绝 H_0, 认为两机床加工的产品尺寸有显著差异.

8.3.2　双正态总体方差比的假设检验

设 $X_1, X_2, \cdots, X_{n_1}$ 为取自总体 $N(\mu_1, \sigma_1^2)$ 的一个样本, $Y_1, Y_2, \cdots, Y_{n_2}$ 为取自总体 $N(\mu_2, \sigma_2^2)$ 的一个样本, 并且两个样本相互独立, 记 $\overline{X}$ 与 $\overline{Y}$ 分别为相应的样本均值, S_1^2 与 S_2^2 分别为相应的样本方差.

检验假设 $H_0 : \sigma_1^2 = \sigma_2^2, H_1 : \sigma_1^2 \neq \sigma_2^2$.

当 H_0 为真时,

$$F = S_1^2 / S_2^2 \sim F(n_1 - 1, n_2 - 1),$$

故选取 F 作为检验统计量. 相应的检验法称为 F **检验法**.

由于 S_1^2 与 S_2^2 是 σ_1^2 与 σ_2^2 的无偏估计量, 当 H_0 成立时, F 的取值应集中在 1 的附近, 当 H_1 成立时, F 的取值有偏小或偏大的趋势, 故拒绝域形式为

$$F < k_1 \quad \text{或} \quad F > k_2 \quad (k_1, k_2 \text{ 待定}).$$

对于给定的显著性水平 α, 查 F 分布表得

$$k_1 = F_{1-\alpha/2}(n_1 - 1, n_2 - 1), \quad k_2 = F_{\alpha/2}(n_1 - 1, n_2 - 1),$$

使

$$P\{F < F_{1-\alpha/2}(n_1 - 1, n_2 - 1) \quad 或 \quad F > F_{\alpha/2}(n_1 - 1, n_2 - 1)\} = \alpha,$$

由此即得拒绝域为

$$F < F_{1-\alpha/2}(n_1 - 1, n_2 - 1) \quad 或 \quad F > F_{\alpha/2}(n_1 - 1, n_2 - 1) . \tag{$*$}$$

根据一次抽样后得到的样本观察值 $x_1, x_2, \cdots, x_{n_1}$ 和 $y_1, y_2, \cdots, y_{n_2}$ 计算出 F 的观察值，若($*$)式成立，则拒绝原假设 H_0，否则接受原假设 H_0.

类似地，对单侧检验有

(1)检验假设 $H_0 : \sigma_1^2 \leqslant \sigma_2^2, H_1 : \sigma_1^2 > \sigma_2^2$. 得拒绝域为

$$F > F_\alpha(n_1 - 1, n_2 - 1);$$

(2)检验假设 $H_0 : \sigma_1^2 \geqslant \sigma_2^2, H_1 : \sigma_1^2 < \sigma_2^2$. 得拒绝域为

$$F < F_{1-\alpha}(n_1 - 1, n_2 - 1);$$

例 8.3.6 两台机床加工同种零件，分别从两台车床加工的零件中抽取 6 个和 9 个测量其直径，并计算得 $s_1^2 = 0.345, s_2^2 = 0.375$. 假定零件直径服从正态分布，试比较两台车床加工精度有无显著差异（$\alpha = 0.10$）？

解 设两总体 X 和 Y 分别服从正态分布 $N(\mu_1, \sigma_1^2)$ 和 $N(\mu_2, \sigma_2^2)$, $\mu_1, \mu_2, \sigma_1^2, \sigma_2^2$ 未知.

(1)建立假设 $H_0 : \sigma_1^2 = \sigma_2^2$, $H_1 : \sigma_1^2 \neq \sigma_2^2$.

(2)选统计量 $F = S_1^2 / S_2^2 \sim F(n_1 - 1, n_2 - 1)$.

(3)对于给定的显著性水平 α，确定 k_1, k_2，使 $P\{F < k_1 或 F > k_2\} = \alpha$，查 F 分布表得

$$k_1 = F_{1-\alpha/2}(n_1 - 1, n_2 - 1) = F_{0.95}(5, 8) = \frac{1}{F_{0.05}(8, 5)} = 0.207,$$

$$k_2 = F_{\alpha/2}(n_1 - 1, n_2 - 1) = F_{0.05}(5, 8) = 3.69,$$

从而拒绝域为 $F < 0.207$ 或 $F > 3.69$.

(4) 由于 $s_1^2 = 0.345$, $s_2^2 = 0.375$, 所以 $F = s_1^2 / s_2^2 = 0.92$. 而 $0.27 < 0.92 < 3.69$，故应接受 H_0，即认为两车床加工精度无差异.

例 8.3.7 甲、乙两厂生产同一种电阻，现从甲乙两厂的产品中分别随机抽取 12 个和 10 个样品，测得它们的电阻值后，计算出样本方差分别为 $s_1^2 = 1.40$，$s_2^2 = 4.38$．假设电阻值服从正态分布，在显著性水平 $\alpha = 0.10$ 下，我们是否可以认为两厂生产的电阻值的方差相等．

解 该问题即检验假设:

$$H_0 : \sigma_1^2 = \sigma_2^2, \quad H_1 : \sigma_1^2 \neq \sigma_2^2.$$

因为 $m = 12$, $n = 10$，利用 F 分布的性质，有

$$F_{0.95}(11,9) = \frac{1}{F_{0.05}(9,11)} = \frac{1}{2.9} = 0.34.$$

而 $s_1^2 / s_2^2 = 1.40 / 4.38 = 0.32 < 0.34 = F_{0.95}(11,9)$，故拒绝原假设，认为两厂生产的电阻值的方差不同．

例 8.3.8 为比较甲、乙两种安眠药的疗效，将 20 名患者分成两组，每组 10 人，如服药后延长的睡眠时间分别服从正态分布，其数据为(单位: 小时):

$$甲: 5.5, 4.6, 4.4, 3.4, 1.9, 1.6, 1.1, 0.8, 0.1, -0.1;$$

$$乙: 3.7, 3.4, 2.0, 2.0, 0.8, 0.7, 0, -0.1, -0.2, -1.6.$$

问在显著性水平 $\alpha = 0.05$ 下两种药的疗效有无显著差别．

解 设甲服药后延长的睡眠时间 $X \sim N(\mu_1, \sigma_1^2)$，乙服药后延长的睡眠时间 $Y \sim N(\mu_2, \sigma_2^2)$，其中 $\mu_1, \mu_2, \sigma_1^2, \sigma_2^2$ 均为未知，首先，在 μ_1, μ_2 未知的条件下，检验假设 $H_0 : \sigma_1^2 = \sigma_2^2$，所用统计量为 $F = S_1^2 / S_2^2$，由题给数据，计算得

$$n_1 = 10, \quad n_2 = 10, \quad \bar{x} = 2.33, \quad \bar{y} = 0.75, \quad s_1^2 = 4.01, \quad s_2^2 = 3.2,$$

于是 $F = s_1^2 / s_2^2 = 1.25$．查 F 分布表，得

$$F_{0.025}(9,9) = 4.03, \quad F_{0.975}(9,9) = 1 / F_{0.025}(9,9) = 1 / 4.03,$$

因 $\dfrac{1}{4.03} < 1.25 < 4.03$，故接受原假设 H_0，因此在 $\alpha = 0.05$ 下认为 $\sigma_1^2 = \sigma_2^2$．

其次，在 $\sigma_1^2 = \sigma_2^2$ 但其均值未知的条件下，检验假设: $H_0 : \mu_1 = \mu_2$，所用统计量为 $T = \dfrac{\bar{X} - \bar{Y}}{S_w \sqrt{1 / n_1 + 1 / n_2}}$，将上述已知数据代入 S_w 的表达式中，可得到 $S_w = 1.899$．再将其代入统计量 T 的表达式中计算得

$$t = \frac{2.33 - 0.75}{1.899\sqrt{1/10 + 1/10}} = 1.86.$$

查 t 分布表, 得 $t_{0.025}(18) = 2.101$, 由于 $|1.86| < 2.101$, 故接受原假设 H_0, 因此在显著性水平 $\alpha = 0.05$ 下可认为 $\mu_1 = \mu_2$.

综上所述, 可以认为两种安睡眠药疗效无显著差异.

例 8.3.9　设总体 $X \sim N(\mu_1, \sigma^2)$, 总体 $Y \sim N(\mu_2, \sigma^2)$. 从两总体中分别取容量为 n 的样本(即两样本容量相等), 两样本独立. 试设计一种较简易的检验法, 作假设检验:

$$H_0 : \mu_1 = \mu_2, \quad H_1 : \mu_1 \neq \mu_2.$$

解　因两样本容量相等, 令 $Z_i = X_i - Y_i$, $i = 1, 2, \cdots, n$, 它可以看作来自总体 $Z = X - Y$ 的样本, $Z \sim N(\mu_1 - \mu_2, 2\sigma^2) = N(\mu_Z, \sigma_Z^2)$, 其中 $\mu_Z = \mu_1 - \mu_2$, $\sigma_Z^2 = 2\sigma^2$, 故检验问题化为

$$H_0 : \mu_Z = 0, \quad H_1 : \mu_Z \neq 0.$$

取检验统计量 $T = \dfrac{\overline{Z}}{S_Z}\sqrt{n}$, 其中 $\overline{Z}, S_Z$ 分别为 $Z_i(i = 1, 2, \cdots, n)$ 的样本均值与样本标准差. 在 H_0 成立时, $T \sim t(n-1)$, t 为统计量 T 的观察值, 故当 $|t| > t_{\alpha/2}(n-1)$ 时, 拒绝 H_0, 否则接受 H_0.

综上, 关于两个正态总体均值差的假设检验问题可汇总成表 8.2.

表 8.2

条件	原假设 H_0	备择假设 H_1	检验统计量及其分布	拒绝域
σ_1, σ_2 已知	$\mu_1 \leqslant \mu_2$	$\mu_1 > \mu_2$	$U = \dfrac{\overline{x} - \overline{y}}{\sqrt{\sigma_1^2/m + \sigma_2^2/n}} \sim N(0,1)$	$U > U_{1-\alpha}$
	$\mu_1 \geqslant \mu_2$	$\mu_1 < \mu_2$		$U < U_{\alpha}$
	$\mu_1 = \mu_2$	$\mu \neq \mu_0$		$|U| > U_{1-\alpha/2}$
$\sigma_1 = \sigma_2$ 未知	$\mu_1 \leqslant \mu_2$	$\mu_1 > \mu_2$	$T = \dfrac{\overline{x} - \overline{y}}{S_w\sqrt{1/m + 1/n}} \sim t(m+n-2)$	$T > t_{1-\alpha}(m+n-2)$
	$\mu_1 \geqslant \mu_2$	$\mu_1 < \mu_2$		$T < t_{\alpha}(m+n-2)$
	$\mu_1 = \mu_2$	$\mu_1 \neq \mu_2$		$|T| > t_{1-\alpha/2}(m+n-2)$

习题 8.3

(A)

习题 8.3 解答

1. 有甲、乙两个试验员, 对同样的试样进行分析, 各人试验分析结果见下表(分析结果服从正态分布), 试问甲、乙两试验员试验分析结果之间有无显著性的差异($\alpha = 0.05$)?

试验号码	1	2	3	4	5	6	7	8
甲	4.3	3.2	3.8	3.5	3.5	4.8	3.3	3.9
乙	3.7	4.1	3.8	3.8	4.6	3.9	2.8	4.4

2. 为确定肥料的效果, 取 1000 株植物做试验. 在没有施肥的 100 株植物中, 有 53 株长势良好; 在已施肥的 900 株中, 则有 783 株长势良好, 问施肥的效果是否显著($\alpha = 0.01$)?

3. 在十块地上同时试种甲、乙两种品种作物, 设每种作物的产量服从正态分布, 并计算得 $\bar{x} = 30.97$, $\bar{y} = 21.79$, $s_x = 26.7$, $s_y = 12.1$. 这两种品种的产量有无显著差别($\alpha = 0.01$)?

4. 从甲、乙两店各买同样重量的豆, 在甲店买了 10 次, 算得 $\bar{y} = 116.1$ 颗, $\sum_{i=1}^{10}(y_i - \bar{y})^2 = 1442$; 在乙店买了 13 次, 计算 $\bar{x} = 118$ 颗, $\sum_{i=1}^{13}(x_i - \bar{x})^2 = 2825$. 如取 $\alpha = 0.01$, 问是否可以认为甲、乙两店的豆是同一种类型的(即同类型的豆的平均颗数应该一样)?

5. 有甲、乙两台机床加工同样产品, 从此两台机床加工的产品中随机抽取若干产品, 测得产品直径(单位: mm)为

机床甲: 20.5 19.8 19.7 20.4 20.1 20.0 19.0 19.9;

机床乙: 19.7 20.8 20.5 19.8 19.4 20.6 19.2.

试比较甲、乙两台机床加工的精度有无显著差异($\alpha = 0.05$)?

6. 某工厂所生产的某种细纱支数的标准差为 1.2, 现从某日生产的一批产品中, 随机抽 16 缕进行支数测量, 求得样本标准差为 2.1, 问细纱的均匀度是否变劣?

8.4 数学模型与实验

实验目的和意义

(1)理解正态总体的方差和均值的检验.

(2)了解 MATLAB 软件进行假设检验的基本命令和操作.

假设检验是统计推断的另一种重要形式, 是在总体的分布函数完全未知或只知其形式时提出的某些关于总体的假设. 我们根据样本对所提出的假设作出是接受还是拒绝的决策, 假设检验就是这一作出决策的过程. 本节通过具体的实例, 介绍利用 MATLAB 软件进行假设检验的基本命令和操作.

例 8.4.1 某市质监局接到顾客投诉后, 对某金店进行质量调查. 现从其出售

的标志 18K 的项链中抽取 9 件进行检测, 检测标准为平均值 18K 且标准差不得超过 0.3K, 检测结果如下:

$$17.3 \quad 16.6 \quad 17.9 \quad 18.2 \quad 17.4 \quad 16.3 \quad 18.5 \quad 17.2 \quad 18.1,$$

假定项链的含金量服从正态分布, 试问检测结果能否认定金店出售的产品存在质量问题($\alpha = 0.01$)?

解　若金店的产品不存在质量问题, 则其平均值应为 18K, 且均方差不超过 0.3K, 因而需要对正态总体的均值和方差进行假设检验, 其中任何一个检验的原假设被拒绝则可认为金店的产品存在质量问题.

(1) 对均值 μ 的检验:

原假设 H_0: $\mu = 18$, 备择假设 H_1: $\mu \neq 18$, 标准差 σ 未知, 调用 ttest() 函数.

(2) 对方差 σ^2 的检验:

原假设 H_0: $\sigma^2 \leqslant 0.3^2$, 备择假设 H_1: $\sigma^2 > 0.3^2$, 这是当均值未知时, 对方差的右侧假设检验. 检验统计量为 $\chi^2 = \dfrac{(n-1)s^2}{\sigma_0^2} \sim \chi^2(n-1)$, 右侧检验拒绝域为 $\chi^2 > \chi_\alpha^2(n-1)$.

编制 MATLAB 程序 eg841.m:

```
x=[17.3, 16.6, 17.9, 18.2, 17.4, 16.3 , 18.5, 17.2, 18.1];
alpha=0.01;
[h1, sig1]=ttest(x, 18, alpha)
n=length(x);
s2=var(x);
sigma=0.3;
chi=(n-1)*s2/(sigma^2);
right=chi2inv(1-alpha, n-1);
sig2=1-chi2cdf(chi, n-1);
if (chi<right)
    h2=0
sig2
    else
       h2=1
       sig2
end
```

在 MATLAB 命令窗口输入:

```
eg841
```

运行结果:

```
h1 =

    0

sig1 =

  0.077744555505553

h2 =

    1

sig2 =

  6.677295405488337e-08
```

结果表明: 尽管接受了均值的原假设, 即金店的产品均值为 18K, 但由于 h2=1, 以及 sig 远小于 0.01, 说明拒绝方差的原假设, 因而, 可认为金店的产品存在质量问题.

例 8.4.2(男生身高分布规律分析实验)   随机抽查某校 100 名男生并测得身高数据(单位: cm)如下:

172 183 168 176 166 174 172 174 167 169 168 171 171 181 175

170 172 178 181 164 173 184 171 180 170 183 168 181 178 171

176 178 178 175 171 184 169 171 174 178 173 175 182 168 169

172 179 172 171 187 173 177 168 176 165 172 182 175 185 191

169 175 174 175 182 183 169 182 170 180 178 172 169 185 171

176 169 172 184 183 174 178 179 172 172 173 166 175 165 182

173 174 159 176 182 179 183 167 180 166.

试统计分析该校男生身高的分布规律.

解 该问题是根据统计数据来判断总体分布的, 先调用函数 hist 给出数据的频数直方图, 判断总体近似服从的分布, 然后绘出该分布的概率图, 并进行总体分布检验, 最后进行参数估计以及参数假设检验.

(1)在 M 文件编辑器中输入数据, 并保存为 M 文件 "sgdata. m".

sg=[172 183 168 ……167 180 166];

(2)做频数直方图如图 8.1 所示.

```
>> sgdata
>> x=sg;
>> hist(x, 10)
```

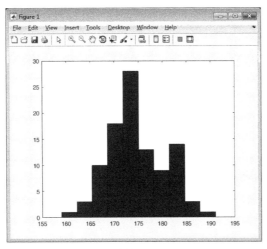

图 8.1

由频数直方图可以看出, 男生身高可能近似服从正态分布.

(3) 身高总体分布正态性检验.

```
>> normplot(x)
>> [H, P, JBSTAT, CV]=jbtest(x, 0.05)
```

程序运行结果如图 8.2 所示.

```
H =
    0
P =
   0.467296579275057
JBSTAT =
   1.228530388282307
CV =
   5.431400000000000
```

结果表明: 100 个离散点非常靠近直线, 如图 8.2 所示, 并由正态拟合检验说明了该校男生身高近似服从正态分布.

(4) 参数估计

```
>> [mu, sigma, muci, sigmaci]=normfit(x)
```

程序运行结果:

```
mu =
    1.747000000000000e+02
sigma =
   5.958611457802101
```

```
muci =
   1.0e+02 *
   1.735176822137512
   1.758823177862488
sigmaci =
   5.231701649052182
   6.921971486443711
```

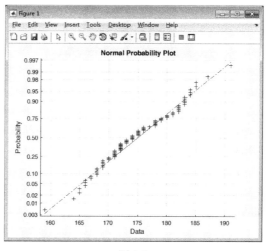

图 8.2

结果表明: 该校男生身高的均值为 174.7, 标准差为 5.9586, 均值的置信水平为 0.95 的置信区间为(173.5177, 175.8823), 标准差的置信水平为 0.95 的置信区间为(5.2317, 6.9220).

(5)假设检验

均值检验: 在方差未知的情况下, 检验其均值是否为 174.7;

方差检验: 在均值未知的情况下, 检验其标准差是否为 5.9586.

在 M 文件编辑器中输下列代码, 并保存为 M 文件 "eg842. m":

```
[h1, sig1, ci1]=ttest(x, 174.7)
alpha=0.05;
n=length(x);
s2=var(x);
sigma=5.9586;
chi=(n-1)*s2/(sigma^2);
right=chi2inv(1-alpha/2, n-1);
```

```
left=chi2inv(alpha/2, n-1);
sig2=2*(1-chi2cdf(chi, n-1));
if (chi<right)&(chi>left)
h2=0
sig2
else
h2=1
sig2
end
```

运行 eg842. m 结果:

```
h1 =
     0
sig1 =
     1
ci1 =
   1.0e+02 *
   1.735176822137512    1.758823177862488
h2 =
     0
sig2 =
   0.962172272289517
```

结果表明: 接受身高均值为 174.7 和标准差为 5.9586 的原假设.

习 题 答 案

习题 1.1

（A）

1. (1) $\Omega = \left\{\dfrac{i}{n} \middle| i = 0, 1, 2, \cdots, 100n\right\}$;

(2) $\Omega = \{00, 100, 0100, 0101, 0110, 1100, 1010, 0111, 1011, 1101, 1110, 1111\}$;

(3) $\Omega = \{5, 6, 7, \cdots\}$.

2. (1) $AB\overline{C}$ 或 $AB - C$; (2) $\overline{A} \cup \overline{B} \cup \overline{C}$; (3) $AB \cup BC \cup AC$; (4) ABC; (5) $\overline{A}\overline{B}\overline{C}$.

3. (1) $\left\{x \middle| \dfrac{1}{4} \leqslant x \leqslant \dfrac{3}{2}\right\}$; (2) $\left\{x \middle| \dfrac{1}{4} \leqslant x \leqslant \dfrac{1}{2} \text{或} 1 < x \leqslant \dfrac{3}{2}\right\}$; (3) $\varnothing$;

(4) $\left\{x \middle| x < \dfrac{1}{4} \text{或} \dfrac{1}{2} < x \leqslant 1 \text{或} x > \dfrac{3}{2}\right\}$.

4. (1) $A_1 \cup A_2$; (2) $A_1\overline{A}_2\overline{A}_3$; (3) $A_1 A_2 A_3$; (4) $\overline{A}_1 \cup \overline{A}_2 \cup \overline{A}_3$; (5) $A_1 A_2 \overline{A}_3 \cup A_1 \overline{A}_2 A_3 \cup \overline{A}_1 A_2 A_3$.

5. (1) $A\overline{B}$ 或 $A - B$; (2) A; (3) $AB\overline{C}$.

习题 1.2

（A）

1. (1) 0.4; (2) 0.6; (3) 0.2; (4) 0.4. 2. 0.7. 3. $\dfrac{1}{2}$. 4. 0.95.

5. 0.5. 6. $P(B) = 1 - p$. 7. 0.3. 8. 0.3.

（B）

1. $P(A \cup B \cup C) = \dfrac{5}{8}$.

习题 1.3

（A）

1. (1) $\dfrac{28}{45}$; (2) $\dfrac{1}{45}$; (3) $\dfrac{16}{45}$; (4) $\dfrac{1}{5}$. 2. (1) $\dfrac{113}{126}$; (2) $\dfrac{1}{12}$.

3. (1) $\dfrac{C_{400}^{90} C_{1100}^{110}}{C_{1500}^{200}}$; (2) $1 - \dfrac{C_{1100}^{200} + C_{400}^{1} C_{1100}^{199}}{C_{1500}^{200}}$.

4. $\dfrac{252}{2431}$. 5. 0.0846 6. $\dfrac{2}{5}$. 7. $\dfrac{3}{8}$, $\dfrac{9}{16}$, $\dfrac{1}{16}$.

8. (1) $\dfrac{1}{12}$; (2) $\dfrac{1}{20}$. 9. $\dfrac{7}{16}$. 10. $\dfrac{17}{25}$.

(B)

1. $\dfrac{1}{1260}$. 2. (1) $\dfrac{25}{91}$; (2) $\dfrac{6}{91}$. 3. $\dfrac{1}{42}$. 4. $\dfrac{3}{4}$. 5. $\dfrac{1}{2} + \dfrac{1}{\pi}$.

习题 1.4

(A)

1. $\dfrac{1}{3}$. 2. $\dfrac{1}{2}$. 3. $\dfrac{1}{3}$. 4. $\dfrac{3}{8}$. 5. $\dfrac{3}{200}$. 6. 0.435. 7. $\dfrac{25}{69}$, $\dfrac{28}{69}$, $\dfrac{16}{69}$.

8. (1) 0.52; (2) $\dfrac{12}{13}$. 9. (1) 0.785; (2) 0.372. 10. (1) $\dfrac{3}{2} p - \dfrac{1}{2} p^2$; (2) $\dfrac{2p}{p+1}$.

(B)

1. 0.25. 2. 1. 3. 0.72. 4. (1) 0.943; (2) 0.85. 5. (1) $\dfrac{1}{4}$; (2) $\dfrac{3}{10}$.

习题 1.5

(A)

1. (1) 0.72; (2) 0.98; (3) 0.26. 2. 9.693%. 3. 0.7075. 4. 0.0512. 5. 0.104.

6. (1) $\dfrac{255}{256}$; (2) $\dfrac{27}{128}$; (3) $\dfrac{81}{256}$. 7. $p + q - pq$, $1 - q + pq$, $1 - pq$.

8. (1) 0.56; (2) 0.24; (3) 0.14. 9. $\dfrac{1}{3}$. 10. (1) $\dfrac{5}{9}$; (2) $\dfrac{16}{63}$.

(B)

3. $3p^2(1-p)^2$. 4. $\dfrac{2}{3}$. 5. (1) 0.94^n; (2) $C_n^2 0.06^2 0.94^{n-2}$; (3) $1 - n \cdot 0.06 \cdot 0.94^{n-1} - 0.94^n$.

习题 2.1

(A)

1. (1) $\dfrac{1}{5}$; (2) $\dfrac{2}{5}$; (3) $\dfrac{3}{5}$. 2. $C = \dfrac{16}{31}$; (1) $\dfrac{28}{31}$; (2) $\dfrac{12}{31}$.

3.

X	20	5	0
P	0.0002	0.0010	0.9988

4.

X	0	1	2
P	$\dfrac{22}{35}$	$\dfrac{12}{35}$	$\dfrac{1}{35}$

5.（1）

X	1	2	3	$\cdots$	i	$\cdots$
P	$\dfrac{10}{13}$	$\dfrac{3}{13}\cdot\dfrac{10}{13}$	$\left(\dfrac{3}{13}\right)^2\cdot\dfrac{10}{13}$	$\cdots$	$\left(\dfrac{3}{13}\right)^{i-1}\cdot\dfrac{10}{13}$	$\cdots$

（2）

X	1	2	3	4
P	$\dfrac{10}{13}$	$\dfrac{3}{13}\cdot\dfrac{10}{12}$	$\dfrac{3}{13}\cdot\dfrac{2}{12}\cdot\dfrac{10}{11}$	$\dfrac{3}{13}\cdot\dfrac{2}{12}\cdot\dfrac{1}{11}$

（3）

X	1	2	3	4
P	$\dfrac{10}{13}$	$\dfrac{3}{13}\cdot\dfrac{11}{13}$	$\dfrac{3}{13}\cdot\dfrac{2}{13}\cdot\dfrac{12}{13}$	$\dfrac{3}{13}\cdot\dfrac{2}{13}\cdot\dfrac{1}{13}$

6. $P(A)=\dfrac{1}{3}$.　7. $n=7$.　8. $\dfrac{1}{2}$;　$\dfrac{15}{64}$.

9.（1）0.0298;　（2）0.5665.　10. 9.　11. 0.004679.

(B)

1. $\dfrac{2}{3}\mathrm{e}^{-2},1-3\mathrm{e}^{-2}$. 2. $\dfrac{19}{27}$.　3. 0.0043.

4.（1）$P\{X=k\}=(1-p)^{k-1}p,\ k=1,2,3,\cdots$;　（2）$P\{Y=k\}=(1-p)^{k}p,\ k=0,1,2,\cdots$.

习题 2.2

(A)

1.（1）$F(x)=\begin{cases}0, & x<-1,\\ 0.2, & -1\leqslant x<1,\\ 0.7, & 1\leqslant x<3,\\ 1, & x\geqslant3;\end{cases}$ 　（2）$P\left\{X>\dfrac{1}{2}\right\}=0.8$;　（3）$P\{-1\leqslant X\leqslant3\}=1$.

2. $F(x)=\begin{cases}0, & x<0,\\ 1-p, & 0\leqslant x<1,\ \text{图形略}.\\ 1, & x\geqslant1.\end{cases}$

3.（1）$1-\mathrm{e}^{-1.2}$;　（2）$\mathrm{e}^{-1.2}-\mathrm{e}^{-1.6}$.　4.（1）$A=1$;　（2）$\mathrm{e}^{-1}-\mathrm{e}^{-3}$.

5.

X	0	2	4
P	0.2	0.3	0.5

(B)

1. $a-b=1$.　2. (1) $A=1$;　(2) 0.4.　3. $\dfrac{1}{2}-\mathrm{e}^{-1}$.

习题 2.3

(A)

1. $F(x)=\begin{cases} 0, & x<1, \\ 2\left(x+\dfrac{1}{x}-2\right), & 1\leqslant x<2, \\ 1, & x\geqslant 2. \end{cases}$　2. (1) 1;　(2) $F(x)=\begin{cases} 0, & x<0, \\ x^2, & 0\leqslant x<1, \\ 1, & x\geqslant 1. \end{cases}$

3. (1) 4; (2) $\sqrt[4]{\dfrac{1}{2}}$.　4. (1) $f(x)=\begin{cases} \dfrac{1}{x}, & 1<x<\mathrm{e}, \\ 0, & 其他; \end{cases}$　(2) $\ln 2$;　(3) 1.

5. (1) $A=\dfrac{1}{2}$, $B=\dfrac{1}{\pi}$;　(2) $\dfrac{1}{2}$;　(3) $\dfrac{1}{\pi(1+x^2)}$, $-\infty<x<+\infty$.

6. 0.8.　7. 0.0456.　8. (1) 0.1587;　(2) 0.8192.　9. $\dfrac{20}{27}$.　10. (1) e^{-2};　(2) 0.8617.

(B)

1. (1) $\dfrac{1}{2}$;　(2) $\dfrac{1}{2}-\dfrac{1}{2}\mathrm{e}^{-1}$;　(3) $F(x)=\begin{cases} \dfrac{1}{2}\mathrm{e}^{x}, & x<0, \\ 1-\dfrac{1}{2}\mathrm{e}^{-x}, & x\geqslant 0. \end{cases}$

2. $k\in[1,3]$.　3. $2a+3b=4$.　4. 4.　5. 0.6826.　6. (1) $P_1\approx 0.0642$;　(2) $P_2\approx 0.009$.

习题 2.4

(A)

1. (1)

$X+2$	0	$\dfrac{3}{2}$	2	4	6
P	$\dfrac{1}{8}$	$\dfrac{1}{4}$	$\dfrac{1}{8}$	$\dfrac{1}{6}$	$\dfrac{1}{3}$

(2)

$-X+1$	-3	-1	1	$\dfrac{3}{2}$	3
P	$\dfrac{1}{3}$	$\dfrac{1}{6}$	$\dfrac{1}{8}$	$\dfrac{1}{4}$	$\dfrac{1}{8}$

(3)

X^2	0	$\dfrac{1}{4}$	4	16
P	$\dfrac{1}{8}$	$\dfrac{1}{4}$	$\dfrac{7}{24}$	$\dfrac{1}{3}$

2.

Y	0	1
P	$2\mathrm{e}^{-1}$	$1-2\mathrm{e}^{-1}$

3. $f_Y(y) = \begin{cases} \dfrac{1}{y}, & 1 < y < \mathrm{e}, \\ 0, & \text{其他.} \end{cases}$

4. (1) $f(y) = \begin{cases} \dfrac{y}{2}, & 0 < y < 2, \\ 0, & \text{其他.} \end{cases}$　(2) $f(y) = \begin{cases} 2(1-y), & 0 < y < 1, \\ 0, & \text{其他.} \end{cases}$　(3) $f(y) = \begin{cases} 1, & 0 < y < 1, \\ 0, & \text{其他.} \end{cases}$

5. $f_Y(y) = \begin{cases} \dfrac{1}{2\sqrt{y}}\mathrm{e}^{-\sqrt{y}}, & y > 0, \\ 0, & \text{其他.} \end{cases}$　6. $f_Y(y) = \begin{cases} \dfrac{1}{y^2}, & y > 1, \\ 0, & \text{其他.} \end{cases}$

7. $f_Y(y) = \begin{cases} \dfrac{1}{2\sqrt{\pi(y-1)}}\mathrm{e}^{-(y-1)/4}, & y > 1, \\ 0, & \text{其他.} \end{cases}$

8.

Y	-1	0	1
P	$\dfrac{1}{3}$	0	$\dfrac{2}{3}$

(B)

1. $f_Y(y) = \begin{cases} \sqrt{\dfrac{2}{\pi}}\mathrm{e}^{-\frac{1}{2}y^2}, & y > 0. \\ 0, & y \leqslant 0. \end{cases}$　2. $f_Y(y) = \begin{cases} \dfrac{1}{\sqrt{\pi y}}, & \dfrac{25}{4}\pi < y < 9\pi, \\ 0, & \text{其他.} \end{cases}$

3. $f_Y(y) = \begin{cases} \dfrac{2}{\pi\sqrt{1-y^2}}, & 0 < y < 1, \\ 0, & \text{其他.} \end{cases}$　4. (1) $F(x) = \begin{cases} 0, & x < -1, \\ \dfrac{5x+7}{16}, & -1 \leqslant x < 1, \\ 1, & x \geqslant 1; \end{cases}$　(2) $\dfrac{7}{16}$.

习题 3.2

(A)

1.

X \ Y	0	$\frac{1}{3}$	1
-1	0	$\frac{1}{12}$	$\frac{1}{3}$
0	$\frac{1}{6}$	0	0
2	$\frac{5}{12}$	0	0

2. (1)

X \ Y	0	1
0	$\frac{16}{25}$	$\frac{4}{25}$
1	$\frac{4}{25}$	$\frac{1}{25}$

(2)

X \ Y	0	1
0	$\frac{28}{45}$	$\frac{8}{45}$
1	$\frac{8}{45}$	$\frac{1}{45}$

3.

X \ Y	0	1	2	3
0	0	0	$\frac{21}{120}$	$\frac{35}{120}$
1	0	$\frac{14}{120}$	$\frac{42}{120}$	0
2	$\frac{1}{120}$	$\frac{7}{120}$	0	0

4.

X \ Y	1	2
0	$\frac{1}{4}$	0
1	$\frac{1}{4}$	$\frac{1}{2}$

5.

X \ Y	1	2	3
0	0	$\frac{1}{6}$	$\frac{1}{12}$
1	$\frac{1}{6}$	$\frac{1}{6}$	$\frac{1}{6}$
2	$\frac{1}{12}$	$\frac{1}{6}$	0

6.

X \ Y	0	1
0	$\frac{5}{8}$	$\frac{1}{8}$
1	$\frac{1}{8}$	$\frac{1}{8}$

7. $a = \dfrac{1}{3}$.

(B)

1.

X＼Y	0	1	2
0	0	0	$\dfrac{1}{35}$
1	0	$\dfrac{6}{35}$	$\dfrac{6}{35}$
2	$\dfrac{3}{35}$	$\dfrac{12}{35}$	$\dfrac{3}{35}$
3	$\dfrac{2}{35}$	$\dfrac{2}{35}$	0

2.

X＼Y	0	1	2	3
0	$\dfrac{1}{8}$	$\dfrac{1}{8}$	0	0
1	0	$\dfrac{2}{8}$	$\dfrac{2}{8}$	0
2	0	0	$\dfrac{1}{8}$	$\dfrac{1}{8}$

3.

X＼Y	2	3	4	5
1	$\dfrac{1}{10}$	$\dfrac{1}{10}$	$\dfrac{1}{10}$	$\dfrac{1}{10}$
2	0	$\dfrac{1}{10}$	$\dfrac{1}{10}$	$\dfrac{1}{10}$
3	0	0	$\dfrac{1}{10}$	$\dfrac{1}{10}$
4	0	0	0	$\dfrac{1}{10}$

习题 3.3

(A)

1. (1) 8;   (2) $\dfrac{2}{3}$.   2. $f(x,y) = \begin{cases} 1, & 0 < x < 1, |y| < x, \\ 0, & \text{其他}. \end{cases}$

3. (1) $\dfrac{1}{8}$;   (2) $\dfrac{3}{8}$;   (3) $\dfrac{27}{32}$;   (4) $\dfrac{2}{3}$.   4. $f(x,y) = \begin{cases} 6\mathrm{e}^{-(2x+3y)}, & x > 0, y > 0, \\ 0, & \text{其他}. \end{cases}$

5. (1) $c = \dfrac{1}{3}$;   (2) $\dfrac{65}{72}$.

(B)

1. $\dfrac{1}{4}$.　2. $\dfrac{5}{8}$.

3. $F(x,y)=\begin{cases}0, & x<0\text{或}y<0,\\ x^{2}, & 0\leqslant x<1,y\geqslant 1,\\ y^{2}, & x\geqslant 1,0\leqslant y<1,\\ x^{2}y^{2}, & 0\leqslant x\leqslant 1,0\leqslant y\leqslant 1,\\ 1, & x\geqslant 1,y\geqslant 1.\end{cases}$

4. $F(x,y)=\begin{cases}0, & x<0\text{或}y<0,\\ \dfrac{x^{3}y}{3}+\dfrac{x^{2}y^{2}}{12}, & 0\leqslant x<1,0\leqslant y<2,\\ \dfrac{x^{2}}{3}+\dfrac{2x^{3}}{3}, & 0\leqslant x<1,y\geqslant 2,\\ \dfrac{y}{3}+\dfrac{y^{2}}{12}, & x\geqslant 1,0\leqslant y<2,\\ 1, & x\geqslant 1,y\geqslant 2.\end{cases}$

习题 3.4

(A)

1. (1) $f(x,y)=\dfrac{6}{\pi^{2}(4+x^{2})(9+y^{2})}$;　(2) $F_{X}(x)=\dfrac{1}{\pi}\left(\dfrac{\pi}{2}+\arctan\dfrac{x}{2}\right)$, $F_{Y}(y)=\dfrac{1}{\pi}\left(\dfrac{\pi}{2}+\arctan\dfrac{y}{3}\right)$;

(3) $f_{X}(x)=\dfrac{2}{\pi(4+x^{2})}$,　$f_{Y}(y)=\dfrac{3}{\pi(9+y^{2})}$.

2.

X	0	1	2
P	$\dfrac{1}{4}$	$\dfrac{1}{4}$	$\dfrac{1}{2}$

Y	-1	1	2
P	$\dfrac{2}{5}$	$\dfrac{1}{5}$	$\dfrac{2}{5}$

3. (1)

X \ Y	0	1	2
0	$\dfrac{16}{81}$	$\dfrac{16}{81}$	$\dfrac{4}{81}$
1	$\dfrac{16}{81}$	$\dfrac{16}{81}$	$\dfrac{4}{81}$
2	$\dfrac{4}{81}$	$\dfrac{4}{81}$	$\dfrac{1}{81}$

(2)

X	0	1	2
P	$\dfrac{36}{81}$	$\dfrac{36}{81}$	$\dfrac{9}{81}$

X	0	1	2
P	$\dfrac{36}{81}$	$\dfrac{36}{81}$	$\dfrac{9}{81}$

(3) $\dfrac{24}{81}$.

4. (1) $f_X(x) = \begin{cases} 4x - 4x^3, & 0 < x < 1, \\ 0, & \text{其他}; \end{cases}$ $f_Y(y) = \begin{cases} 4y^3, & 0 < y < 1, \\ 0, & \text{其他}. \end{cases}$ (2) $\dfrac{1}{6}$.

5. (1) 6; (2) $f_X(x) = \begin{cases} 2\mathrm{e}^{-2x}, & x > 0, \\ 0, & \text{其他}. \end{cases}$ (3) $1 - 3\mathrm{e}^{-4} + 2\mathrm{e}^{-6}$.

6.

X \ Y	0	1	
0	$\dfrac{3}{10}$	$\dfrac{3}{10}$	$\dfrac{3}{5}$
1	$\dfrac{3}{10}$	$\dfrac{1}{10}$	$\dfrac{2}{5}$
	$\dfrac{3}{5}$	$\dfrac{2}{5}$	

X, Y 的边缘分布律为

X	0	1
P	$\dfrac{3}{5}$	$\dfrac{2}{5}$

Y	0	1
P	$\dfrac{3}{5}$	$\dfrac{2}{5}$

7. $f(x,y) = \begin{cases} 4, & (x,y) \in D, \\ 0, & \text{其他}, \end{cases}$

$$F(x,y) = \begin{cases} 0, & x < -\dfrac{1}{2} \text{ 或 } y < 0, \\ 4xy - y^2 + 2y, & -\dfrac{1}{2} \leqslant x < 0 \text{ 且 } 0 \leqslant y < 2x+1, \\ 4x^2 + 4x + 1, & -\dfrac{1}{2} \leqslant x < 0 \text{ 且 } y \geqslant 2x+1, \\ 2y - y^2, & x \geqslant 0 \text{ 且 } 0 \leqslant y < 1, \\ 1, & x \geqslant 0 \text{ 且 } y \geqslant 1. \end{cases}$$

8. $f_X(x) = \begin{cases} 4(2x+1), & -\dfrac{1}{2} < x < 0, \\ 0, & \text{其他}, \end{cases}$ $f_Y(y) = \begin{cases} 2(1-y), & 0 < y < 1, \\ 0, & \text{其他}. \end{cases}$

9. $f_X(x) = \begin{cases} 2.4x^2(2-x), & 0 < x < 1, \\ 0, & \text{其他}, \end{cases}$ $f_Y(y) = \begin{cases} 2.4y(3 - 4y + y^2), & 0 < y < 1, \\ 0, & \text{其他}. \end{cases}$

(B)

1. (1)

X \ Y	0	1	2
0	$\dfrac{3}{15}$	$\dfrac{6}{15}$	$\dfrac{1}{15}$
1	$\dfrac{3}{15}$	$\dfrac{2}{15}$	0

(2)

X	0	1
P	$\dfrac{2}{3}$	$\dfrac{1}{3}$

Y	0	1	2
P	$\dfrac{6}{15}$	$\dfrac{8}{15}$	$\dfrac{1}{15}$

2. (1) $f(x,y)=\begin{cases}\dfrac{1}{2}, & (x,y)\in D,\\ 0, & \text{其他},\end{cases}$ (2) $f_X(x)=\begin{cases}\dfrac{1}{2x}, & 1\leqslant x\leqslant \mathrm{e}^2,\\ 0, & \text{其他},\end{cases}$ (3) $f_X(2)=\dfrac{1}{4}$.

习题 3.5

(A)

1. (1)

X	0	1	2
P	0.3	0.45	0.25

Y	−1	0	2
P	0.55	0.25	0.2

(2)不独立.

2.

X \ Y	−0.5	1	3
−2	$\dfrac{1}{8}$	$\dfrac{1}{16}$	$\dfrac{1}{16}$
−1	$\dfrac{1}{6}$	$\dfrac{1}{12}$	$\dfrac{1}{12}$
0	$\dfrac{1}{24}$	$\dfrac{1}{48}$	$\dfrac{1}{48}$
0.5	$\dfrac{1}{6}$	$\dfrac{1}{12}$	$\dfrac{1}{12}$

3. $f(x,y) = \begin{cases} 25e^{-5y}, & 0 < x < 0.2, y > 0, \\ 0, & 其他; \end{cases}$　　e^{-1}.

4. (1) $k = 12$;　　(2) $(1-e^{-3})(1-e^{-8})$;　　(3)X 与 Y 相互独立.

5. (1) 24;

(2) $f_X(x) = \begin{cases} 12(1-x)x^2, & 0 < x < 1, \\ 0, & 其他. \end{cases}$　　$f_Y(y) = \begin{cases} 12y(1-y)^2, & 0 < y < 1, \\ 0, & 其他; \end{cases}$

(3) 不独立.

6.

X＼Y	−0.5	1	3
−2	$\dfrac{1}{8}$	$\dfrac{1}{16}$	$\dfrac{1}{16}$
−1	$\dfrac{1}{6}$	$\dfrac{1}{12}$	$\dfrac{1}{12}$
0	$\dfrac{1}{24}$	$\dfrac{1}{48}$	$\dfrac{1}{48}$
0.5	$\dfrac{1}{6}$	$\dfrac{1}{12}$	$\dfrac{1}{12}$

7. (1) $f(x,y) = \begin{cases} 25e^{-5y}, & 0 < x < 0.2, y > 0, \\ 0, & 其他; \end{cases}$　　(2) e^{-1}.

8. (1) $f_X(x) = \begin{cases} 2 - 2x, & 0 \leqslant x \leqslant 1, \\ 0, & 其他; \end{cases}$　　$f_Y(x) = \begin{cases} 1 - \dfrac{y}{2}, & 0 \leqslant y \leqslant 2, \\ 0, & 其他; \end{cases}$　　(2)略; (3) $\dfrac{1}{3}$.

(B)

1. (1) $X \sim B(2, 0.2)$, $Y \sim B(2, 0.5)$,

X	0	1	2
P	0.64	0.32	0.04

Y	0	1	2
P	0.25	0.50	0.25

(2)

X＼Y	0	1	2
0	0.16	0.32	0.16
1	0.08	0.16	0.08
2	0.01	0.02	0.01

2. (1) X 与 Y 相互独立; (2) $\alpha = e^{-0.1}$.

3. (1) $f(x,y)=\begin{cases}\dfrac{3}{4}, & 0\leqslant x\leqslant 1, y^2\leqslant x,\\ 0, & \text{其他};\end{cases}$

(2) $f_X(x)=\begin{cases}\dfrac{3}{2}\sqrt{x}, & 0\leqslant x\leqslant 1,\\ 0, & \text{其他},\end{cases}$ $\qquad f_Y(y)=\begin{cases}\dfrac{3}{4}(1-y^2), & -1\leqslant y\leqslant 1,\\ 0, & \text{其他},\end{cases}$ $\qquad X$ 与 Y 不独立;

(3) $\dfrac{1}{8}$, $\dfrac{27}{32}$, $\dfrac{1}{8}$.

习题 3.6

(A)

1. (1)

X \ Y	1	2	3
1	0	$\dfrac{1}{6}$	$\dfrac{1}{12}$
2	$\dfrac{1}{6}$	$\dfrac{1}{6}$	$\dfrac{1}{6}$
3	$\dfrac{1}{12}$	$\dfrac{1}{6}$	0

(2) $\dfrac{1}{6}$;

(3)

$X\mid Y=2$	1	2	3
P	$\dfrac{1}{3}$	$\dfrac{1}{3}$	$\dfrac{1}{3}$

2. (1) $a=\dfrac{14}{25}$, $b=\dfrac{3}{25}$;   (2) 不互相独立.

3. $f_{X\mid Y}(x\mid y)=\begin{cases}\dfrac{1}{2\sqrt{1-y^2}}, & |x|\leqslant\sqrt{1-y^2},\\ 0, & \text{其他}.\end{cases}$ $\qquad f_{Y\mid X}(y\mid x)=\begin{cases}\dfrac{1}{2\sqrt{1-x^2}}, & |y|\leqslant\sqrt{1-x^2},\\ 0, & \text{其他}.\end{cases}$

4. (1) $c=\dfrac{21}{4}$.

(2) $f_X(x)=\begin{cases}\dfrac{21}{8}x^2(1-x^4), & -1\leqslant x\leqslant 1,\\ 0, & \text{其他};\end{cases}$ $\qquad f_Y(y)=\begin{cases}\dfrac{7}{2}y^{\frac{5}{2}}, & 0\leqslant y\leqslant 1,\\ 0, & \text{其他}.\end{cases}$

(3) 当 $0 < y \leqslant 1$ 时，$f_{X|Y}(x \mid y) = \begin{cases} \dfrac{3}{2}x^2 y^{-\frac{3}{2}}, & |x| < \sqrt{y}, \\ 0, & \text{其他}; \end{cases}$　$f_{X|Y}\left(x \mid y = \dfrac{1}{2}\right) = \begin{cases} 3\sqrt{2}x^2, & |x| < \dfrac{1}{\sqrt{2}}, \\ 0, & \text{其他}. \end{cases}$

(4) 当 $-1 < x < 1$ 时，$f_{Y|X}(y \mid x) = \begin{cases} \dfrac{2y}{1-x^4}, & x^2 < y < 1, \\ 0, & \text{其他}; \end{cases}$　$f_{Y|X}\left(y \mid x = \dfrac{1}{2}\right) = \begin{cases} \dfrac{32}{15}y, & \dfrac{1}{4} < y < 1, \\ 0, & \text{其他}. \end{cases}$

(5) 1，$\dfrac{7}{15}$.

5. (1)

X \\ Y	1	2	3
1	$\dfrac{1}{12}$	$\dfrac{1}{12}$	$\dfrac{1}{12}$
2	$\dfrac{1}{6}$	$\dfrac{1}{12}$	0
3	$\dfrac{1}{6}$	$\dfrac{1}{12}$	0
4	$\dfrac{1}{12}$	$\dfrac{1}{12}$	$\dfrac{1}{12}$

(2)

X	1	2	3	4
P	$\dfrac{1}{4}$	$\dfrac{1}{4}$	$\dfrac{1}{4}$	$\dfrac{1}{4}$

Y	1	2	3
P	$\dfrac{1}{2}$	$\dfrac{1}{3}$	$\dfrac{1}{6}$

(3)

$Y \mid X = 4$	1	2	3
P	$\dfrac{1}{3}$	$\dfrac{1}{3}$	$\dfrac{1}{3}$

$X \mid Y = 3$	1	4
P	$\dfrac{1}{2}$	$\dfrac{1}{2}$

6. (1) $f(x,y) = \begin{cases} \dfrac{3}{4}, & 0 \leqslant y \leqslant 1-x^2, \\ 0, & \text{其他}. \end{cases}$

(2) $f_X(x) = \begin{cases} \dfrac{3(1-x^2)}{4}, & -1 < x < 1, \\ 0, & \text{其他}; \end{cases}$　$f_Y(y) = \begin{cases} \dfrac{3}{2}\sqrt{1-y}, & 0 < y < 1, \\ 0, & \text{其他}. \end{cases}$

(3) $f_{Y|X}\left(y \mid -\dfrac{1}{2}\right) = \begin{cases} \dfrac{4}{3}, & 0 < y < \dfrac{3}{4}, \\ 0, & \text{其他}; \end{cases}$　$f_{X|Y}\left(x \mid \dfrac{1}{2}\right) = \begin{cases} \dfrac{\sqrt{2}}{2}, & -\dfrac{\sqrt{2}}{2} < x < \dfrac{\sqrt{2}}{2}, \\ 0, & \text{其他}. \end{cases}$

(4) $\dfrac{\sqrt{2}}{2}$.

7. $\dfrac{1}{4}$.

8. $f_{X|Y}(x|y) = \dfrac{f(x,y)}{f_Y(y)} = \begin{cases} \dfrac{1}{1-|y|}, & |y| < x < 1, \\ 0, & 其他, \end{cases}$ $f_{Y|X}(y|x) = \dfrac{f(x,y)}{f_X(x)} = \begin{cases} \dfrac{1}{2x}, & |y| < x, \\ 0, & 其他. \end{cases}$

(B)

1. $f_Y(y) = \begin{cases} -\ln(1-y), & 0 < y < 1, \\ 0, & 其他. \end{cases}$

2. (1) $P\{X=1 \mid Z=0\} = \dfrac{4}{9}$;

(2)

X＼Y	0	1	2
0	$\dfrac{9}{36}$	$\dfrac{12}{36}$	$\dfrac{4}{36}$
1	$\dfrac{6}{36}$	$\dfrac{4}{36}$	0
2	$\dfrac{1}{36}$	0	0

3. (1) $f_{Y|X}(y|x) = \begin{cases} \dfrac{1}{x}, & 0 < y < x, \\ 0, & 其他; \end{cases}$ (2) $P\{X \leqslant 1 \mid Y \leqslant 1\} = \dfrac{e-2}{e-1}$.

习题 3.7

(A)

1.

Z	3	5	7
P	0.18	0.54	0.28

2. (1)

X+Y	2	3	4	5
P	$\dfrac{1}{4}$	$\dfrac{3}{8}$	$\dfrac{1}{4}$	$\dfrac{1}{8}$

(2)

X−Y	−2	−1	0	1	2
P	$\dfrac{1}{8}$	$\dfrac{1}{4}$	$\dfrac{1}{4}$	$\dfrac{1}{4}$	$\dfrac{1}{8}$

(3)

$2X$	2	4	6
P	$\dfrac{5}{8}$	$\dfrac{1}{8}$	$\dfrac{1}{4}$

(4)

XY	1	2	3	6
P	$\dfrac{1}{4}$	$\dfrac{3}{8}$	$\dfrac{1}{4}$	$\dfrac{1}{8}$

3. $f_Z(z) = \begin{cases} \mathrm{e}^{-\frac{z}{3}}(1-\mathrm{e}^{-\frac{z}{6}}), & z > 0, \\ 0, & z \leqslant 0. \end{cases}$　　4. $f_Z(z) = \begin{cases} 0, & z \leqslant 0, \\ 1-\mathrm{e}^{-z}, & 0 < z < 1, \\ \mathrm{e}^{-z}(\mathrm{e}-1), & z \geqslant 1. \end{cases}$

5. $F_Z(z) = F^2(z)$.　　6. $\dfrac{7}{8}$.　　7. $\dfrac{1}{9}$.　　8. 0.1578^4.

9. (1)

U	1	2	3
P	$\dfrac{1}{9}$	$\dfrac{1}{3}$	$\dfrac{5}{9}$

(2)

V	1	2	3
P	$\dfrac{5}{9}$	$\dfrac{1}{3}$	$\dfrac{1}{9}$

10. (1)

U	1	2	3
P	$\dfrac{1}{6}$	$\dfrac{2}{3}$	$\dfrac{1}{6}$

(2)

V	1	2
P	$\dfrac{2}{3}$	$\dfrac{1}{3}$

(3)

Z	2	3	4	5
P	$\dfrac{1}{6}$	$\dfrac{4}{9}$	$\dfrac{5}{18}$	$\dfrac{1}{9}$

11. (1) $f_Z(z) = \begin{cases} \left(\dfrac{z}{2}-1\right)\mathrm{e}^{-\frac{z}{2}}+\mathrm{e}^{-z}, & z > 0, \\ 0, & z \leqslant 0; \end{cases}$　　(2) $f_V(v) = F'_V(v) = \begin{cases} v\mathrm{e}^{-v}, & v > 0, \\ 0, & v \leqslant 0. \end{cases}$

(B)

1. (1) $b = \dfrac{1}{1-\mathrm{e}^{-1}}$.　(2) $f_X(x) = \begin{cases} \dfrac{\mathrm{e}^{-x}}{1-\mathrm{e}^{-1}}, & 0 < x < 1, \\ 0, & 其他; \end{cases}$　$f_Y(y) = \begin{cases} \mathrm{e}^{-y}, & y > 0, \\ 0, & 其他. \end{cases}$

(3) $F_U(u) = \begin{cases} 0, & u < 0, \\ \dfrac{(1-\mathrm{e}^{-u})^2}{1-\mathrm{e}^{-1}}, & 0 \leqslant u < 1, \\ 1-\mathrm{e}^{-u}, & u \geqslant 1. \end{cases}$

2. $a = 0.4$，$b = 0.1$.　3. (1) $\dfrac{7}{24}$;　(2) $f_Z(z) = \begin{cases} 0, & 其他, \\ 2z-z^2, & 0 < z \leqslant 1, \\ z^2-4z+4, & 1 < z \leqslant 2. \end{cases}$

4. $g(u) = 0.3 \cdot f_Y(u-1) + 0.7 \cdot f_Y(u-2)$.　5. $f_Z(z) = \begin{cases} \dfrac{1}{3}, & -1 < z < 2, \\ 0, & 其他. \end{cases}$

6.

X \ Y	1	2	3
1	$\dfrac{1}{9}$	0	0
2	$\dfrac{2}{9}$	$\dfrac{1}{9}$	0
3	$\dfrac{2}{9}$	$\dfrac{2}{9}$	$\dfrac{1}{9}$

习题 4.1

(A)

1. $\dfrac{3}{10}$.　2. (1) -0.2;　(2) 2.8;　(3) 13.4.　3. (1) $\dfrac{1}{3}$;　(2) $\dfrac{2}{3}$;　(3) $\dfrac{35}{24}$.

4. (1) 0.5;　(2) 0.3;　(3) -0.1.　5. 4.　6. (1) 1;　(2) 2;　(3) $\dfrac{4}{3}$.

7. (1) $\dfrac{4}{5}$;　(2) $\dfrac{3}{5}$;　(3) $\dfrac{1}{2}$;　(4) $\dfrac{16}{15}$.　8. (1) $-\dfrac{1}{3}$;　(2) $\dfrac{1}{3}$;　(3) $\dfrac{1}{12}$.

9. (1) $\dfrac{1}{2}$;　(2) 1.　10. (1) $X \sim B\left(3, \dfrac{2}{5}\right)$,

X	0	1	2	3
P	$\dfrac{27}{125}$	$\dfrac{54}{125}$	$\dfrac{36}{125}$	$\dfrac{8}{125}$

(2) $F(X) = \begin{cases} 0, & x < 0, \\ \dfrac{27}{125}, & 0 \leqslant x < 1, \\ \dfrac{81}{125}, & 1 \leqslant x < 2, \\ \dfrac{117}{125}, & 2 \leqslant x < 3, \\ 1, & x \geqslant 3; \end{cases}$ 　(3) $\dfrac{6}{5}$.　11. (1) 0;　(2) 2.

(B)

1. $A = e^{-a}$.　2. 8.784.　3. 1.　4. $\dfrac{1}{\pi}\ln 2 + \dfrac{1}{2}$.　5. (1) $\sqrt[3]{4}$;　(2) $\dfrac{3}{4}$.　6. $a = 3500$.

习题 4.2

(A)

1. 12;　46.　2. $n=8$,　$p=0.3$.　3. 18.4.　4. 0;　5. 5. $\dfrac{5}{16}$.

6. (1) $f_X(x)=\begin{cases}2x, & 0<x<1, \\ 0, & 其他;\end{cases}$　　(2) $\dfrac{2}{9}$.　7. $\dfrac{1}{2}$;　$\dfrac{13}{4}$.　8. $\dfrac{8}{9}$.　9. 11.　10. $\dfrac{1}{3}$,　$\dfrac{1}{18}$.

(B)

1. $\dfrac{1}{2e}$.

2. (1)

X \ Y	-1	1
-1	$\dfrac{1}{4}$	0
1	$\dfrac{1}{2}$	$\dfrac{1}{4}$

(2) 2.

3. 0.6;　0.46.　4. 5.　5. $\lambda=1$或$\lambda=3$.　7. 0,　$\dfrac{1}{2}$.　8. 0,　1.

习题 4.3

(A)

1. (1) 0.25;　(2) 0.21;　(3) -0.05;　(4) $-\dfrac{\sqrt{21}}{21}$.　2. (1) 85;　(2) 37.　3. $\dfrac{7}{25}$.

4. 68.　5. (1) $\dfrac{1}{3}$,　3;　(2) 0.

7. (1) $f_X(x)=\begin{cases}\dfrac{2}{\pi r^2}\sqrt{r^2-x^2}, & |x|\leqslant r, \\ 0, & 其他,\end{cases}$　　$f_Y(y)=\begin{cases}\dfrac{2}{\pi r^2}\sqrt{r^2-y^2}, & |y|\leqslant r, \\ 0, & 其他.\end{cases}$

(B)

1. 0.9.　2. $f_{X|Y}(x\,|\,y)=f_X(x)$.

3. (1) $\dfrac{1}{\sqrt{2\pi}}e^{-\frac{x^2}{2}}$,　$\dfrac{1}{\sqrt{2\pi}}e^{-\frac{y^2}{2}}$,　0;　(2) 对任意点 (x,y),　$f(x,y)\neq f_X(x)\,f_Y(y)$, 故 X 与 Y 不独立.

4. (1)

X_1 \ X_2	0	1
0	$\frac{1}{10}$	$\frac{1}{10}$
1	$\frac{8}{10}$	0

(2) $-\frac{2}{3}$.

5. (1)

X \ Y	0	1
0	$\frac{2}{3}$	$\frac{1}{12}$
1	$\frac{1}{6}$	$\frac{1}{12}$

(2) $\frac{1}{\sqrt{15}}$;

(3)

$X^2 + Y^2$	0	1	2
P	$\frac{2}{3}$	$\frac{1}{4}$	$\frac{1}{12}$

6. 11. 7. 0, 5.

习题 5.1

(A)

1. $\leqslant \frac{1}{2}$. 2. $\leqslant \frac{1}{9}$. 3. $\begin{cases} \lambda = 1, \\ \varepsilon = 3. \end{cases}$

(B)

1. $\leqslant \frac{1}{12}$. 2. $\leqslant \frac{1}{12}$. 3. $\geqslant 1 - \frac{1}{2n}$. 4. $\geqslant \frac{39}{40}$. 5. $\geqslant 0.9475$. 6. $\geqslant \frac{8}{9}$.

习题 5.2

(A)

1. 0.2119. 2. 0.9938. 3. 0. 4. 0.0104. 5. 0.9525. 6. 0.1802.

(B)

1. 98. 2. 441.

习题 6.1

(A)

(1) $P\{X_1 = x_1, X_2 = x_2, \cdots, X_n = x_n\} = \prod_{i=1}^{n} \dfrac{\lambda^i}{i!} \mathrm{e}^{-\lambda} = \mathrm{e}^{-n\lambda} \lambda^{\frac{n(n+1)}{2}} \prod_{i=1}^{n} (i!)^{-1}$;

(2) $f(x_1, x_2, \cdots x_n) \begin{cases} \lambda^n \mathrm{e}^{-\lambda \sum\limits_{i=1}^{n} xi} & x_1 > 0, x_2 > 0, \cdots, x_n > 0, \\ 0, & \text{其他}; \end{cases}$

(3) $f(x_1, x_2, \cdots x_n) = \prod_{i=1}^{n} f(x_i) = \prod_{i=1}^{n} \dfrac{1}{\sqrt{2\pi}\sigma} \mathrm{e}^{\frac{(x_i-\mu)^2}{2\sigma^2}} = (2\pi\sigma^2)^{-\frac{n}{2}} \mathrm{e}^{-\frac{1}{2\sigma^2}\sum\limits_{i=1}^{n}(x_i-\mu)^2}$;

(4) $f(x_1, x_2, \cdots x_n) \begin{cases} \dfrac{1}{\theta^n}, & 0 < x_1, x_2, \cdots, x_n < \theta. \\ 0, & \text{其他.} \end{cases}$

习题 6.2

(A)

1. (1) T_1, T_4 是统计量，T_2, T_3 不是统计量； (2) $\bar{x} = 0.8$，$s^2 = 0.052$，$s = 0.228$.

2. $F_8(x) = \begin{cases} 0, & x \leqslant 1, \\ \dfrac{1}{8}, & 1 < x \leqslant 2, \\ \dfrac{4}{8}, & 2 < x \leqslant 3, \\ \dfrac{7}{8}, & 3 < x \leqslant 4, \\ 1, & x > 4; \end{cases}$

3. 频数分布表为

组距	频数	频率/%	组高
20~30	2	4.00	0.004
30~40	1	2.00	0.002
40~50	2	4.00	0.004
50~60	2	4.00	0.004
60~70	13	26.00	0.026
70~80	8	16.00	0.016
80~90	12	24.00	0.024
90~100	9	18.00	0.018

续表

组距	频数	频率/%	组高
100	1	2.00	0.002
合计	50	1	

图略.

习题 6.3

(A)

1. (1) $t(2)$；　(2) $F(3, n-3)$. 　2. (1) 0.94;　(2) 0.94. 　3. (1) 1.145, 11.071, 2.558, 23.209;

(2) 2.353, 3.365, 1.415, 3.169;　(3) 4.53, 5.89, 0.0937.

4. $\dfrac{1}{3}$. 　5. 0.6744. 　6. 26.105. 　7. 0.9128. 　8. 0.1. 　9. (1) 0.99;　(2) $\dfrac{2\sigma^2}{15}$.

(B)

2. D. 　3. σ^2.

习题 7.1

(A)

1. $\hat{\theta} = \overline{X}$. 　2. 1.69. 　3. $\hat{p} = \dfrac{\overline{X}}{n}$. 　4. $\hat{\lambda} = \dfrac{1}{\bar{x}}$. 　5. $\hat{\theta} = \dfrac{2\overline{X}-1}{1-\overline{X}}$, 　$\hat{\theta} = \dfrac{n + \sum\limits_{i=1}^{n} \ln X_i}{-\sum\limits_{i=1}^{n} \ln X_i}$.

6. $\hat{\theta} = \dfrac{3\overline{X}}{2}$, 　$\hat{\theta} = \max\{x_1, x_2, \cdots, x_n\}$. 　7. $\hat{\theta} = \overline{X} - 1$, 　$\hat{\theta} = \min\{x_1, x_2, \cdots, x_n\}$.

8. $\hat{\theta} = \dfrac{5}{6}$. 　9. $\hat{\theta} = \dfrac{1}{4}$, 　$\hat{\theta} = \dfrac{7 - \sqrt{13}}{12}$.

习题 7.2

(A)

1. θ 的矩估计值为 $\hat{\theta} = 1.2$，是一个无偏估计. 极大似然估计值 $\hat{\theta} = 0.9$，不是 θ 的无偏估计.

2. $k = \dfrac{1}{2(n-1)}$. 　4. $\hat{\mu}_2$ 更有效. 　5. $\hat{\theta}_1$ 更有效.

(B)

1. (1) $F(x) = P\{X \leqslant x\} = \displaystyle\int_{-\infty}^{x} f(t)\mathrm{d}t = \begin{cases} 0, & x \leqslant \theta, \\ 1 - \mathrm{e}^{2(\theta - x)}, & x > \theta; \end{cases}$

(2) $F_{\hat\theta}(x) = 1 - [1 - F(x)]^n = \begin{cases} 0, & x \leqslant \theta, \\ 1 - e^{2(\theta - x)} & x > \theta; \end{cases}$

(3) $\hat\theta$ 不是 θ 的无偏估计.

2. (1) $\hat\theta = 2\bar{X} - \dfrac{1}{2}$.　(2) $4\bar{X}^2$ 不是 θ^2 的无偏估计量.

习题 7.3

(A)

1. (1) $(1464.42, 1491.58)$;　(2) $(1466.60, 1489.40)$.　2. $n \geqslant \dfrac{4\sigma^2(u_{\alpha/2})^2}{L^2}$.　3. $(14.82, 15.08)$.

4. $(54.72, 72.56)$,　$(52.52, 612)$.　5. $(157.6, 182.4)$, $(549, 1742)$.　6. $(-4.15, 0.11)$.

7. $(0.22, 3.60)$.　8. 40529.77.　9. 1.836,　12.22.

习题 8.2

(A)

1. 有显著影响.　2. 成立的.　3. 没有显著地提高产品的质量.　4. 不可以.

习题 8.3

(A)

1. 无显著性的差异.

2. 95%的把握认为施肥的效果有显著性的差异.

3. 以 95%的把握认为此两品种作物产量有显著差别, 并且是第一种作物的产量显著高于第二种作物的产量.

4. 以 95%的把握认为此甲、乙两店的豆是同一种类型的.

5. 以 95%的把握认为甲、乙两台机床加工的精度结果之间无显著性的差异.

6. 以 95%的把握认为生产的纱的均匀度是变劣了.

附录 I　计数原理、排列与组合

一、两个基本计数原理

分类加法计数原理　完成一件事有两类不同方案, 两类不同方案中的方法互不相同, 在第 1 类方案中有 m 种不同的方法, 在第 2 类方案中有 n 种不同的方法, 则完成这件事共有

$$N = m + n$$

种不同的方法.

借助于图形可简单表示如下:

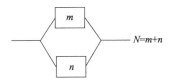

一般地, 做一件事情, 完成它有 n 类不同方案, 在第1类方案中有 m_1 种不同的方法, 在第 2 类方案中有 m_2 种不同的方法, $\cdots$, 在第 n 类方案中有 m_n 种不同的方法, 那么完成这件事情共有

$$N = m_1 + m_2 + \cdots + m_n \tag{1.1}$$

种不同的方法.

分步乘法计数原理　完成一件事需要两个步骤, 无论第 1 步采用哪种方法, 都不影响第 2 步方法的选取, 做第1步有 m 种不同的方法, 做第2步有 n 种不同的方法, 则完成这件事共有

$$N = m \times n$$

种不同的方法.

借助于图形可简单表示如下:

一般地, 做一件事情, 完成它需要分成 n 个步骤, 做第 1 步有 m_1 种不同的方法, 做第 2 步有 m_2 种不同的办法, $\cdots$, 做第 n 步有 m_n 种不同的方法, 那么完成这件事情共有

$$N = m_1 \times m_2 \times \cdots \times m_n \tag{1.2}$$

种不同的方法.

分类加法计数原理和分步乘法计数原理, 回答的都是有关做一件事的不同方法的种数问题. 区别在于:

(1) 分类加法计数原理针对的是 "分类" 问题, 其中各种方法相互独立, 用其中任何一种方法都可以做完这件事;

(2) 分步乘法计数原理针对的是 "分步" 问题, 各个步骤中的方法互相依存, 只有各个步骤都完成才算做完这件事.

用两个计数原理解决计数问题时, 最重要的是在开始计算之前要进行仔细分析——需要分类还是分步.

(1) 分类要做到 "不重不漏": 分类后再分别对每一类进行计数, 最后用分类加法计数原理求和, 得到总数;

(2) 分步要做到 "步骤完整": 完成了所有步骤, 恰好完成任务, 当然步与步之间要相互独立. 分步后再计算每一步的方法数, 最后根据分步乘法计数原理, 把完成每一步的方法数相乘, 得到总数.

二、排列

以下陈述中如无特别说明, n, m 都表示正整数. 一般地, 从 n 个不同的元素中任取 m ($1 \leqslant m \leqslant n$) 个元素, 按照一定的顺序排成一列, 叫做从 n 个不同元素中取出 m 个元素的一个**排列**. 如果要求排列中诸元素互不相同, 则称为选排列; 反之, 若排列中的元素可以有相同时, 则称为**可重复排列**. 可重复排列在生活中比较常见, 如电话号码、证件号码、汽车牌照等.

从 n 个不同的元素中任取 m ($1 \leqslant m \leqslant n$) 个元素的所有排列的个数, 叫做从 n 个不同元素中任取 m 个元素的**排列数**, 记为 A_n^m. 为导出 A_n^m 的计算公式, 注意到对任一选排列, 其第一位(从左到右计)可以放置编号 1 到 n 的 n 个元素的任意一个, 共有 n 种可能的结果; 对于第一位的每一种放置结果, 第二位可以放置剩下的 $n-1$ 个元素中的任意一个, 共有 $n-1$ 种可能的结果, $\cdots$, 对于第 $m-1$ 位的每一种放置结果, 第 m 位可以放置最后剩下的 $n-m+1$ 个元素中的任何一个, 共有 $n-m+1$ 种可能结果. 因此, 根据乘法计数原理, 有排列数公式:

$$A_n^m = n(n-1)(n-2)\cdots(n-m+1), \tag{1.3}$$

从 n 个不同的元素全部取出的一个排列, 叫做 n 个不同元素的一个**全排列**, 全排列数为 A_n^n, 也记之为 $n!$, 称为 n 的**阶乘**. 根据排列数的公式有

$$n! = n \cdot (n-1) \cdots 2 \cdot 1 . \tag{1.4}$$

同时我们约定当 $n=0$ 时, $0! = 1$.

A_n^m 也可用全排列数表示, 容易从 (1.3) 式直接得到

$$\mathrm{A}_n^m = \frac{n!}{(n-m)!} . \tag{1.5}$$

下面计算所有不同的可重复排列数, 仿照 (1.3) 式的推理, 排列的第一位的放置有 n 种可能结果. 由于可重复性, 当 $1 \leqslant i \leqslant m-1$ 时, 对于第 i 位的每一种放置结果, 第 $i+1$ 位仍然可放置全部 n 个元素中的任何一个, 因而仍然有 n 种可能结果. 依乘法计数原理可得可重复排列种数为

$$\underbrace{n \cdots n}_{m \uparrow n} = n^m . \tag{1.6}$$

三、组合

一般地, 从 n 个不同的元素中任取 m $(1 \leqslant m \leqslant n)$ 个元素, 不考虑次序将它们并成一组, 叫做从 n 个不同元素中取出 m 个元素的一个**组合**. 从 n 个不同的元素中任取 m $(1 \leqslant m \leqslant n)$ 个元素的所有组合的个数, 叫做从 n 个不同元素中任取 m 个元素的**组合数**, 记为 C_n^m 或 $\begin{pmatrix} n \\ m \end{pmatrix}$.

为导出组合数 C_n^m 的计算公式, 可以考虑选排列数 A_n^m 的另一种算法. 为实现一个排列, 可以分两步走:

(1) 从 n 个不同元素中取出 m 个元素, 共有 C_n^m 种不同的取法;

(2) 将取出的 m 个元素做全排列, 共有 A_m^m 种不同的排法.

根据乘法计数原理有 $\mathrm{A}_n^m = \mathrm{C}_n^m \cdot m!$. 由此即可得到组合数的计算公式:

$$\mathrm{C}_n^m = \frac{n(n-1)(n-2) \cdots (n-m+1)}{m!} = \frac{n!}{m!(n-m)!} . \tag{1.7}$$

依前面的约定 $0! = 1$, 因而当 $m=0$ 时, $\mathrm{C}_n^m = 1$. 又从组合的定义可知: 每一个从 n 个元素取 m 个的组合, 其余的 $n-m$ 个元素也构成一个组合; 反之亦然. 因而从 n 个元素取 m 个的组合与从 n 个元素取 $n-m$ 个组合构成一一对应. 所以有

$$\mathrm{C}_n^m = \mathrm{C}_n^{n-m} . \tag{1.8}$$

不难验证, 组合数满足公式 $\mathrm{C}_{n+1}^m = \mathrm{C}_n^m + \mathrm{C}_n^{m-1}$.

附录 II

附表 1 常用的概率分布表

分布	参数	分布律或概率密度	数学期望	方差
(0-1)分布	$0 < p < 1$	$P\{X=k\}=p^k(1-p)^{1-k}, \quad k=0,1$	p	$p(1-p)$
二项分布	$0 < p < 1, \quad n > 1$	$P\{X=k\}=C_n^k p^k(1-p)^{n-k}, \quad k=0,1,2,\cdots,n$	np	$np(1-p)$
负二项分布	$0 < p < 1, \quad r > 1$	$P\{X=k\}=C_{k-1}^{r-1} p^r(1-p)^{k-r}, \quad k=r,r+1,\cdots$	$\dfrac{r}{p}$	$\dfrac{r(1-p)}{p^2}$
几何分布	$0 < p < 1$	$P\{X=k\}=(1-p)^{k-1}p, \quad k=1,2,\cdots$	$\dfrac{1}{p}$	$\dfrac{1-p}{p^2}$
超几何分布	$N, M, n \quad (n \leqslant M)$	$P\{X=k\}=\dfrac{C_M^k C_{N-M}^{n-k}}{C_N^n}, \quad k=0,1\cdots,n$	$\dfrac{nM}{N}$	$\dfrac{nM}{N}\left(1-\dfrac{M}{N}\right)\left(\dfrac{N-n}{N-1}\right)$
泊松分布	$\lambda > 0$	$P\{X=k\}=\dfrac{\lambda^k e^{-\lambda}}{k!}, \quad k=0,1,2,\cdots$	λ	λ
均匀分布	$a < b$	$f(x)=\begin{cases}\dfrac{1}{b-a}, & a<x<b \\ 0, & 其他\end{cases}$	$\dfrac{a+b}{2}$	$\dfrac{(b-a)^2}{12}$
正态分布	$\mu, \sigma > 0$	$f(x)=\dfrac{1}{\sqrt{2\pi}\sigma}e^{-(x-\mu)^2/(2\sigma^2)}, \quad -\infty < X < +\infty$	μ	σ^2
Γ分布	$\alpha, \beta > 0$	$f(x)=\begin{cases}\dfrac{1}{\beta^\alpha\Gamma(\alpha)}x^{\alpha-1}e^{-x/\beta}, & x>0 \\ 0, & 其他\end{cases}$	$\alpha\beta$	$\alpha\beta^2$

续表

分布	参数	分布律或概率密度	数学期望	方差
指数分布	$\lambda > 0$	$f(x)=\begin{cases}\lambda e^{-\lambda x}, & x>0\\ 0, & \text{其他}\end{cases}$	$\dfrac{1}{\lambda}$	$\dfrac{1}{\lambda^2}$
χ^2 分布	$n \geq 1$	$f(x)=\begin{cases}\dfrac{1}{2^{n/2}\Gamma(n/2)}x^{\frac{n}{2}-1}e^{-\frac{x}{2}}, & x>0\\ 0, & \text{其他}\end{cases}$	n	$2n$
韦布尔分布	$\eta,\beta > 0$	$f(x)=\begin{cases}\dfrac{\beta}{\eta}\left(\dfrac{x}{y}\right)^{\beta-1}e^{-\left(\frac{x}{\eta}\right)^{\beta}}, & x>0\\ 0, & \text{其他}\end{cases}$	$\eta\Gamma\left(\dfrac{1}{\beta}+1\right)$	$\eta^2\left\{\Gamma\left(\dfrac{2}{\beta}+1\right)-\left[\Gamma\left(\dfrac{1}{\beta}+1\right)\right]^2\right\}$
瑞利分布	$\sigma > 0$	$f(x)=\begin{cases}\dfrac{x}{\sigma^2}e^{\frac{x^2}{2\sigma^2}}, & x>0\\ 0, & \text{其他}\end{cases}$	$\sqrt{\dfrac{\pi}{2}}\sigma$	$\dfrac{4-\pi}{2}\sigma^2$
β 分布	$\alpha,\beta > 0$	$f(x)=\begin{cases}\dfrac{\Gamma(\alpha+\beta)}{\Gamma(\alpha)\Gamma(\beta)}x^{\alpha-1}(1-x)^{\beta-1}, & 0<x<1\\ 0, & \text{其他}\end{cases}$	$\dfrac{\alpha}{\alpha+\beta}$	$\dfrac{\alpha\beta}{(\alpha+\beta)^2(\alpha+\beta+1)}$
对数正态分布	$\mu>0,\ \sigma>0$	$f(x)=\begin{cases}\dfrac{1}{\sqrt{2\pi}\sigma x}e^{-(\ln x-\mu)^2/(2\sigma^2)}, & x>0\\ 0, & \text{其他}\end{cases}$	$e^{\mu+\frac{\sigma^2}{2}}$	$e^{2\mu+\sigma^2}(e^{\sigma^2}-1)$
柯西分布	$\alpha>0,\ \lambda>0$	$f(x)=\dfrac{\lambda}{\pi}\dfrac{1}{\lambda^2+(x-\alpha)^2}$	不存在	不存在
t 分布	$n \geq 1$	$f(x)=\dfrac{\Gamma\left(\dfrac{n+1}{2}\right)}{\sqrt{n\pi}\Gamma\left(\dfrac{n}{2}\right)}\left(1+\dfrac{x^2}{n}\right)^{-(n+1)/2}$	$0,\ n>1$	$\dfrac{n}{n-2},\ n>2$
F 分布	n_1,n_2	$f(x)=\begin{cases}\dfrac{\Gamma\left(\dfrac{n_1+n_2}{2}\right)}{\Gamma\left(\dfrac{n_1}{2}\right)\Gamma\left(\dfrac{n_2}{2}\right)}\left(\dfrac{n_1}{n_2}\right)^{\frac{n_1}{2}}x^{\frac{n_1}{2}-1}\left(1+\dfrac{n_1}{n_2}x\right)^{-\frac{n_1+n_2}{2}}, & x>0\\ 0, & \text{其他}\end{cases}$	$\dfrac{n_2}{n_2-2},\ n_2>2$	$\dfrac{2n_2^2(n_1+n_2-2)}{n_1(n_2-2)^2(n_2-4)},\ n_2>4$

附表 2   泊松分布表

$$P\{X \leqslant x\} = \sum_{k=0}^{x} \frac{e^{-\lambda}\lambda^k}{k!}$$

x	λ									
	0.1	0.2	0.3	0.4	0.5	0.6	0.7	0.8	0.9	1.0
0	0.9048	0.8187	0.7408	0.6703	0.6065	0.5488	0.4966	0.4493	0.4066	0.3679
1	0.9953	0.9825	0.9631	0.9384	0.9098	0.8781	0.8442	0.8088	0.7725	0.7358
2	0.9998	0.9989	0.9964	0.9921	0.9856	0.9769	0.9659	0.9526	0.9371	0.9197
3	1.0000	0.9999	0.9997	0.9992	0.9982	0.9966	0.9942	0.9909	0.9865	0.9810
4	1.0000	1.0000	1.0000	0.9999	0.9998	0.9996	0.9992	0.9986	0.9977	0.9963
5	1.0000	1.0000	1.0000	1.0000	1.0000	1.0000	0.9999	0.9998	0.9997	0.9994
6	1.0000	1.0000	1.0000	1.0000	1.0000	1.0000	1.0000	1.0000	1.0000	0.9999

x	λ									
	1.1	1.2	1.3	1.4	1.5	1.6	1.7	1.8	1.9	2.0
0	0.3329	0.3012	0.2725	0.2466	0.2231	0.2019	0.1827	0.1653	0.1496	0.1353
1	0.6990	0.6626	0.6268	0.5918	0.5578	0.5249	0.4932	0.4628	0.4337	0.4060
2	0.9004	0.8795	0.8571	0.8335	0.8088	0.7834	0.7572	0.7306	0.7037	0.6767
3	0.9743	0.9662	0.9569	0.9463	0.9344	0.9212	0.9068	0.8913	0.8747	0.8571
4	0.9946	0.9923	0.9893	0.9857	0.9814	0.9763	0.9704	0.9636	0.9559	0.9473
5	0.9990	0.9985	0.9978	0.9968	0.9955	0.9940	0.9920	0.9896	0.9868	0.9834
6	0.9999	0.9997	0.9996	0.9994	0.9991	0.9987	0.9981	0.9974	0.9966	0.9955
7	1.0000	1.0000	0.9999	0.9999	0.9998	0.9997	0.9996	0.9994	0.9992	0.9989
8	1.0000	1.0000	1.0000	1.0000	1.0000	1.0000	0.9999	0.9999	0.9998	0.9998
9	1.0000	1.0000	1.0000	1.0000	1.0000	1.0000	1.0000	1.0000	1.0000	1.0000

x	λ									
	2.1	2.2	2.3	2.4	2.5	2.6	2.7	2.8	2.9	3.0
0	0.1225	0.1108	0.1003	0.0907	0.0821	0.0743	0.0672	0.0608	0.0550	0.0498
1	0.3796	0.3546	0.3309	0.3084	0.2873	0.2674	0.2487	0.2311	0.2146	0.1991
2	0.6496	0.6227	0.5960	0.5697	0.5438	0.5184	0.4936	0.4695	0.4460	0.4232
3	0.8386	0.8194	0.7993	0.7787	0.7576	0.7360	0.7141	0.6919	0.6696	0.6472
4	0.9379	0.9275	0.9162	0.9041	0.8912	0.8774	0.8629	0.8477	0.8318	0.8153
5	0.9796	0.9751	0.9700	0.9643	0.9580	0.9510	0.9433	0.9349	0.9258	0.9161
6	0.9941	0.9925	0.9906	0.9884	0.9858	0.9828	0.9794	0.9756	0.9713	0.9665
7	0.9985	0.9980	0.9974	0.9967	0.9958	0.9947	0.9934	0.9919	0.9901	0.9881
8	0.9997	0.9995	0.9994	0.9991	0.9989	0.9985	0.9981	0.9976	0.9969	0.9962
9	0.9999	0.9999	0.9999	0.9998	0.9997	0.9996	0.9995	0.9993	0.9991	0.9989
10	1.0000	1.0000	1.0000	1.0000	0.9999	0.9999	0.9999	0.9998	0.9998	0.9997
11	1.0000	1.0000	1.0000	1.0000	1.0000	1.0000	1.0000	1.0000	0.9999	0.9999

续表

x	λ									
	3.1	3.2	3.3	3.4	3.5	3.6	3.7	3.8	3.9	4.0
0	0.0450	0.0408	0.0369	0.0334	0.0302	0.0273	0.0247	0.0224	0.0202	0.0183
1	0.1847	0.1712	0.1586	0.1468	0.1359	0.1257	0.1162	0.1074	0.0992	0.0916
2	0.4012	0.3799	0.3594	0.3397	0.3208	0.3027	0.2854	0.2689	0.2531	0.2381
3	0.6248	0.6025	0.5803	0.5584	0.5366	0.5152	0.4942	0.4735	0.4532	0.4335
4	0.7982	0.7806	0.7626	0.7442	0.7254	0.7064	0.6872	0.6678	0.6484	0.6288
5	0.9057	0.8946	0.8829	0.8705	0.8576	0.8441	0.8301	0.8156	0.8006	0.7851
6	0.9612	0.9554	0.9490	0.9421	0.9347	0.9267	0.9182	0.9091	0.8995	0.8893
7	0.9858	0.9832	0.9802	0.9769	0.9733	0.9692	0.9648	0.9599	0.9546	0.9489
8	0.9953	0.9943	0.9931	0.9917	0.9901	0.9883	0.9863	0.9840	0.9815	0.9786
9	0.9986	0.9982	0.9978	0.9973	0.9967	0.9960	0.9952	0.9942	0.9931	0.9919
10	0.9996	0.9995	0.9994	0.9992	0.9990	0.9987	0.9984	0.9981	0.9977	0.9972
11	0.9999	0.9999	0.9998	0.9998	0.9997	0.9996	0.9995	0.9994	0.9993	0.9991
12	1.0000	1.0000	1.0000	0.9999	0.9999	0.9999	0.9999	0.9998	0.9998	0.9997
13	1.0000	1.0000	1.0000	1.0000	1.0000	1.0000	1.0000	1.0000	0.9999	0.9999

x	λ									
	4.1	4.2	4.3	4.4	4.5	4.6	4.7	4.8	4.9	5.0
0	0.0166	0.0150	0.0136	0.0123	0.0111	0.0101	0.0091	0.0082	0.0074	0.0067
1	0.0845	0.0780	0.0719	0.0663	0.0611	0.0563	0.0518	0.0477	0.0439	0.0404
2	0.2238	0.2102	0.1974	0.1851	0.1736	0.1626	0.1523	0.1425	0.1333	0.1247
3	0.4142	0.3954	0.3772	0.3594	0.3423	0.3257	0.3097	0.2942	0.2793	0.2650
4	0.6093	0.5898	0.5704	0.5512	0.5321	0.5132	0.4946	0.4763	0.4582	0.4405
5	0.7693	0.7531	0.7367	0.7199	0.7029	0.6858	0.6684	0.6510	0.6335	0.6160
6	0.8786	0.8675	0.8558	0.8436	0.8311	0.8180	0.8046	0.7908	0.7767	0.7622
7	0.9427	0.9361	0.9290	0.9214	0.9134	0.9049	0.8960	0.8867	0.8769	0.8666
8	0.9755	0.9721	0.9683	0.9642	0.9597	0.9549	0.9497	0.9442	0.9382	0.9319
9	0.9905	0.9889	0.9871	0.9851	0.9829	0.9805	0.9778	0.9749	0.9717	0.9682
10	0.9966	0.9959	0.9952	0.9943	0.9933	0.9922	0.9910	0.9896	0.9880	0.9863
11	0.9989	0.9986	0.9983	0.9980	0.9976	0.9971	0.9966	0.9960	0.9953	0.9945
12	0.9997	0.9996	0.9995	0.9993	0.9992	0.9990	0.9988	0.9986	0.9983	0.9980
13	0.9999	0.9999	0.9998	0.9998	0.9997	0.9997	0.9996	0.9995	0.9994	0.9993
14	1.0000	1.0000	1.0000	0.9999	0.9999	0.9999	0.9999	0.9999	0.9998	0.9998
15	1.0000	1.0000	1.0000	1.0000	1.0000	1.0000	1.0000	1.0000	0.9999	0.9999

附表 3　标准正态分布表

$$\Phi(z) = \int_{-\infty}^{z} \frac{1}{\sqrt{2\pi}} e^{-u^2/2} du = P\{Z \leqslant z\}$$

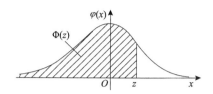

z	0	1	2	3	4	5	6	7	8	9
0.0	0.5000	0.5040	0.5080	0.5120	0.5160	0.5199	0.5239	0.5279	0.5319	0.5359
0.1	0.5398	0.5438	0.5478	0.5517	0.5557	0.5596	0.5636	0.5675	0.5714	0.5753
0.2	0.5793	0.5832	0.5871	0.5910	0.5948	0.5987	0.6026	0.6064	0.6103	0.6141
0.3	0.6179	0.6217	0.6255	0.6293	0.6331	0.6368	0.6404	0.6443	0.6480	0.6517
0.4	0.6554	0.6591	0.6628	0.6664	0.6700	0.6736	0.6772	0.6808	0.6844	0.6879
0.5	0.6915	0.6950	0.6985	0.7019	0.7054	0.7088	0.7123	0.7157	0.7190	0.7224
0.6	0.7257	0.7291	0.7324	0.7357	0.7389	0.7422	0.7454	0.7486	0.7517	0.7549
0.7	0.7580	0.7611	0.7642	0.7673	0.7703	0.7734	0.7764	0.7794	0.7823	0.7852
0.8	0.7881	0.7910	0.7939	0.7967	0.7995	0.8023	0.8051	0.8078	0.8106	0.8133
0.9	0.8159	0.8186	0.8212	0.8238	0.8264	0.8289	0.8355	0.8340	0.8365	0.8389
1.0	0.8413	0.8438	0.8461	0.8485	0.8508	0.8531	0.8554	0.8577	0.8599	0.8621
1.1	0.8643	0.8665	0.8686	0.8708	0.8729	0.8749	0.8770	0.8790	0.8810	0.8830
1.2	0.8849	0.8869	0.8888	0.8907	0.8925	0.8944	0.8962	0.8980	0.8997	0.9015
1.3	0.9032	0.9049	0.9066	0.9082	0.9099	0.9115	0.9131	0.9147	0.9162	0.9177
1.4	0.9192	0.9207	0.9222	0.9236	0.9251	0.9265	0.9279	0.9292	0.9306	0.9319
1.5	0.9332	0.9345	0.9357	0.9370	0.9382	0.9394	0.9406	0.9418	0.9430	0.9441
1.6	0.9452	0.9463	0.9474	0.9484	0.9495	0.9505	0.9515	0.9525	0.9535	0.9535
1.7	0.9554	0.9564	0.9573	0.9582	0.9591	0.9599	0.9608	0.9616	0.9625	0.9633
1.8	0.9641	0.9648	0.9656	0.9664	0.9672	0.9678	0.9686	0.9693	0.9700	0.9706
1.9	0.9713	0.9719	0.9726	0.9732	0.9738	0.9744	0.9750	0.9756	0.9762	0.9767
2.0	0.9772	0.9778	0.9783	0.9788	0.9793	0.9798	0.9803	0.9808	0.9812	0.9817
2.1	0.9821	0.9826	0.9830	0.9834	0.9838	0.9842	0.9846	0.9850	0.9854	0.9857
2.2	0.9861	0.9864	0.9868	0.9871	0.9874	0.9878	0.9881	0.9884	0.9887	0.9890
2.3	0.9893	0.9896	0.9898	0.9901	0.9904	0.9906	0.9909	0.9911	0.9913	0.9916
2.4	0.9918	0.9920	0.9922	0.9925	0.9927	0.9929	0.9931	0.9932	0.9934	0.9936
2.5	0.9938	0.9940	0.9941	0.9943	0.9945	0.9946	0.9948	0.9949	0.9951	0.9952
2.6	0.9953	0.9955	0.9956	0.9957	0.9959	0.9960	0.9961	0.9962	0.9963	0.9964
2.7	0.9965	0.9966	0.9967	0.9968	0.9969	0.9970	0.9971	0.9972	0.9973	0.9974
2.8	0.9974	0.9975	0.9976	0.9977	0.9977	0.9978	0.9979	0.9979	0.9980	0.9981
2.9	0.9981	0.9982	0.9982	0.9983	0.9984	0.9984	0.9985	0.9985	0.9986	0.9986
3.0	0.9987	0.9990	0.9993	0.9995	0.9997	0.9998	0.9998	0.9999	0.9999	1.0000

注: 表中末行系函数值 $\Phi(3.0), \Phi(3.1), \cdots, \Phi(3.9)$.

附表4　t 分 布 表

$$P\{t(n) > t_\alpha(n)\} = \alpha$$

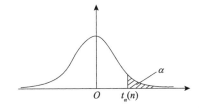

n	$\alpha = 0.25$	$\alpha = 0.10$	$\alpha = 0.05$	$\alpha = 0.025$	$\alpha = 0.01$	$\alpha = 0.005$
1	1.0000	3.0777	6.3138	12.7062	31.8207	63.6574
2	0.8165	1.8856	2.9200	4.3027	6.9646	9.9248
3	0.7649	1.6377	2.3534	3.1824	4.5407	5.8409
4	0.7407	1.5332	2.1318	2.7764	3.7469	4.6041
5	0.7267	1.4759	2.0150	2.5706	3.3649	4.0322
6	0.7176	1.4398	1.9432	2.4469	3.1427	3.7074
7	0.7111	1.4149	1.8946	2.3646	2.9980	3.4995
8	0.7064	1.3968	1.8595	2.3060	2.8965	3.3554
9	0.7027	1.3830	1.8331	2.2622	2.8214	3.2498
10	0.6998	1.3722	1.8125	2.2281	2.7638	3.1693
11	0.6974	1.3634	1.7959	2.2010	2.7181	3.1058
12	0.6955	1.3562	1.7823	2.1788	2.6810	3.0545
13	0.6938	1.3502	1.7709	2.1604	2.6503	3.0123
14	0.6924	1.3450	1.7613	2.1448	2.6245	2.9768
15	0.6912	1.3406	1.7531	2.1315	2.6025	2.9467
16	0.6901	1.3368	1.7459	2.1199	2.5835	2.9208
17	0.6892	1.3334	1.7396	2.1098	2.5669	2.8982
18	0.6884	1.3304	1.7341	2.1009	2.5524	2.8784
19	0.6876	1.3277	1.7291	2.0930	2.5395	2.8609
20	0.6870	1.3253	1.7247	2.0860	2.5280	2.8453
21	0.6864	1.3232	1.7207	2.0796	2.5177	2.8314
22	0.6858	1.3212	1.7171	2.0739	2.5083	2.8188
23	0.6853	1.3195	1.7139	2.0687	2.4999	2.8073
24	0.6848	1.3178	1.7109	2.0639	2.4922	2.7969
25	0.6844	1.3163	1.7081	2.0595	2.4851	2.7874
26	0.6840	1.3150	1.7058	2.0555	2.4786	2.7787
27	0.6837	1.3137	1.7033	2.0518	2.4727	2.7707
28	0.6834	1.3125	1.7011	2.0484	2.4671	2.7633
29	0.6830	1.3114	1.6991	2.0452	2.4620	2.7564

续表

n	$\alpha = 0.25$	$\alpha = 0.10$	$\alpha = 0.05$	$\alpha = 0.025$	$\alpha = 0.01$	$\alpha = 0.005$
30	0.6828	1.3104	1.6973	2.0423	2.4573	2.7500
31	0.6825	1.3095	1.6955	2.0395	2.4528	2.7440
32	0.6822	1.3086	1.6939	2.0369	2.4487	2.7385
33	0.6820	1.3077	1.6924	2.0345	2.4448	2.7333
34	0.6818	1.3070	1.6909	2.0322	2.4411	2.7284
35	0.6816	1.3062	1.6896	2.0301	2.4377	2.7238
36	0.6814	1.3055	1.6883	2.0281	2.4345	2.7195
37	0.6812	1.3049	1.6871	2.0262	2.4314	2.7154
38	0.6810	1.3042	1.6860	2.0244	2.4286	2.7116
39	0.6808	1.3036	1.6849	2.0227	2.4258	2.7079
40	0.6807	1.3031	1.6839	2.0211	2.4233	2.7045
41	0.6805	1.3025	1.6829	2.0195	2.4208	2.7012
42	0.6804	1.3020	1.6820	2.0181	2.4185	2.6981
43	0.6802	1.3016	1.6811	2.0167	2.4163	2.6951
44	0.6801	1.3011	1.6802	2.0154	2.4141	2.6923
45	0.6800	1.3006	1.6794	2.0141	2.4121	2.6806

附表 5　χ^2 分 布 表

$$P\left\{\chi^2(n) > \chi_\alpha^2(n)\right\} = \alpha$$

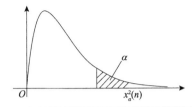

n	α					
	0.995	0.99	0.975	0.95	0.90	0.75
1	—	—	0.001	0.004	0.016	0.102
2	0.010	0.020	0.051	0.103	0.211	0.575
3	0.072	0.115	0.216	0.352	0.584	1.213
4	0.207	0.297	0.484	0.711	1.064	1.923
5	0.412	0.554	0.831	1.145	1.610	2.675
6	0.676	0.872	1.237	1.635	2.204	3.455
7	0.989	1.239	1.690	2.167	2.833	4.255
8	1.344	1.646	2.180	2.733	3.490	5.071
9	1.735	2.088	2.700	3.325	4.168	5.899
10	2.156	2.558	3.247	3.940	4.865	6.737
11	2.603	3.053	3.816	4.575	5.578	7.584
12	3.074	3.571	4.404	5.226	6.304	8.438
13	3.565	4.107	5.009	5.892	7.042	9.299
14	4.075	4.660	5.629	6.571	7.790	10.165
15	4.601	5.229	6.262	7.261	8.547	11.037
16	5.142	5.812	6.908	7.962	9.312	11.912
17	5.697	6.408	7.564	8.672	10.085	12.792
18	6.265	7.015	8.231	9.390	10.865	13.675
19	6.844	7.633	8.907	10.117	11.651	14.562
20	7.434	8.260	9.591	10.851	12.443	15.452
21	8.034	8.897	10.283	11.591	13.240	16.344
22	8.643	9.542	10.982	12.338	14.041	17.240
23	9.260	10.196	11.689	13.091	14.848	18.137
24	9.886	10.856	12.401	13.848	15.659	19.037
25	10.520	11.524	13.120	14.611	16.473	19.939
26	11.160	12.198	13.844	15.379	17.292	20.843
27	11.808	12.879	14.573	16.151	18.114	21.749

续表

n	α					
	0.995	0.99	0.975	0.95	0.90	0.75
28	12.461	13.565	15.308	16.928	18.939	22.657
29	13.121	14.256	16.047	17.708	19.768	23.567
30	13.787	14.953	16.791	18.493	20.599	24.478
31	14.458	15.655	17.539	19.281	21.434	25.390
32	15.134	16.362	18.291	20.072	22.271	26.304
33	15.815	17.074	19.047	20.867	23.110	27.219
34	16.501	17.789	19.806	21.664	23.952	28.136
35	17.192	18.509	20.569	22.465	24.797	29.054
36	17.887	19.233	21.336	23.269	25.643	29.973
37	18.586	19.960	22.106	24.075	26.492	30.893
38	19.289	20.691	22.878	24.884	27.343	31.815
39	19.996	21.426	23.654	25.695	28.196	32.737
40	20.707	22.164	24.433	26.509	29.051	33.660
41	21.421	22.906	25.215	27.326	29.907	34.585
42	22.138	23.650	25.999	28.144	30.765	35.510
43	22.859	24.398	26.785	28.965	31.625	36.436
44	23.584	25.148	27.575	29.787	32.487	37.363
45	24.311	25.901	28.366	30.612	33.350	38.291

n	α					
	0.25	0.10	0.05	0.025	0.01	0.005
1	1.323	2.706	3.841	5.024	6.635	7.879
2	2.773	4.605	5.991	7.378	9.210	10.597
3	4.108	6.251	7.815	9.348	11.345	12.838
4	5.385	7.779	9.488	11.143	13.277	14.860
5	6.626	9.236	11.071	12.833	15.086	16.750
6	7.841	10.645	12.592	14.449	16.812	18.548
7	9.037	12.017	14.067	16.013	18.475	20.278
8	10.219	13.362	15.507	17.535	20.090	21.955
9	11.389	14.684	16.919	19.023	21.666	23.589
10	12.549	15.987	18.307	20.483	23.209	25.188
11	13.701	17.275	19.675	21.920	24.725	26.757
12	14.845	18.549	21.026	23.337	26.217	28.300
13	15.984	19.812	22.362	24.736	27.688	29.819
14	17.117	21.064	23.685	26.119	29.141	31.319
15	18.245	22.307	24.996	27.488	30.578	32.801
16	19.369	23.542	26.296	28.845	32.000	34.267

n	α					
	0.25	0.10	0.05	0.025	0.01	0.005
17	20.489	24.769	27.587	30.191	33.409	35.718
18	21.605	25.989	28.869	31.526	34.805	37.156
19	22.718	27.204	30.144	32.852	36.191	38.582
20	23.828	28.412	31.410	34.170	37.566	39.997
21	24.935	29.615	32.671	35.479	38.932	41.401
22	26.039	30.813	33.924	36.781	40.289	42.796
23	27.141	32.007	35.172	38.076	41.638	44.181
24	28.241	33.196	36.415	39.364	42.980	45.559
25	29.339	34.382	37.652	40.646	44.314	46.928
26	30.435	35.563	38.885	41.923	45.642	48.290
27	31.528	36.741	40.113	43.195	46.963	49.645
28	32.620	37.916	41.337	44.461	48.278	50.993
29	33.711	39.087	42.557	45.722	49.588	52.336
30	34.800	40.256	43.773	46.979	50.892	53.672
31	35.887	41.422	44.985	48.232	52.191	55.003
32	36.973	42.585	46.194	49.480	53.486	56.328
33	38.058	43.745	47.400	50.725	54.776	57.648
34	39.141	44.903	48.602	51.966	56.061	58.964
35	40.223	46.059	49.802	53.203	57.342	60.275
36	41.304	47.212	50.998	54.437	58.619	61.581
37	42.383	48.363	52.192	55.668	59.893	62.883
38	43.462	49.513	53.384	56.896	61.162	64.181
39	44.539	50.660	54.572	58.120	62.428	65.476
40	45.616	51.805	55.758	59.342	63.691	66.766
41	46.692	52.949	56.942	60.561	64.950	68.053
42	47.766	54.09	58.124	61.777	66.206	69.336
43	48.840	55.230	59.304	62.990	67.459	70.616
44	49.913	56.369	60.481	64.201	68.710	71.893
45	50.985	57.505	61.656	65.410	69.957	73.166

附表6 F 分 布 表

$$P\{F(n_1,n_2) > F_\alpha(n_1,n_2)\} = \alpha$$

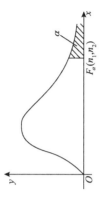

$\alpha = 0.10$

n_2 \ n_1	1	2	3	4	5	6	7	8	9	10	12	15	20	24	30	40	60	120	∞
1	39.86	49.50	53.59	55.83	57.24	58.20	58.91	59.44	59.86	60.19	60.71	61.22	61.74	62.00	62.26	62.53	62.79	63.06	63.33
2	8.53	9.00	9.16	9.24	9.29	9.33	9.35	9.37	9.38	9.39	9.41	9.42	9.44	9.45	9.46	9.47	9.47	9.48	9.49
3	5.54	5.46	5.39	5.34	5.31	5.28	5.27	5.25	5.24	5.23	5.22	5.20	5.18	5.18	5.17	5.16	5.15	5.14	5.13
4	4.54	4.32	4.19	4.11	4.05	4.01	3.98	3.95	3.94	3.92	3.90	3.87	3.84	3.83	3.82	3.80	3.79	3.78	3.76
5	4.06	3.78	3.62	3.52	3.45	3.40	3.37	3.34	3.32	3.30	3.27	3.24	3.21	3.19	3.17	3.16	3.14	3.12	3.10
6	3.78	3.46	3.29	3.18	3.11	3.05	3.01	2.98	2.96	2.94	2.90	2.87	2.84	2.82	2.80	2.78	2.76	2.74	2.72
7	3.59	3.26	3.07	2.96	2.88	2.83	2.78	2.75	2.72	2.70	2.67	2.63	2.59	2.58	2.56	2.54	2.51	2.49	2.47
8	3.46	3.11	2.92	2.81	2.73	2.67	2.62	2.59	2.56	2.54	2.50	2.46	2.42	2.40	2.38	2.36	2.34	2.32	2.29
9	3.36	3.01	2.81	2.69	2.61	2.55	2.51	2.47	2.44	2.42	2.38	2.34	2.30	2.28	2.25	2.23	2.21	2.18	2.16
10	3.29	2.92	2.73	2.61	2.52	2.46	2.41	2.38	2.35	2.32	2.28	2.24	2.20	2.18	2.16	2.13	2.11	2.08	2.06
11	3.23	2.86	2.66	2.54	2.45	2.39	2.34	2.30	2.27	2.25	2.21	2.17	2.12	2.10	2.08	2.05	2.03	2.00	1.97
12	3.18	2.81	2.61	2.48	2.39	2.33	2.28	2.24	2.21	2.19	2.15	2.10	2.06	2.04	2.01	1.99	1.96	1.93	1.90
13	3.14	2.76	2.56	2.43	2.35	2.28	2.23	2.20	2.16	2.14	2.10	2.05	2.01	1.98	1.96	1.93	1.90	1.88	1.85
14	3.10	2.73	2.52	2.39	2.31	2.24	2.19	2.15	2.12	2.10	2.05	2.01	1.96	1.94	1.91	1.89	1.86	1.83	1.80

续表

$\alpha = 0.10$

n_2	n_1																		
	1	2	3	4	5	6	7	8	9	10	12	15	20	24	30	40	60	120	∞
15	3.07	2.70	2.49	2.36	2.27	2.21	2.16	2.12	2.09	2.06	2.02	1.97	1.92	1.90	1.87	1.85	1.82	1.79	1.76
16	3.05	2.67	2.46	2.33	2.24	2.18	2.13	2.09	2.06	2.03	1.99	1.94	1.89	1.87	1.84	1.81	1.78	1.75	1.72
17	3.03	2.64	2.44	2.31	2.22	2.15	2.10	2.06	2.03	2.00	1.96	1.91	1.86	1.84	1.81	1.78	1.75	1.72	1.69
18	3.01	2.62	2.42	2.29	2.20	2.13	2.08	2.04	2.00	1.98	1.93	1.89	1.84	1.81	1.78	1.75	1.72	1.69	1.66
19	2.99	2.61	2.40	2.27	2.18	2.11	2.06	2.02	1.98	1.96	1.91	1.86	1.81	1.79	1.76	1.73	1.70	1.67	1.63
20	2.97	2.59	2.38	2.25	2.16	2.09	2.04	2.00	1.96	1.94	1.89	1.84	1.79	1.77	1.74	1.71	1.68	1.64	1.61
21	2.96	2.57	2.36	2.23	2.14	2.08	2.02	1.98	1.95	1.92	1.87	1.83	1.78	1.75	1.72	1.69	1.66	1.62	1.59
22	2.95	2.56	2.35	2.22	2.13	2.06	2.01	1.97	1.93	1.90	1.86	1.81	1.76	1.73	1.70	1.67	1.64	1.60	1.57
23	2.94	2.55	2.34	2.21	2.11	2.05	1.99	1.95	1.92	1.89	1.84	1.80	1.74	1.72	1.69	1.66	1.62	1.59	1.55
24	2.93	2.54	2.33	2.19	2.10	2.04	1.98	1.94	1.91	1.88	1.83	1.78	1.73	1.70	1.67	1.64	1.61	1.57	1.53
25	2.92	2.53	2.32	2.18	2.09	2.02	1.97	1.93	1.89	1.87	1.82	1.77	1.72	1.69	1.66	1.63	1.59	1.56	1.52
26	2.91	2.52	2.31	2.17	2.08	2.01	1.96	1.92	1.88	1.86	1.81	1.76	1.71	1.68	1.65	1.61	1.58	1.54	1.50
27	2.90	2.51	2.30	2.17	2.07	2.00	1.95	1.91	1.87	1.85	1.80	1.75	1.70	1.67	1.64	1.60	1.57	1.53	1.49
28	2.89	2.50	2.29	2.16	2.06	2.00	1.94	1.90	1.87	1.84	1.79	1.74	1.69	1.66	1.63	1.59	1.56	1.52	1.48
29	2.89	2.50	2.28	2.15	2.06	1.99	1.93	1.89	1.86	1.83	1.78	1.73	1.68	1.65	1.62	1.58	1.55	1.51	1.47
30	2.88	2.49	2.28	2.14	2.05	1.98	1.93	1.88	1.85	1.82	1.77	1.72	1.67	1.64	1.61	1.57	1.54	1.50	1.46
40	2.84	2.44	2.23	2.09	2.00	1.93	1.87	1.83	1.79	1.76	1.71	1.66	1.61	1.57	1.54	1.51	1.47	1.42	1.38
60	2.79	2.39	2.18	2.04	1.95	1.87	1.82	1.77	1.74	1.71	1.66	1.60	1.54	1.51	1.48	1.44	1.40	1.35	1.29
120	2.75	2.35	2.13	1.99	1.90	1.82	1.77	1.72	1.68	1.65	1.60	1.55	1.48	1.45	1.41	1.37	1.32	1.26	1.19
∞	2.71	2.30	2.08	1.94	1.85	1.77	1.72	1.67	1.63	1.60	1.55	1.49	1.42	1.38	1.34	1.30	1.24	1.17	1.00

续表

$\alpha = 0.05$

n_2	n_1																		
	1	2	3	4	5	6	7	8	9	10	12	15	20	24	30	40	60	120	∞
1	161.4	199.5	215.7	224.6	230.2	234.0	236.8	238.9	240.5	241.9	243.9	245.9	248.0	249.1	250.1	251.1	252.2	253.3	254.3
2	18.51	19.00	19.16	19.25	19.30	19.33	19.35	19.37	19.38	19.40	19.41	19.43	19.45	19.45	19.46	19.47	19.48	19.49	19.5
3	10.13	9.55	9.28	9.12	9.01	8.94	8.89	8.85	8.81	8.79	8.74	8.70	8.66	8.64	8.62	8.59	8.57	8.55	8.53
4	7.71	6.94	6.59	6.39	6.26	6.16	6.09	6.04	6.00	5.96	5.91	5.86	5.80	5.77	5.75	5.72	5.69	5.66	5.63
5	6.61	5.79	5.41	5.19	5.05	4.95	4.88	4.82	4.77	4.74	4.68	4.62	4.56	4.53	4.50	4.46	4.43	4.40	4.36
6	5.99	5.14	4.76	4.53	4.39	4.28	4.21	4.15	4.10	4.06	4.00	3.94	3.87	3.84	3.81	3.77	3.74	3.70	3.67
7	5.59	4.74	4.35	4.12	3.97	3.87	3.79	3.73	3.68	3.64	3.57	3.51	3.44	3.41	3.38	3.34	3.30	3.27	3.23
8	5.32	4.46	4.07	3.84	3.69	3.58	3.50	3.44	3.39	3.35	3.28	3.22	3.15	3.12	3.08	3.04	3.01	2.97	2.93
9	5.12	4.26	3.86	3.63	3.48	3.37	3.29	3.23	3.18	3.14	3.07	3.01	2.94	2.90	2.86	2.83	2.79	2.75	2.71
10	4.96	4.10	3.71	3.48	3.33	3.22	3.14	3.07	3.02	2.98	2.91	2.85	2.77	2.74	2.70	2.66	2.62	2.58	2.54
11	4.84	3.98	3.59	3.36	3.20	3.09	3.01	2.95	2.90	2.85	2.79	2.72	2.65	2.61	2.57	2.53	2.49	2.45	2.4
12	4.75	3.89	3.49	3.26	3.11	3.00	2.91	2.85	2.80	2.75	2.69	2.62	2.54	2.51	2.47	2.43	2.38	2.34	2.3
13	4.67	3.81	3.41	3.18	3.03	2.92	2.83	2.77	2.71	2.67	2.60	2.53	2.46	2.42	2.38	2.34	2.30	2.25	2.21
14	4.60	3.74	3.34	3.11	2.96	2.85	2.76	2.70	2.65	2.60	2.53	2.46	2.39	2.35	2.31	2.27	2.22	2.18	2.13
15	4.54	3.68	3.29	3.06	2.90	2.79	2.71	2.64	2.59	2.54	2.48	2.40	2.33	2.29	2.25	2.20	2.16	2.11	2.07
16	4.49	3.63	3.24	3.01	2.85	2.74	2.66	2.59	2.54	2.49	2.42	2.35	2.28	2.24	2.19	2.15	2.11	2.06	2.01
17	4.45	3.59	3.20	2.96	2.81	2.70	2.61	2.55	2.49	2.45	2.38	2.31	2.23	2.19	2.15	2.10	2.06	2.01	1.96
18	4.41	3.55	3.16	2.93	2.77	2.66	2.58	2.51	2.46	2.41	2.34	2.27	2.19	2.15	2.11	2.06	2.02	1.97	1.92
19	4.38	3.52	3.13	2.90	2.74	2.63	2.54	2.48	2.42	2.38	2.31	2.23	2.16	2.11	2.07	2.03	1.98	1.93	1.88
20	4.35	3.49	3.10	2.87	2.71	2.60	2.51	2.45	2.39	2.35	2.28	2.20	2.12	2.08	2.04	1.99	1.95	1.90	1.84
21	4.32	3.47	3.07	2.84	2.68	2.57	2.49	2.42	2.37	2.32	2.25	2.18	2.10	2.05	2.01	1.96	1.92	1.87	1.81
22	4.30	3.44	3.05	2.82	2.66	2.55	2.46	2.40	2.34	2.30	2.23	2.15	2.07	2.03	1.98	1.94	1.89	1.84	1.78

续表

$\alpha = 0.05$

n_2 \ n_1	1	2	3	4	5	6	7	8	9	10	12	15	20	24	30	40	60	120	∞
23	4.28	3.42	3.03	2.80	2.64	2.53	2.44	2.37	2.32	2.27	2.20	2.13	2.05	2.01	1.96	1.91	1.86	1.81	1.76
24	4.26	3.40	3.01	2.78	2.62	2.51	2.42	2.36	2.30	2.25	2.18	2.11	2.03	1.98	1.94	1.89	1.84	1.79	1.73
25	4.24	3.39	2.99	2.76	2.60	2.49	2.40	2.34	2.28	2.24	2.16	2.09	2.01	1.96	1.92	1.87	1.82	1.77	1.71
26	4.23	3.37	2.98	2.74	2.59	2.47	2.39	2.32	2.27	2.22	2.15	2.07	1.99	1.95	1.90	1.85	1.80	1.75	1.69
27	4.21	3.35	2.96	2.73	2.57	2.46	2.37	2.31	2.25	2.20	2.13	2.06	1.97	1.93	1.88	1.84	1.79	1.73	1.67
28	4.20	3.34	2.95	2.71	2.56	2.45	2.36	2.29	2.24	2.19	2.12	2.04	1.96	1.91	1.87	1.82	1.77	1.71	1.65
29	4.18	3.33	2.93	2.70	2.55	2.43	2.35	2.28	2.22	2.18	2.10	2.03	1.94	1.90	1.85	1.81	1.75	1.70	1.64
30	4.17	3.32	2.92	2.69	2.53	2.42	2.33	2.27	2.21	2.16	2.09	2.01	1.93	1.89	1.84	1.79	1.74	1.62	1.62
40	4.08	3.23	2.84	2.61	2.45	2.34	2.25	2.18	2.12	2.08	2.00	1.92	1.84	1.79	1.74	1.69	1.64	1.51	1.51
60	4.00	3.15	2.76	2.53	2.37	2.25	2.17	2.10	2.04	1.99	1.92	1.84	1.75	1.70	1.65	1.59	1.53	1.39	1.39
120	3.92	3.07	2.68	2.45	2.29	2.17	2.09	2.02	1.96	1.91	1.83	1.75	1.66	1.61	1.55	1.50	1.43	1.35	1.25
∞	3.84	3.00	2.60	2.37	2.21	2.10	2.01	1.94	1.88	1.83	1.75	1.67	1.57	1.52	1.46	1.39	1.32	1.22	1.00

$\alpha = 0.025$

n_2 \ n_1	1	2	3	4	5	6	7	8	9	10	12	15	20	24	30	40	60	120	∞
1	647.8	799.5	864.2	899.6	921.8	937.1	948.2	956.7	963.3	968.6	976.7	984.9	993.1	997.2	1001	1006	1010	1014	1018
2	38.51	39.00	39.17	39.25	39.30	39.33	39.36	39.37	39.39	39.40	39.41	39.43	39.45	39.46	39.46	39.47	39.48	39.49	39.50
3	17.44	16.04	15.44	15.10	14.88	14.73	14.62	14.54	14.47	14.42	14.34	14.25	14.17	14.12	14.08	14.04	13.99	13.95	13.90
4	12.22	10.65	9.98	9.60	9.36	9.20	9.07	8.98	8.90	8.84	8.75	8.66	8.56	8.51	8.46	8.41	8.36	8.31	8.26
5	10.01	8.43	7.76	7.39	7.15	6.98	6.85	6.76	6.68	6.62	6.52	6.43	6.33	6.28	6.23	6.18	6.12	6.07	6.02
6	8.81	7.26	6.60	6.23	5.99	5.82	5.70	5.60	5.52	5.46	5.37	5.27	5.17	5.12	5.07	5.01	4.96	4.90	4.85

续表

$\alpha = 0.025$

n_2	\ n_1	1	2	3	4	5	6	7	8	9	10	12	15	20	24	30	40	60	120	∞
7		8.07	6.54	5.89	5.52	5.29	5.12	4.99	4.90	4.82	4.76	4.67	4.57	4.47	4.41	4.36	4.31	4.25	4.20	4.14
8		7.57	6.06	5.42	5.05	4.82	4.65	4.53	4.43	4.36	4.30	4.20	4.10	4.00	3.95	3.89	3.84	3.78	3.73	3.67
9		7.21	5.71	5.08	4.72	4.48	4.32	4.20	4.10	4.03	3.96	3.87	3.77	3.67	3.61	3.56	3.51	3.45	3.39	3.33
10		6.94	5.46	4.83	4.47	4.24	4.07	3.95	3.85	3.78	3.72	3.62	3.52	3.42	3.37	3.31	3.26	3.20	3.14	3.08
11		6.72	5.26	4.63	4.28	4.04	3.88	3.76	3.66	3.59	3.53	3.43	3.33	3.23	3.17	3.12	3.06	3.00	2.94	2.88
12		6.55	5.10	4.47	4.12	3.89	3.73	3.61	3.51	3.44	3.37	3.28	3.18	3.07	3.02	2.96	2.91	2.85	2.79	2.72
13		6.41	4.97	4.35	4.00	3.77	3.60	3.48	3.39	3.31	3.25	3.15	3.05	2.95	2.89	2.84	2.78	2.72	2.66	2.60
14		6.30	4.86	4.24	3.89	3.66	3.50	3.38	3.29	3.21	3.15	3.05	2.95	2.84	2.79	2.73	2.67	2.61	2.55	2.49
15		6.20	4.77	4.15	3.80	3.58	3.41	3.29	3.20	3.12	3.06	2.96	2.86	2.76	2.70	2.64	2.59	2.52	2.46	2.40
16		6.12	4.69	4.08	3.73	3.50	3.34	3.22	3.12	3.05	2.99	2.89	2.79	2.68	2.63	2.57	2.51	2.45	2.38	2.32
17		6.04	4.62	4.01	3.66	3.44	3.28	3.16	3.06	2.98	2.92	2.82	2.72	2.62	2.56	2.50	2.44	2.38	2.32	2.25
18		5.98	4.56	3.95	3.61	3.38	3.22	3.10	3.01	2.93	2.87	2.77	2.67	2.56	2.50	2.44	2.38	2.32	2.26	2.19
19		5.92	4.51	3.90	3.56	3.33	3.17	3.05	2.96	2.88	2.82	2.72	2.62	2.51	2.45	2.39	2.33	2.27	2.20	2.13
20		5.87	4.46	3.86	3.51	3.29	3.13	3.01	2.91	2.84	2.77	2.68	2.57	2.46	2.41	2.35	2.29	2.22	2.16	2.09
21		5.83	4.42	3.82	3.48	3.25	3.09	2.97	2.87	2.80	2.73	2.64	2.53	2.42	2.37	2.31	2.25	2.18	2.11	2.04
22		5.79	4.38	3.78	3.44	3.22	3.05	2.93	2.84	2.76	2.70	2.60	2.50	2.39	2.33	2.27	2.21	2.14	2.08	2.00
23		5.75	4.35	3.75	3.41	3.18	3.02	2.90	2.81	2.73	2.67	2.57	2.47	2.36	2.30	2.24	2.18	2.11	2.04	1.97
24		5.72	4.32	3.72	3.38	3.15	2.99	2.87	2.78	2.70	2.64	2.54	2.44	2.33	2.27	2.21	2.15	2.08	2.01	1.94
25		5.69	4.29	3.69	3.35	3.13	2.97	2.85	2.75	2.68	2.61	2.51	2.41	2.30	2.24	2.18	2.12	2.05	1.98	1.91
26		5.66	4.27	3.67	3.33	3.10	2.94	2.82	2.73	2.65	2.59	2.49	2.39	2.28	2.22	2.16	2.09	2.03	1.95	1.88
27		5.63	4.24	3.65	3.31	3.08	2.92	2.80	2.71	2.63	2.57	2.47	2.36	2.25	2.19	2.13	2.07	2.00	1.93	1.85
28		5.61	4.22	3.63	3.29	3.06	2.90	2.78	2.69	2.61	2.55	2.45	2.34	2.23	2.17	2.11	2.05	1.98	1.91	1.83

续表

$\alpha = 0.025$

n_2	\ n_1	1	2	3	4	5	6	7	8	9	10	12	15	20	24	30	40	60	120	∞
29		5.59	4.20	3.61	3.27	3.04	2.88	2.76	2.67	2.59	2.53	2.43	2.32	2.21	2.15	2.09	2.03	1.96	1.89	1.81
30		5.57	4.18	3.59	3.25	3.03	2.87	2.75	2.65	2.57	2.51	2.31	2.20	2.14	2.07	2.01	1.94	1.87	1.79	1.79
40		5.42	4.05	3.46	3.13	3.90	2.74	2.62	2.53	2.45	2.39	2.18	2.07	2.01	1.94	1.88	1.80	1.72	1.64	1.64
60		5.29	3.93	3.34	3.01	2.79	2.63	2.51	2.41	2.33	2.27	2.06	1.94	1.88	1.82	1.74	1.67	1.58	1.48	1.48
120		5.15	3.80	3.23	2.89	2.67	2.52	2.39	2.30	2.22	2.16	1.94	1.82	1.76	1.69	1.61	1.53	1.43	1.31	1.31
∞		5.02	3.69	3.12	2.79	2.57	2.41	2.29	2.19	2.11	2.05	1.94	1.83	1.71	1.64	1.57	1.48	1.39	1.27	1.00

$\alpha = 0.01$

n_2	\ n_1	1	2	3	4	5	6	7	8	9	10	12	15	20	24	30	40	60	120	∞
1		4052	5000	5403	5625	5764	5859	5928	5981	6022	6056	6106	6157	6209	6235	6261	6287	6313	6339	6366
2		98.50	99.00	99.17	99.25	99.30	99.33	99.36	99.37	99.39	99.40	99.42	99.43	99.45	99.46	99.47	99.47	99.48	99.49	99.50
3		34.12	30.82	29.46	28.71	28.24	27.91	27.67	27.49	27.35	27.23	27.05	26.87	26.69	26.60	26.50	26.41	26.32	26.22	26.13
4		21.20	18.00	16.69	15.98	15.52	15.21	14.98	14.80	14.66	14.55	14.37	14.20	14.02	13.93	13.84	13.75	13.65	13.56	13.46
5		16.26	13.27	12.06	11.39	10.97	10.67	10.46	10.29	10.16	10.05	9.89	9.72	9.55	9.47	9.38	9.29	9.20	9.11	9.02
6		13.75	10.92	9.78	9.15	8.75	8.47	8.26	8.10	7.98	7.87	7.72	7.56	7.40	7.31	7.23	7.14	7.06	6.97	6.88
7		12.25	9.55	8.45	7.85	7.46	7.19	6.99	6.84	6.72	6.62	6.47	6.31	6.16	6.07	5.99	5.91	5.82	5.74	5.65
8		11.26	8.65	7.59	7.01	6.63	6.37	6.18	6.03	5.91	5.81	5.67	5.52	5.36	5.28	5.20	5.12	5.03	4.95	4.86
9		10.56	8.02	6.99	6.42	6.06	5.80	5.61	5.47	5.35	5.26	5.11	4.96	4.81	4.73	4.65	4.57	4.48	4.40	4.31
10		10.04	7.56	6.55	5.99	5.64	5.39	5.20	5.06	4.94	4.85	4.71	4.56	4.41	4.33	4.25	4.17	4.08	4.00	3.91
11		9.65	7.21	6.22	5.67	5.32	5.07	4.89	4.74	4.63	4.54	4.40	4.25	4.10	4.02	3.94	3.86	3.78	3.69	3.60
12		9.33	6.93	5.95	5.41	5.06	4.82	4.64	4.50	4.39	4.30	4.16	4.01	3.86	3.78	3.70	3.62	3.54	3.45	3.36
13		9.07	6.70	5.74	5.21	4.86	4.62	4.44	4.30	4.19	4.10	3.96	3.82	3.66	3.59	3.51	3.43	3.34	3.25	3.17

续表

$\alpha = 0.01$

n_2	n_1=1	2	3	4	5	6	7	8	9	10	12	15	20	24	30	40	60	120	∞
14	8.86	6.51	5.56	5.04	4.69	4.46	4.28	4.14	4.03	3.94	3.80	3.66	3.51	3.43	3.35	3.27	3.18	3.09	3.00
15	8.68	6.36	5.42	4.89	4.56	4.32	4.14	4.00	3.89	3.80	3.67	3.52	3.37	3.29	3.21	3.13	3.05	2.96	2.87
16	8.53	6.23	5.29	4.77	4.44	4.20	4.03	3.89	3.78	3.69	3.55	3.41	3.26	3.18	3.10	3.02	2.93	2.84	2.75
17	8.40	6.11	5.18	4.67	4.34	4.10	3.93	3.79	3.68	3.59	3.46	3.31	3.16	3.08	3.00	2.92	2.83	2.75	2.65
18	8.29	6.01	5.09	4.58	4.25	4.01	3.84	3.71	3.60	3.51	3.37	3.23	3.08	3.00	2.92	2.84	2.75	2.66	2.57
19	8.18	5.93	5.01	4.50	4.17	3.94	3.77	3.63	3.52	3.43	3.30	3.15	3.00	2.92	2.84	2.76	2.67	2.58	2.49
20	8.10	5.85	4.94	4.43	4.10	3.87	3.70	3.56	3.46	3.37	3.23	3.09	2.94	2.86	2.78	2.69	2.61	2.52	2.42
21	8.02	5.78	4.87	4.37	4.04	3.81	3.64	3.51	3.40	3.31	3.17	3.03	2.88	2.80	2.72	2.64	2.55	2.46	2.36
22	7.95	5.72	4.82	4.31	3.99	3.76	3.59	3.45	3.35	3.26	3.12	2.98	2.83	2.75	2.67	2.58	2.50	2.40	2.31
23	7.88	5.66	4.76	4.26	3.94	3.71	3.54	3.41	3.30	3.21	3.07	2.93	2.78	2.70	2.62	2.54	2.45	2.35	2.26
24	7.82	5.61	4.72	4.22	3.90	3.67	3.50	3.36	3.26	3.17	3.03	2.89	2.74	2.66	2.58	2.49	2.40	2.31	2.21
25	7.77	5.57	4.68	4.18	3.85	3.63	3.46	3.32	3.22	3.13	2.99	2.85	2.70	2.62	2.54	2.45	2.36	2.27	2.17
26	7.72	5.53	4.64	4.14	3.82	3.59	3.42	3.29	3.18	3.09	2.96	2.81	2.66	2.58	2.50	2.42	2.33	2.23	2.13
27	7.68	5.49	4.60	4.11	3.78	3.56	3.39	3.26	3.15	3.06	2.93	2.78	2.63	2.55	2.47	2.38	2.29	2.20	2.10
28	7.64	5.45	4.57	4.07	3.75	3.53	3.36	3.23	3.12	3.03	2.90	2.75	2.60	2.52	2.44	2.35	2.26	2.17	2.06
29	7.60	5.42	4.54	4.04	3.73	3.50	3.33	3.20	3.09	3.00	2.87	2.73	2.57	2.49	2.41	2.33	2.23	2.14	2.03
30	7.56	5.39	4.51	4.02	3.70	3.47	3.30	3.17	3.07	2.98	2.84	2.70	2.55	2.47	2.39	2.30	2.21	2.11	2.01
40	7.31	5.18	4.31	3.83	3.51	3.29	3.12	2.99	2.89	2.80	2.66	2.52	2.37	2.29	2.20	2.11	2.02	1.92	1.80
60	7.08	4.98	4.13	3.65	3.34	3.12	2.95	2.82	2.72	2.63	2.50	2.35	2.20	2.12	2.03	1.94	1.84	1.73	1.60
120	6.85	4.79	3.95	3.48	3.17	2.96	2.79	2.66	2.56	2.47	2.34	2.19	2.03	1.95	1.86	1.76	1.66	1.53	1.38
∞	6.63	4.61	3.78	3.32	3.02	2.80	2.64	2.51	2.41	2.32	2.18	2.04	1.88	1.79	1.70	1.59	1.47	1.32	1.00

续表

$\alpha = 0.005$

n_2	\multicolumn{19}{c}{n_1}
	1	2	3	4	5	6	7	8	9	10	12	15	20	24	30	40	60	120	∞
1	16211	20000	21615	22500	23056	23437	23715	23925	24091	24224	24426	24630	24836	24940	25044	25148	25253	25359	25465
2	198.5	199.0	199.2	199.2	199.3	199.3	199.3	199.3	199.4	199.4	199.4	199.4	199.4	199.5	199.5	199.5	199.5	199.5	199.5
3	55.55	49.80	47.47	46.19	45.39	44.84	44.43	44.13	43.88	43.69	43.39	43.08	42.78	42.62	42.47	42.31	42.15	41.99	41.83
4	31.33	26.28	24.26	23.15	22.46	21.97	21.62	21.35	21.14	20.97	20.70	20.44	20.17	20.03	19.89	19.75	19.61	19.47	19.32
5	22.78	18.31	16.53	15.56	14.94	14.51	14.20	13.96	13.77	13.62	13.38	13.15	12.90	12.78	12.66	12.53	12.40	12.27	12.14
6	18.63	14.54	12.92	12.03	11.46	11.07	10.79	10.57	10.39	10.25	10.03	9.81	9.59	9.47	9.36	9.24	9.12	9.00	8.88
7	16.24	12.40	10.88	10.05	9.52	9.16	8.89	8.68	8.51	8.38	8.18	7.97	7.75	7.64	7.53	7.42	7.31	7.19	7.08
8	14.69	11.04	9.60	8.81	8.30	7.95	7.69	7.50	7.34	7.21	7.01	6.81	6.61	6.50	6.40	6.29	6.18	6.06	5.95
9	13.61	10.11	8.72	7.96	7.47	7.13	6.88	6.69	6.54	6.42	6.23	6.03	5.83	5.73	5.62	5.52	5.41	5.30	5.19
10	12.83	9.43	8.08	7.34	6.87	6.54	6.30	6.12	5.97	5.85	5.66	5.47	5.27	5.17	5.07	4.97	4.86	4.75	4.64
11	12.23	8.91	7.60	6.88	6.42	6.10	5.86	5.68	5.54	5.42	5.24	5.05	4.86	4.76	4.65	4.55	4.45	4.34	4.23
12	11.75	8.51	7.23	6.52	6.07	5.76	5.52	5.35	5.20	5.09	4.91	4.72	4.53	4.43	4.33	4.23	4.12	4.01	3.90
13	11.37	8.19	6.93	6.23	5.79	5.48	5.25	5.08	4.94	4.82	4.64	4.46	4.27	4.17	4.07	3.97	3.87	3.76	3.65
14	11.06	7.92	6.68	6.00	5.56	5.26	5.03	4.86	4.72	4.60	4.43	4.25	4.06	3.96	3.86	3.76	3.66	3.55	3.44
15	10.80	7.70	6.48	5.80	5.37	5.07	4.85	4.67	4.54	4.42	4.25	4.07	3.88	3.79	3.69	3.58	3.48	3.37	3.26
16	10.58	7.51	6.30	5.64	5.21	4.91	4.69	4.52	4.38	4.27	4.10	3.92	3.73	3.64	3.54	3.44	3.33	3.22	3.11
17	10.38	7.35	6.16	5.50	5.07	4.78	4.56	4.39	4.25	4.14	3.97	3.79	3.61	3.51	3.41	3.31	3.21	3.10	2.98
18	10.22	7.21	6.03	5.37	4.96	4.66	4.44	4.28	4.14	4.03	3.86	3.68	3.50	3.40	3.30	3.20	3.10	2.99	2.87
19	10.07	7.09	5.92	5.27	4.85	4.56	4.34	4.18	4.04	3.93	3.76	3.59	3.40	3.31	3.21	3.11	3.00	2.89	2.78
20	9.94	6.99	5.82	5.17	4.76	4.47	4.26	4.09	3.96	3.85	3.68	3.50	3.32	3.22	3.12	3.02	2.92	2.81	2.69

续表

$\alpha = 0.005$

n_2	\ n_1 1	2	3	4	5	6	7	8	9	10	12	15	20	24	30	40	60	120	∞
21	9.83	6.89	5.73	5.09	4.68	4.39	4.18	4.01	3.88	3.77	3.60	3.43	3.24	3.15	3.05	2.95	2.84	2.73	2.61
22	9.73	6.81	5.65	5.02	4.61	4.32	4.11	3.94	3.81	3.70	3.54	3.36	3.18	3.08	2.98	2.88	2.77	2.66	2.55
23	9.63	6.73	5.58	4.95	4.54	4.26	4.05	3.88	3.75	3.64	3.47	3.30	3.12	3.02	2.92	2.82	2.71	2.60	2.48
24	9.55	6.66	5.52	4.89	4.49	4.20	3.99	3.83	3.69	3.59	3.42	3.25	3.06	2.97	2.87	2.77	2.66	2.55	2.43
25	9.48	6.60	5.46	4.84	4.43	4.15	3.94	3.78	3.64	3.54	3.37	3.20	3.01	2.92	2.82	2.72	2.61	2.50	2.38
26	9.41	6.54	5.41	4.79	4.38	4.10	3.89	3.73	3.60	3.49	3.33	3.15	2.97	2.87	2.77	2.67	2.56	2.45	2.33
27	9.34	6.49	5.36	4.74	4.34	4.06	3.85	3.69	3.56	3.45	3.28	3.11	2.93	2.83	2.73	2.63	2.52	2.41	2.29
28	9.28	6.44	5.32	4.70	4.30	4.02	3.81	3.65	3.52	3.41	3.25	3.07	2.89	2.79	2.69	2.59	2.48	2.37	2.25
29	9.23	6.40	5.28	4.66	4.26	3.98	3.77	3.61	3.48	3.38	3.21	3.04	2.86	2.76	2.66	2.56	2.45	2.33	2.21
30	9.18	6.35	5.24	4.62	4.23	3.95	3.74	3.58	3.45	3.34	3.18	3.01	2.82	2.73	2.63	2.52	2.42	2.30	2.18
40	8.83	6.07	4.98	4.37	3.99	3.71	3.51	3.35	3.22	3.12	2.95	2.78	2.60	2.50	2.40	2.30	2.18	2.06	1.93
60	8.49	5.79	4.73	4.14	3.76	3.49	3.29	3.13	3.01	2.90	2.74	2.57	2.39	2.29	2.19	2.08	1.96	1.83	1.69
120	8.18	5.54	4.50	3.92	3.55	3.28	3.09	2.93	2.81	2.71	2.54	2.37	2.19	2.09	1.98	1.87	1.75	1.61	1.43
∞	7.88	5.30	2.08	3.72	3.35	3.09	2.90	2.74	2.62	2.52	2.36	2.19	2.00	1.90	1.79	1.67	1.53	1.36	1.00